"十四五"时期国家重点出版物出版专项规划项目

有色金属理论与技术前沿丛书

# 隔膜电积
# 理论与技术

## Theory and Technology of Membrane Electrodeposition

中南大学出版社 · 长沙

www.csupress.com.cn

杨建广 著

Yang Jianguang

# 内容简介 / Introduction

　　本书主要介绍现代湿法提取冶金的重要分支——隔膜电积的新理论和新工艺，其中大部分内容是作者及其合作者多年来在隔膜电积冶金学科方向上的学术成就和研究成果。新理论内容主要涉及锡、锑、铋、铜、铅、铁等金属离子在溶液隔膜电积过程电极表面晶体成核、生长规律以及不同溶液性质、工艺参数和外场耦合条件下阴、阳极板表面阴、阳离子的浓度分布、传质特征及其与阴、阳极电流效率和电积产物形貌的映射关系等。在新理论指导下开发的新工艺内容涉及采用隔膜电积技术从锡、锑、铋、铜、铅、铁等金属硫化矿或二次资源如铜锡多金属粉、锡包铜针（箔）、辉锑矿、辉铋矿、硫酸铅渣和废旧铁合金刀具中选择性回收锡、锑、铋、铜、铅、铁的过程等。《隔膜电积理论与技术》可供从事湿法冶金、化工生产和科研的有关人员以及相关专业的大专院校师生使用，亦可用作相关专业研究生的教材或主要参考书。

# 作者简介

**杨建广** 1976 年 3 月出生，工学博士，教授、博士生导师，2007 年自日本回国后在中南大学冶金与环境学院工作至今。

作者长期从事有色金属清洁冶金、重金属固废资源循环利用领域的教学、科学研究、技术开发及人才培养等工作，培养硕、博士研究生 30 余名，获省部级教学成果特等奖 1 项。主持包括国家重点研发专项课题、国家自然科学基金、湖南省重点研发项目、企业技术攻关等科研项目 40 余项，发表 SCI、EI 检索论文 60 余篇，获授权国家发明专利 30 余件，出版专著 2 部，参编著作 4 部，获省部级科技成果奖励 3 项。在有色重金属清洁冶金、精细冶金、锑、锡、铋矿产资源清洁提取及高效循环利用等方面拥有系列原创性成果，并成功实现产业化应用。

# 前言
Foreword

隔膜电积是在电解槽内阴阳极间设置半透性膜,通过电极反应和膜分离作用,将电解液中金属离子在阴极还原沉积、阴离子在阳极氧化的电化学反应过程,它是由电解法和膜分离技术结合起来的一种具有综合功能特性的净化回收技术。由于它充分利用两电极之反应,并将阳极区和阴极区的反应物和产物分开的功能和优点,在环保领域中能将废水、废渣、废液进行净化处理,并回收金属、酸碱等有用物质,因而越来越受到人们的重视。

针对传统方法处理重金属硫化矿和二次资源在环境、效率等方面的不足,作者将隔膜电积技术引入到锑、锡、铋硫化矿的清洁处理,以及铁、铅、铜等二次资源的清洁再生领域,并赋予其全新内涵。实现了锑、锡、铋、铁、铅、铜等金属硫化矿或二次资源的清洁提取与高附加值利用,具有流程短、消耗低、清洁环保的优点。

编写《隔膜电积理论与技术》专著是作者多年来的夙愿,目的在于总结作者及其合作者多年来在隔膜电积学术方向的研究成果与心得体会,向同行介绍并推荐隔膜电积技术在湿法提取冶金中的应用价值,在本领域内促进和发展隔膜电积提取冶金技术,同时也为金属资源的清洁提取和高效利用提供有益参考。

本书分为6章。第1章介绍锑隔膜电积技术,主要包括硫化锑精矿隔膜电积回收锑,以及复杂难处理锑金精矿隔膜电积回收锑所涉及的基本原理及工艺参数优化;第2章介绍锡的隔膜电积提取技术,内容包括电子废弃物铜锡多金属粉隔膜电积技术回收锡、废线路板元器件脉冲退锡分离-隔膜电积技术回收锡,以及氯盐体系PCB镀锡-退锡-隔膜电积回收锡;第3章介绍铋隔膜电积技术,主要包括硫化铋精矿隔膜电积提取铋的基本原理及工艺过程;第4章介绍废旧金刚石铁合金隔膜电积回收铁技术,主要包括采用隔膜电积技术从废旧铁合金刀具中回收铁及金刚石等资源的基本原理及工艺参数优化；第5章和第6章则分别介绍采用隔膜电积技术从硫酸铅渣和废铜杂铜中回收铅和铜的基本原理与工艺过程。

本书涵盖了锑、锡、铋、铁、铅、铜等金属硫化矿或二次资源的清洁提取新领域，内容较广、丰富，创新性强，反映了作者及其合作者多年来在隔膜电积冶金学科方向上的学术成就和研究成果。所介绍的新技术与研究成果有的已实现产业化，有的正在进行试示范性建设中，有的是实验室刚开发的研究成果。这些都证明隔膜电积技术正在冶金及资源再生领域快速发展，其学术地位和重要作用日益显现。

本书由杨建广策划，确定编著范围和结构，收集整理入编材料并统筹编写，由博士研究生南天翔进行校阅及格式化处理，最后由杨建广审阅定稿。本书作者所指导研究生高亮、吕元录、雷杰、彭思尧、陈冰、李树超、丁龙、李陵晨等的学位论文研究成果为本书编写提供了全面、充足的实质性素材。对他们的贡献表示感谢。

值得指出的是，本书部分内容引自上述学位论文，一些参考文献已在相关学位论文中标注引用来源，本书就不再二次标注。

该书可作为冶金、化工、环境、材料类硕士研究生的教材，也可供冶金、化工、环境、材料科研和生产的有关人员以及相关专业的大专院校师生参考。

由于本书作者学识水平有限，书中错误在所难免，敬请各位同行和读者批评指正，以便在本书再版时修正。对本书存在的问题和建议请发邮箱：jianguang_y@163.com，作者将不胜感谢。

# 目录 / Contents

# 绪 论

## I 什么是离子交换膜

离子交换膜，简称离子膜，是一种利用自身结构中特定交换基团实现对离子选择透过性功能的高分子片状功能薄膜，也称离子选择透过性膜。主要由多孔隙的网状或链状长链高分子材料组成，高分子链上加载大量离子交换基团。当离子交换膜吸水后，该结构中的活性基团迅速解离，留下一些"稳定基团"，这些稳定基团好比在离子通道中设置的"门卫"，阻隔拦截溶液中的同电性离子，但放行异电性离子。膜上孔道和离子基团共同作用，实现离子交换膜的选择透过性。

在施加外加电场后，溶液中的电荷在电场力的作用下定向迁移，当迁移至离子膜表面时，带电离子受到离子交换膜上稳定基团的选择作用。与稳定基团带有相反电性的离子，能够通过离子交换膜进入另一侧溶液，而带有相同电性的离子则无法跨膜迁移，从而实现溶液中阴、阳离子的选择性分离。

## II 离子交换膜的主要分类

根据离子交换膜所负载活性基团的不同，可将离子交换膜划分为阴离子交换膜、阳离子交换膜和特殊离子交换膜。阴离子交换膜的活性基团在电解质溶液中解离出带负电荷的可交换离子，可选择性地让阴离子透过。稳定基团则带正电荷，阻挡阳离子通过；而阳离子交换膜的活性基团在电解质溶液中解离出带正电荷的可交换离子，可以选择性地让阳离子透过。稳定基团带负电荷，阻挡住阴离子通过。阳离子交换膜可进一步划分为强酸性和弱酸性阳离子交换膜，强酸性阳离子交换膜含有强酸性的反应基，在酸性、中性及碱性条件下均可使用，而弱酸性阳离子交换膜则含有弱酸性的反应基，只能在中性或碱性溶液中使用；阴离子交换膜可分为强碱型和弱碱型阴离子交换膜，强碱型阴离子交换膜含有强碱性的反应基，在酸性、中性及碱性溶液中均可使用，而弱碱型阴离子交换膜含有弱碱性的反应基，只能在中性或酸性条件下使用。特殊离子交换膜又称为复合膜，通常由阳膜和阴膜复合而成。复合膜在工作时，阴膜对着阳极，阳膜对着阴极，在电场和膜选择透过双重作用下，膜外离子无法交换进入两膜之间，使得两膜间的水发生电解产生氢离子和氢氧根离子，之后在电场的作用下分别透过阴、阳膜向阴、阳极移动。

按照离子交换膜的形态(交换基团与骨架的结合方式),离子交换膜还可分为均相离子交换膜、非均相离子交换膜和半均相离子交换膜。均相离子交换膜在制作时通常不加添加剂,也不使用黏合剂;异相离子交换膜在制作过程中则需要使用黏合剂将离子交换树脂碎末黏合后在一定温度下压制而成;半均相离子交换膜是介于异相离子交换膜与均相离子交换膜之间的膜,与异相离子交换膜相比,其聚电解质与膜材料黏合得更加紧密。而根据构成膜的材料的不同,离子交换膜也可分为无机离子交换膜和有机高分子离子交换膜;根据成膜的组件不同,还可分为衬底膜、网状膜及无网膜;等等。

## Ⅲ 隔膜电积技术的基本原理

离子交换膜是带有活性基团的高分子电解质材料,膜体具有大量复杂弯曲通道供离子通过。当在离子交换膜两侧施以一定的电压时,便通过其上的活性基团吸引、阻隔、排斥作用,阻止或吸引不同电荷的离子通过。这种对离子的选择透过的特性,称为离子交换膜的选择透过性,也是离子交换膜电积技术的基础。

狭义上的离子交换膜电积,也称隔膜电积,通常是指用离子交换膜将传统的电解槽隔开为阴阳两室并进行溶液电积的过程。不同于传统的溶液隔膜电积技术采用微孔塑料板、工业帆布、石棉和陶瓷等材料隔离阴阳极溶液等宏观物质,采用离子交换膜还能选择性地隔离离子级别的微观物质,具有更好的隔离效果。隔膜电积一方面利用离子交换膜有效隔离阴阳电极,使阴阳极的反应物或反应产物不互相混合,阻止其相互发生反应;一方面又利用离子交换膜对特定的离子具有选择透过性的特性,保证特定离子的正常迁移,从而顺利完成特定的电极反应(见图1)。溶液隔膜电积技术通常具有在常温下运行、分离不会发生相变、化学

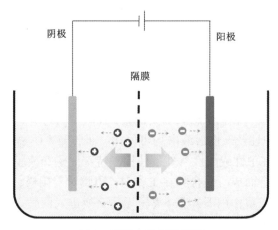

图1 隔膜电积槽示意图

试剂及电能消耗低、装置简单可靠、操作简单等优点。而在普通溶液电积槽中（见图2），当利用阳极反应将低价态离子氧化为高价态，或者利用阴极反应将高价态离子还原为低价态时，由于电极反应的逆反应易使已经氧化或还原的离子又重新被还原或氧化，从而导致电流效率降低，能耗增加。

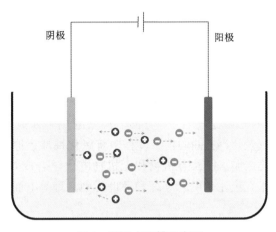

图2 普通电积槽示意图

## Ⅳ 隔膜电积技术的发展概况

隔膜电积技术发展的主要过程包括：1748 年，法国学者 Abbe Nollet（1700—1770）偶然发现包裹在猪膀胱里的水可以自行扩散到膀胱外侧的酒精溶液中；1827 年，法国植物学家 Henri Dutrochet（1776—1847）提出 Osmosis（渗透）一词来定义这一现象；1854 年，英国科学家 Thomas Graham（1805—1869）在此基础上进一步提出了 Dialysis（透析）的概念；1864 年，德国生物化学家 Moritz Traube（1826—1894）制造出人类历史上第一张人造离子膜——亚铁氰化铜膜；1950 年，W. Juda 试制出具有选择透过性能的离子交换膜，奠定了电渗析的实用化基础；1960 年，洛布（Loeb）和索里拉简（Sourirajan）首次研制出世界上具有历史意义的非对称反渗透膜，这在膜分离技术发展中是一个重要的突破，使膜分离技术进入了大规模工业化应用的时代；19 世纪 70 年代，美国杜邦公司在膜电解工艺中首次使用全氟离子交换膜，这一突破性的成果使离子交换膜的应用范围从传统的分离工业拓展到各个不同领域。

我国离子交换膜的研究起步于 20 世纪 60 年代末，在电渗析法海水淡化工艺研究的基础上展开的。从 1966 年上海化工厂聚乙烯异相离子交换膜正式投产开始，我国对膜制备及应用开展了大量研究及实践。迄今我国已具有大多数品种离子交换膜的生产研发能力,在膜材料、膜性能等方面也取得了成果显著的技术创新及突破。2010 年我国离子交换膜总产量已超过 100 万 $m^2$,超过日本、美国、俄罗斯三国产量的总和。但综合来看,我国在某些特殊离子交换膜品种,如全氟离子交换膜、双极膜,以及用于燃料电池的质子交换膜,尤其是冶金行业中常需要的耐酸碱、耐高温膜等,在性能方面与世界先进水平相比还有较大差距。

## V　隔膜电积在湿法冶金中的应用现状

从发现离子交换膜的选择透过性至今,离子交换膜的性能和品质已经发生了很大变化,并在很多化学背景的工业领域内(包括冶金、化工、医药、食品、水处理和电池等方面)得到了广泛应用,例如用于生产产品(电解、复分解等技术)、提纯产品及分离产物(选择透过性)等方面。典型的例子如氯碱工业中使用离子交换膜电解生产氯气及烧碱,铀的精炼过程中将氯化铀酰还原成四价铀,从丙烯腈电化学还原合成己二腈,以及有机物和无机物电化学合成等。值得一提的是,近年来隔膜电解技术在废水的综合处理和环境污染治理等方面也展现出了良好的应用前景。

目前,关于离子交换膜电解技术在湿法冶金中的应用报道不多,主要集中在电解液净化和污水处理,电氧化浸出矿石,电解制备金属、合金和金属氧化物等方面。侧重于溶液的物理隔离以防止二次反应和交叉污染的发生等,较少关注阳极能量的利用和避免阳极氧气或氯气的生成。随着我国经济社会发展对资源、环境领域清洁、高效冶金技术的需求,借鉴其他工业上的经验,引入离子交换膜电解技术应用到锡、锑、铋、铜、铅、铁等金属资源的湿法冶金过程,利用离子交换膜对特定的离子具有选择透过性的特性,保证特定离子的正常迁移并在阴极电还原析出,通过阴阳极能量的利用以实现含锡、锑、铋、铜、铅、铁等原生矿资源及二次资源的清洁、高效提取,必将具有重要的理论意义及实际应用价值。

# 第 1 章　锑隔膜电积

## 1.1　概　述

在我国有色金属的生产中，硫化矿冶炼过程中产生的低浓度二氧化硫烟气一直是我国酸雨的重要来源之一。随着生产技术的进步，目前铜、铅等硫化矿采用富氧强化熔炼技术，已基本解决了低浓度二氧化硫污染问题。而硫化锑矿的冶炼因其生产规模较小，硫化锑易挥发等原因，目前主要采用鼓风炉挥发-反射炉还原熔炼工艺生产金属锑，存在 $SO_2$ 烟气浓度低而难利用、污染严重、熔炼温度高、能耗大等问题。近年来，人们进行了多项研究来改进传统炼锑工艺，一些锑冶炼企业尝试将富氧强化熔炼技术引入到锑冶炼中，包括顶吹、底吹、侧吹熔炼等。但研究发现，采用富氧强化熔炼工艺进行锑冶炼存在需要解决的共同难题：①为调整炉渣 $m(\text{Fe})/m(\text{Si})$ 而配入的铁质组分难以入渣，大部分与 $Sb_2S_3$ 及 Sb 形成锑锍沉于炉底。随着熔炼次数的增加，炉内锑锍层越积越厚，炉渣中 Si 含量也不断升高，熔点、黏度等性质不断恶化，容易导致无法放渣而"死炉"；②大量 $Sb_2S_3$ 易挥发进入烟道，并在烟道中分解、氧化燃烧，不仅造成出口烟气温度过高，而且生成的 $Sb_2O_4$、$Sb_2O_5$ 等难挥发物也易沉积在烟道内，形成瘤结，烟道逐渐变窄。

究其原因，核心在于高温下 $Sb_2S_3$ 具有与 $Sb_2O_3$ 发生交互反应生成金属 Sb、且 FeS 易与 $Sb_2S_3$ 及 Sb 形成 $\text{FeS} \cdot Sb_2S_3 \cdot \text{Sb}$ 共熔体(锑锍)的特性，这一特性导致辉锑矿挥发熔炼时不可避免地形成锑锍(现行辉锑矿鼓风炉挥发熔炼锑锍产率在 20% 以上)；此外，$Sb_2S_3$ 还有一个特性就是其饱和蒸汽压随温度升高显著增大($\lg P = -11200/T + 14.671$，$673 \text{ K} \leqslant T < 773 \text{ K}$；$\lg P = -7068/T + 9.915$，$773 \text{ K} \leqslant T < 1223 \text{ K}$)，加之 Sb 价态多变(0~5 价)，$Sb_2S_3$ 在高温富氧挥发熔炼多氧势下，除生成易挥发的 $Sb_2O_3$ 外，也常生成难挥发的 $Sb_2O_4$、$Sb_2O_5$ 等易结瘤相。上述两大特性是 $Sb_2S_3$ 本身固有的性质，从原理上来说，由于 $Sb_2S_3$ 高温易挥发分解，且易与 FeS 形成锑锍的特性，导致了辉锑矿采用富氧强化挥发熔池熔炼存在巨大障碍。

酸性湿法炼锑工艺主要是基于锑与氯易形成稳定配合物，在含氯化剂的酸性溶液中直接氯化浸出辉锑矿。所用氯化剂主要为强氧化性的 $FeCl_3$、$Cl_2$、$SbCl_5$

等。其中,唐谟堂教授等以 $SbCl_5$ 酸性溶液为氯化浸出剂,研究了新氯化-水解法、氯化浸出-干馏法,在此基础上他们也曾研究了氯化浸出-隔膜电积法等。此外,近年来国内学者还对辉锑矿矿浆电解的热力学和工艺条件进行了系统研究,王成彦等将矿浆电解技术应用于复杂硫化锑精矿的处理。作为一种典型的短流程冶金技术,矿浆电解工艺将浸出、部分溶液净化和电积等过程结合在同一装置中进行,具有环境污染小、原料适应性强的特点。碱性湿法炼锑方面,"硫化钠浸出-硫代亚锑酸钠溶液电积法"最具代表性,其原料适应性强,能处理多种复杂含锑物料,原料中的 S 以 $Na_2S$ 或多硫化物的形式回收。但存在的主要问题是 NaOH 耗量大、碱性电解废液处理复杂、电流效率低(隔膜电积为 80%~85%,无隔膜电积为 55%~65%)及电耗高(锑电耗为 2200~4000 kW·h/t)等。为此,国内外学者还对硫化钠浸出得到的硫代亚锑酸钠溶液氧化制备焦锑酸钠进行了研究,采用 $H_2O_2$、空气等作氧化剂。$H_2O_2$ 氧化法过程简单快速,但 $H_2O_2$ 消耗量大,$S^{2-}$ 易转化成元素硫而与焦锑酸钠混杂;空气氧化法的主要优势是生产成本低,过程易于调控,但氧化时间长,为加快氧化速度,还需添加铜盐、锰盐、苯二酚等作为催化剂等。鉴于此,开发新的锑清洁冶金工艺对我国锑冶炼工业意义重大。中南大学唐谟堂教授等曾采用新氯化水解工艺处理广西大厂脆硫锑铅矿,制得锑白产品。该工艺对解决当时锑冶炼产生的大量低浓度二氧化硫污染问题作出了贡献,但近年来随着环境保护对废水排放的要求越来越严格,该工艺面临越来越大的压力。

在"氯化水解法""新氯化水解法"和"三氯化铁浸出-萃取-隔膜电积法"研究的基础上,中南大学相关研究团队将二者结合,开发了一种清洁低碳的酸性湿法炼锑工艺:"氯化浸出-隔膜电积法"。该工艺首先用一种五氯化锑的酸性溶液浸出硫化锑(精)矿,(精)矿中的锑转化为三氯化锑进入浸出液,而硫以固态硫留于浸出渣中:

$$Sb_2S_3 + 3SbCl_5 \Longrightarrow 5SbCl_3 + 3S^0 \qquad (1-1)$$

然后将一部分浸出液净化除杂得纯三氯化锑溶液,作为阴极液;另一部分浸出液与返回的废阴极液混合后作为阳极液,通直流电电解,阴极析出电锑和氯离子:

$$2SbCl_3 + 6e^- \Longrightarrow 2Sb + 6Cl^- \qquad (1-2)$$

氯离子穿过离子隔膜进入阳极室,与阳极反应产生的 5 价锑离子结合再生成五氯化锑:

$$3SbCl_3 + 6Cl^- - 6e^- \Longrightarrow 3SbCl_5 \qquad (1-3)$$

再生的五氯化锑溶液返回浸出过程,从而形成流程闭路循环。该工艺可避免"爆锑"形成,技术经济指标先进:处理单一硫化锑精矿[$w$(Sb)61.85%]时锑浸出率≥99.00%,总回收率≥97.00%;阴极电流效率≥99%,阳极电流效率≥95%,锑直流电耗为 1200 kW·h/t;电锑质量合格。该工艺已完成 1 t/d 锑规模的工业试验，生产合格电锑6.5 t。

氯化浸出-隔膜电积法的最大优点是清洁，没有低浓度二氧化硫烟气排放，也没有工艺废水排放，不用氯气；其次是能耗低，直流电耗仅为碱性湿法炼锑的1/2，另外，硫磺渣是一种能源，其燃烧热在后续处理中可充分利用；最后是综合利用效果好，浸出得到的硫磺渣可作为再生铅冶炼的燃料，氧化熔炼时产生二氧化硫制取硫酸，金、银及铜等有价金属均可富集于粗铅中回收利用。该工艺适合于中小规模炼锑厂，就原料而言，最适合金锑矿、锑汞矿等复杂锑矿的处理。

本章分别介绍了采用隔膜电积技术处理硫化锑精矿及处理复杂难处理锑金精矿的实例。

## 1.2　硫化锑精矿隔膜电积回收锑

### 1.2.1　原料与工艺流程

#### 1.2.1.1　试验原料

试验所用锑精矿来自湖南某冶炼厂，1#锑精矿为实验全流程用料，主要化学成分见表1-1，其中57.23%的Sb以硫化锑形态赋存，1.72%以三氧化二锑形态赋存，2.90%以锑酸盐形态赋存。成分相对复杂的2#锑矿为验证实验用料，主要化学成分见表1-2。

表1-1　锑精矿1#化学成分

| 元素及化合物 | Sb | Fe | S | Cu | Pb | Cd | As | SiO$_2$ | Al$_2$O$_3$ | Fe$_2$O$_3$ | CaO | MgO |
|---|---|---|---|---|---|---|---|---|---|---|---|---|
| 质量分数/% | 61.85 | 0.94 | 26.11 | 0.43 | 0.84 | 0.0038 | 0.13 | 5.28 | 2.38 | 0.23 | 1.20 | 1.95 |

表1-2　锑精矿2#化学成分

| 元素及化合物 | Sb | Fe | S | Cu | Pb | Cd | As | SiO$_2$ | Al$_2$O$_3$ | CaO | WO$_3$ | Au |
|---|---|---|---|---|---|---|---|---|---|---|---|---|
| 质量分数/% | 37.21 | 13.27 | 30.60 | 0.09 | 0.18 | 0.002 | 0.03 | 7.14 | 2.26 | 0.08 | 0.10 | 56.60 g/t |

#### 1.2.1.2　试验流程

试验原则流程见图1-1。由于SbCl$_5$价格昂贵，直接使用SbCl$_5$浸出会增加成本。而以 SbCl₃ 被氧化制取浸出剂 SbCl₅，则会增加实验复杂性，另外残留的氧化剂也不利于辉锑矿的选择性浸出。因此，试验先以配制的 SbCl₃ 水溶液进行隔膜电积，在阳极室富集得到较高浓度的 SbCl₅ 溶液后，以 SbCl₅ 作为浸出剂进行浸出试验，浸出液经过净化除杂后返回电积过程，试验进入浸出-电积闭路循环。

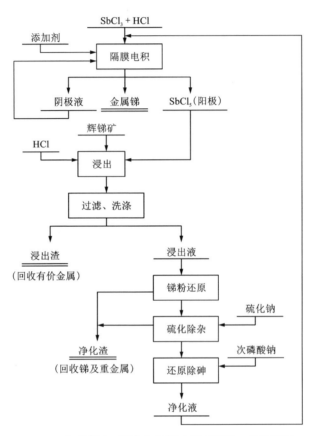

图 1-1  氯盐浸出-隔膜电积闭路循环原则工艺流程图

## 1.2.2 基本原理

### 1.2.2.1 浸出过程热力学分析

邓纶浩、杨显万等研究了 $Sb_2S_3$-$H_2O$ 体系和 $Sb_2S_3$-$Cl^-$-$H_2O$ 系热力学平衡关系，并绘制了这两个体系的 $\varphi$-pH 图，见图 1-2 和图 1-3。由图 1-2 可以看出，当不含 $Cl^-$ 时，析出元素硫的平衡 pH 上限为 -2.48，当 pH 大于 -2.48 时，硫化物中的硫则被氧化生成 $HSO_4^-$ 或 $SO_4^{2-}$，这种酸度在工业生产上是难以实现的。从图 1-2 中还可发现，在不含 $Cl^-$ 的介质中，$Sb_2S_3$ 上方还有一个 $Sb_2O_3$ 的很大的稳定区，由于这一稳定区的存在，$Sb_2S_3$ 氧化浸出需要在较高的 $[H^+]$ 下才能进行。

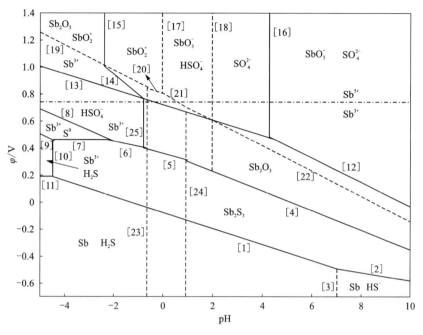

$t = 25℃$；$[Sb]_T = 0.01 \ mol/L$；$[H_2S] = 0.01 \ mol/L$。

**图 1-2　$Sb_2S_3$-$H_2O$ 体系 $\varphi$-pH 图**

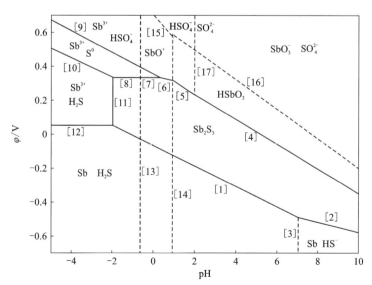

$t = 25℃$；$[Sb]_T = 0.01 \ mol/L$；$[H_2S] = 0.01 \ mol/L$；$[Cl^-]_T = 3 \ mol/L$。

**图 1-3　$Sb_2S_3$-$Cl^-$-$H_2O$ 体系 $\varphi$-pH 图**

$SbCl_5$ 浸取 $Sb_2S_3$ 过程中的主要反应及其 $\Delta_r G_m^{\ominus}$ 值如下:

$$3SbCl_5 + Sb_2S_3 \Longrightarrow 5SbCl_3 + 3S^0 \tag{1-4}$$

$$\Delta_r G_m^{\ominus} = -427656 + 6.02T \tag{1-5}$$

由化学反应等温方程式

$$\Delta_r G_m^{\ominus} = -RT\ln K = -RT\frac{[Sb^{3+}]^5}{[Sb^{5+}]^3} \tag{1-6}$$

可求得化学反应平衡常数

$$K = \frac{[Sb^{3+}]^5}{[Sb^{5+}]^3} = \exp\left(\frac{\Delta_r G_m^{\ominus}}{RT}\right) \tag{1-7}$$

当温度为 25℃时，平衡常数 $K = 4.458 \times 10^{74}$；当温度为 85℃时，平衡常数 $K = 1.219 \times 10^{62}$。可见，从热力学角度看，温度升高对浸出过程不利，但是，即便在温度为 85℃时，反应平衡常数仍然很大，说明反应十分完全。因此，出于动力学原因及缩短反应时间，浸出过程应该在较高的温度下进行。浸出过程的其他反应如下:

$$Sb_2S_3 + 6HCl \Longrightarrow 2SbCl_3 + 3H_2S\uparrow \tag{1-8}$$

$$Me_xS_y + ySbCl_5 \Longrightarrow xMeCl_{2y/x} + ySbCl_3 + yS^0 \tag{1-9}$$

$$Me_xO_y + 2yHCl \Longrightarrow xMeCl_{2y/x} + yH_2O \tag{1-10}$$

反应结束后，锑以 $SbCl_3$ 的形式进入溶液，同时部分杂质金属硫化物和氧化物也被溶解，体系中的硫大多以固态元素硫形式入渣，少量形成硫化氢气体逸出。

综上所述，$SbCl_5$ 盐酸体系浸出 $Sb_2S_3$ 从热力学角度来看是完全可行的，而且反应体系 $[H^+]$ 须大于 1 mol/L、$Cl^-$ 物质的量浓度大于 3 mol/L，反应在较高的温度下进行，此时 $Sb_2S_3$ 浸出包括非氧化性络合酸溶解和化学氧化溶解反应。

#### 1.2.2.2 净化过程理论基础

采用氯盐体系浸出硫化锑矿，矿料中所含 Cu、Cd、Pb 等有一部分与 $Cl^-$ 配位形成 $MeCl_i^{2-i}$ 络离子进入溶液中，在较低 pH 下采用硫化除杂可使这些重金属杂质与主金属 Sb 分离。另外，浸出液中还含有少量的 $As^{3+}$ 或 $AsCl_5^{2-}$ 离子，在浓度大于 4 mol/L 的盐酸溶液中，以次磷酸钠做还原剂使其形成单质砷除去。

1. 锑粉还原

由于浸出液中存在少量的 $Sb^{5+}$ 和 $Fe^{3+}$ 离子，必须将其还原为低价，否则后续电积过程中高价离子将在阴极优先还原，降低电流效率，此外浸出液还原还有利于后续还原除砷。在 298 K 下，金属离子浓度为 1 mol/L 时，$\varphi_{Sb^{5+}/Sb^{3+}}$ 和 $\varphi_{Fe^{3+}/Fe^{2+}}$ 的还原电位分别为 0.75 V 和 0.771 V，从热力学角度上讲，大多常见的金属都可作为 $Sb^{5+}$ 和 $Fe^{3+}$ 离子的还原剂。但所选还原剂不应该给后续生产带来不利影响，综合考虑选择锑粉作还原剂，还原反应如式(1-11)和式(1-12)：

$$3SbCl_5 + 2Sb \Longrightarrow 5SbCl_3 \tag{1-11}$$

$$3FeCl_3 + Sb \Longrightarrow 3FeCl_2 + SbCl_3 \tag{1-12}$$

对于上述反应，其标准生成吉布斯自由能 $\Delta_r G_m^{\ominus}$ 与温度 $T$ 的关系如下：

$$\Delta_r G_m^{\ominus} = \Delta_r H_m^{\ominus}(298\ K) + \int_{298}^{T} \Delta C_p dT - T\Delta_r S_m^{\ominus}(298\ K) - T\int_{298}^{T} \frac{\Delta C_p}{T}dT \tag{1-13}$$

$$C_p = A_1 + A_2 10^{-3}T + A_3 10^{-6}T^2 + A_4 10^5 T^{-2} + A_5 10^6 T^{-3} \tag{1-14}$$

其中，未知量只有 $\Delta_r G_m^{\ominus}$ 和 $T$，其他参数可以从热力学数据手册查出计算求得。

通过查阅文献，得到各物质的热力学数据见表 1-3 和表 1-4。将数据代入式(1-13)和式(1-14)并用 Matlab 软件编程计算，可拟合求出 $\Delta_r G_m^{\ominus}$-$T$ 关系式，如式(1-15)和式(1-16)。可见 $SbCl_5$ 的还原过程是一个放热反应、且熵值减小，反应自发正向进行，低温有利于反应；而 $FeCl_3$ 的还原过程则是一个放热反应、且熵值增加，反应自发正向进行，高温有利于反应。在一定温度下，两个反应的平衡常数都极大，说明反应都进行得比较彻底，因此反应可以在较高温度下快速达到平衡。

$$3SbCl_5 + 2Sb \Longrightarrow 5SbCl_3$$

$$\Delta_r G_m^{\ominus} = -591820 - 78.38T \tag{1-15}$$

$$3FeCl_3 + Sb \Longrightarrow 3FeCl_2 + SbCl_3$$

$$\Delta_r G_m^{\ominus} = -243970 + 17.98T \tag{1-16}$$

表 1-3　标准状态下各反应物的焓值和熵值(298 K)

| 物质 | Sb | SbCl$_3$ | SbCl$_5$ | FeCl$_2$ | FeCl$_3$ |
|---|---|---|---|---|---|
| $\Delta_f H_{298}^{\ominus}/(kJ \cdot mol^{-1})$ | 0 | -382.35 | -440.37 | -341.95 | -399.68 |
| $S_{298}^{\ominus}/(J \cdot mol^{-1} \cdot K^{-1})$ | 45.71 | 184.18 | 301.39 | 118.00 | 142.32 |

表 1-4　标准状态下反应物热容的各参数项(298~1110 K)　　单位：J/(mol · K)

| 物质 | 参数项 | | | | |
|---|---|---|---|---|---|
| | $A_1$ | $A_2$ | $A_3$ | $A_4$ | $A_5$ |
| Sb | 26.54 | 8.96 | 0 | 0 | 0 |
| SbCl$_3$ | 123.49 | 0 | 0 | 0 | 0 |
| SbCl$_5$ | 196.74 | 0 | 0 | 0 | 0 |
| FeCl$_2$ | 133.95 | 0 | 0 | 0 | 0 |
| FeCl$_3$ | 102.14 | 0 | 0 | 0 | 0 |

### 2. 硫化除重金属

硫化物沉淀法是基于许多元素的硫化物难溶于水,当溶液中有 $Me^{n+}$ 存在时,加入 $S^{2-}$,将发生沉淀反应:

$$2Me^{n+} + nS^{2-} = Me_2S_n \downarrow \tag{1-17}$$

根据平衡电离常数关系式,可以得到金属离子浓度与溶液中 $[S]_T$、pH 的对数关系式,如式(1-18)、式(1-19)和式(1-20)所示:

$$\lg[Me^+] = \frac{1}{2}\lg K_{sp(Me_2S)} - \frac{1}{2}\lg K_{H_2S} - \frac{1}{2}\lg[S]_T - pH \tag{1-18}$$

$$\lg[Me^{2+}] = \lg K_{sp(MeS)} - \lg K_{H_2S} - \lg[S]_T - 2pH \tag{1-19}$$

$$\lg[Me^{3+}] = \frac{1}{2}\lg K_{sp(Me_2S_3)} - \frac{3}{2}\lg K_{H_2S} - \frac{3}{2}\lg[S]_T - 3pH \tag{1-20}$$

根据式(1-18)~式(1-20),当设定 $[S]_T$ 为 0.1 mol/L 时,可得到 25℃下某些金属离子的残留浓度与 pH 的关系图,详见图1-4。

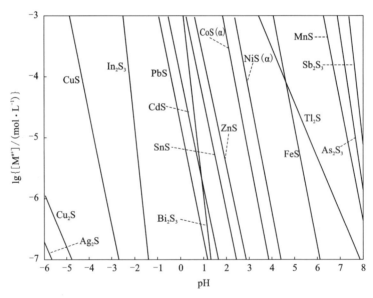

**图1-4 溶液中 $S^{2-}$ 物质的量浓度为 0.1 mol/L 时某些金属离子的残留浓度与 pH 的关系**

从图1-4可以看出,当 $S^{2-}$ 物质的量浓度为 0.1 mol/L 时,$Sb^{3+}$ 在酸性条件下几乎不发生沉淀,而 $Cu^{2+}$、$Cd^{2+}$、$Pb^{2+}$ 等重金属离子在 pH = -0.5(实验条件酸度范围)条件下,其金属离子残留浓度可降到 $10^{-4}$ mol/L 以下。原因是 $Sb_2S_3$ 在盐酸溶液中有较高的溶解度,其离解产生的 $Sb^{3+}$ 与 $Cl^-$ 发生配合反应,抗衡阴离子 $S^-$ 与 $H^+$ 发生加质子反应,因而难于稳定;Cu、Cd、Pb 和 As 的硫化物则均难溶于盐酸水溶液中。同时，由式(1-18)~式(1-20)可知，若增加溶液中 $S^{2-}$ 浓度，则重金属离子残留浓度还会进一步降低。

另外，虽然升高温度会使硫化物的 $K_{sp}$ 值增加，对沉淀不利，但从动力学分析，高温有利于加快沉淀反应，改善沉淀物过滤性能，因此实验选择在较高温度下反应，再冷却过滤。

### 3. 次磷酸钠还原除砷

砷锑性质相似，能无限互溶，砷锑分离一直是冶金化工领域的技术难题。特别是在酸性盐酸体系中，常规的氢氧化物共沉淀法、硫化沉淀法及溶剂萃取法都无法实现砷锑分离。而单质砷沉淀法，适用于高浓度盐酸溶液中砷锑的分离。其原理是在浓度大于 4 mol/L 的 HCl 溶液中，以次磷酸钠做还原剂，维持温度为 60℃左右，使 As(Ⅲ)、As(Ⅴ)均被还原为棕色单质砷沉淀，其反应为：

$$2AsCl_3 + 3Na_3PO_2 + 3H_2O \xrightarrow{\quad\quad} 2As\downarrow + 3Na_3PO_3^- + 6HCl \qquad (1-21)$$

三氯化砷只有在强酸性溶液中以 $As^{3+}$ 离子形式存在，才能与次磷酸钠起上述还原反应。$As^{3+}$ 在水溶液中易发生水解反应：

$$As^{3+} + 3H_2O \Longleftrightarrow AsO_3^{3-} + 6H^+ \qquad (1-22)$$

水解后还原反应就不能进行。同时，从氧化-还原电位分析：

$$HAsO_2 + 3H^+ + 3e^- \longrightarrow As + 2H_2O \qquad\qquad \varphi^{\ominus} = 0.248\ V \qquad (1-23)$$

$$AsO_2^- + 2H_2O + 3e^- \longrightarrow As + 4OH^- \qquad\qquad \varphi^{\ominus} = -0.68\ V \qquad (1-24)$$

$$H_3PO_4 + 4H^+ + 4e^- \longleftarrow H_3PO_2 + 2H_2O \qquad\qquad \varphi^{\ominus} = -0.39\ V \qquad (1-25)$$

由于其还原电位较高，必须在强酸性溶液中还原反应才能进行。可见，需要有足够的 $H^+$ 离子存在，还原法沉砷反应才能顺利进行。通常在大于 4 mol/L 的 HCl 溶液中，加热足够长时间，还原反应趋于完全。

#### 1.2.2.3　电积过程机理研究

### 1. $SbCl_3$-HCl-$H_2O$ 体系热力学平衡分析

在 $SbCl_3$-HCl-$H_2O$ 体系中，存在的离子与物种有：$Sb^{3+}$、$Cl^-$、$H^+$、$OH^-$、$SbO^+$、$SbO_2^-$、六种 Sb(Ⅲ)-$Cl^-$ 配离子、四种 Sb(Ⅲ)-$OH^-$ 配离子、$Sb(OH)_3(s)$、$SbOCl$、$Sb_4O_5Cl_2$、$Sb_2O_3$ 共 20 种。其中，在 $[H^+]$ 大于 3 mol/L 的条件下，任一 $Sb(OH)_i^{3-i}$ 络离子浓度都小于 $10^{-10}$ mol/L，四种固态物质亦可忽略，以便简化计算。因此，实验中只考虑 $Sb^{3+}$ 与 $Cl^-$ 形成配合离子的反应，其平衡方程式如式 (1-26)~式(1-31)，由于缺乏活度系数值，计算中用浓度代替活度：

$$Sb^{3+} + Cl^- \Longrightarrow SbCl^{2+} \qquad \beta_1 = \frac{[SbCl^{2+}]}{[Sb^{3+}][Cl^-]} \qquad (1-26)$$

$$Sb^{3+} + 2Cl^- \Longrightarrow SbCl_2^+ \qquad \beta_2 = \frac{[SbCl_2^+]}{[Sb^{3+}][Cl^-]^2} \qquad (1-27)$$

$$Sb^{3+} + 3Cl^- \rightleftharpoons SbCl_3 \qquad \beta_3 = \frac{[SbCl_3]}{[Sb^{3+}][Cl^-]^3} \qquad (1-28)$$

$$Sb^{3+} + 4Cl^- \rightleftharpoons SbCl_4^- \qquad \beta_4 = \frac{[SbCl_4^-]}{[Sb^{3+}][Cl^-]^4} \qquad (1-29)$$

$$Sb^{3+} + 5Cl^- \rightleftharpoons SbCl_5^{2-} \qquad \beta_5 = \frac{[SbCl_5^{2-}]}{[Sb^{3+}][Cl^-]^5} \qquad (1-30)$$

$$Sb^{3+} + 6Cl^- \rightleftharpoons SbCl_6^{3-} \qquad \beta_1 = \frac{[SbCl_6^{3-}]}{[Sb^{3+}][Cl^-]^6} \qquad (1-31)$$

另外,体系中还存在的其他反应的平衡方程式如式(1-32)~式(1-34)所示:

$$H_2O \rightleftharpoons H^+ + OH^- \qquad K_w = [H^+][OH^-] \qquad (1-32)$$

$$Sb^{3+} + H_2O \rightleftharpoons SbO^+ + 2H^+ \qquad K_1 = \frac{[H^+]^2[SbO^+]}{[Sb^{3+}]} \qquad (1-33)$$

$$Sb^{3+} + 2H_2O \rightleftharpoons SbO_2^- + 4H^+ \qquad K_2 = \frac{[H^+]^4[SbO_2^-]}{[Sb^{3+}]} \qquad (1-34)$$

由《兰氏化学手册》可查出锑各配合物累积生成常数和相关物种的标准吉布斯自由能,结果见表1-5和表1-6。

表1-5  Sb(Ⅲ)-Cl系配合物各级积累稳定常数(298 K)

| 物种 | $SbCl^{2+}$ | $SbCl_2^+$ | $SbCl_3$ | $SbCl_4^-$ | $SbCl_5^{2-}$ | $SbCl_6^{3-}$ |
|------|------|------|------|------|------|------|
| $\lg\beta_i$ | 2.26 | 3.49 | 4.18 | 4.72 | 4.70 | 4.10 |

表1-6  298 K 时有关物质的 $\Delta_f G_m^\ominus$ 值      单位:kJ/mol

| 物质 | $H_2O$ | $OH^-$ | $Cl^-$ | $Sb^{3+}$ | $SbO^+$ | $SbO_2^-$ |
|------|------|------|------|------|------|------|
| $\Delta_f G_m^\ominus$ | −273.178 | −157.293 | −131.056 | 69.467 | −175.64 | −339.74 |

根据同时平衡原理和电中性原理,可得到离子浓度平衡方程和电荷平衡方程,如式(1-35)~式(1-37)所示:

$$[Sb^{3+}]_T = [Sb^{3+}] + [SbO^+] + [SbO_2^-] + [SbCl^{2+}] + [SbCl_2^+] + [SbCl_3] +$$
$$[SbCl_4^-] + [SbCl_5^{2-}] + [SbCl_6^{3-}]$$
$$= [Sb^{3+}]\left(1 + \frac{K_1}{[H^+]^2} + \frac{K_2}{[H^+]^4} + \sum_{i=1}^{6}\beta_i[Cl^-]^i\right) \qquad (1-35)$$

$$[Cl^-]_T = [Cl^-] + [Sb^{3+}]\sum_{i=1}^{6}i\beta_i[Cl^-]^i \qquad (1-36)$$

$$[Cl^-]_T + [OH^-] = 3[Sb^{3+}]_T + [H^+] \tag{1-37}$$

由上所述,共有式(1-35)~式(1-37)三个方程及 $[Sb^{3+}]_T$、$[Cl^-]_T$、$[Cl^-]$、$[H^+]$ 四个独立未知量,只要确定其中任一物种浓度即可求解。设定 $[Sb^{3+}]_T = 70$ g/L(0.5747 mol/L),计算出不同 $[Cl^-]_T$ 浓度下各级 $SbCl_i^{3-i}$ 络离子的平衡浓度,详见表1-7。从表1-7中可以看出,随 $[Cl^-]_T$ 浓度的增加,锑络阴离子所占的比重越大。

表 1-7 不同 $[Cl^-]_T$ 浓度下各级 $SbCl_i^{3-i}$ 络离子的平衡浓度 单位:mol/L

| $[Cl^-]_T$ | $[Cl^-]$ | $[Sb^{3+}]$ | $[SbCl^{2+}]$ | $[SbCl_2^+]$ | $[SbCl_3]$ | $[SbCl_4^-]$ | $[SbCl_5^{2-}]$ | $[SbCl_6^{3-}]$ |
|---|---|---|---|---|---|---|---|---|
| 2.5 | 0.431 | $1.289\times 10^{-4}$ | $1.101\times 10^{-2}$ | $7.518\times 10^{-2}$ | 0.1622 | 0.221 | $9.515\times 10^{-2}$ | $1.029\times 10^{-2}$ |
| 3.5 | 0.981 | $4.741\times 10^{-6}$ | $9.278\times 10^{-4}$ | $1.442\times 10^{-2}$ | $7.090\times 10^{-2}$ | 0.220 | 0.216 | $5.313\times 10^{-2}$ |
| 4.5 | 1.731 | $3.464\times 10^{-7}$ | $1.196\times 10^{-4}$ | $3.282\times 10^{-3}$ | $2.848\times 10^{-2}$ | 0.156 | 0.270 | 0.117 |
| 5.5 | 2.583 | $4.785\times 10^{-8}$ | $2.466\times 10^{-6}$ | $1.009\times 10^{-3}$ | $1.306\times 10^{-2}$ | 0.107 | 0.275 | 0.179 |

**2. 阴极反应分析**

根据分析可知,在 $SbCl_3$-HCl-$H_2O$ 体系中,在 $[Cl^-]_T > 3.5$ mol/L 的条件下,$Sb^{3+}$ 的存在形态主要是 $SbCl_4^-$ 和 $SbCl_5^{2-}$,所以在阴极放电的离子为具有特征配位数的络阴离子。同时,阴极还可能会发生析氢反应,以及标准电极电位比锑析出电位大(或接近)的杂质离子的放电反应。阴极上可能发生的反应为:

$$SbCl_4^- \longrightarrow SbCl_{3(aq)} + Cl^- \tag{1-38}$$

$$SbCl_{3(aq)} + 2e^- \Longrightarrow SbCl_{(s)} + 2Cl^- \tag{1-39}$$

$$SbCl_{(s)} + e^- \Longrightarrow Sb + Cl^- \tag{1-40}$$

$$2H_2O + 2e^- \Longrightarrow H_2\uparrow + 2OH^- \tag{1-41}$$

$$Me^{i+} + ie^- \Longrightarrow Me \tag{1-42}$$

其中,由于氢在电极上析出具有较高的过电势,氢气析出的可能性很小,这也是该体系电沉积锑电流效率总是接近100%的重要原因;同时,本实验中可能与锑发生共沉积的杂质离子主要是 $Cu^{2+}$ 和 $As^{3+}$,其标准电极电位分别为 $\varphi_{Cu^{2+}/Cu}^{\ominus} = 0.341$ V 和 $\varphi_{As^{3+}/As}^{\ominus} = 0.303$ V,都比锑的析出电位($\varphi_{Sb^{3+}/Sb}^{\ominus} = 0.24$ V)较大;若阴极液中还存在 $Sb^{5+}$ 和 $Fe^{3+}$ 离子,则也会在阴极发生放电降低阴极电流效率,它们的标

准电极电位分别为 $\varphi_{Sb^{5+}/Sb^{3+}}^{\ominus} = 0.75$ V、$\varphi_{Fe^{3+}/Fe^{2+}}^{\ominus} = 0.771$ V。

3. 阳极反应分析

在 $SbCl_3$-$HCl$-$H_2O$ 体系中，主要存在 $Cl^-$、$OH^-$、$Sb^{3+}$、$H^+$ 和 $H_2O$ 分子，它们在体系中可能发生的反应的标准电极电位见表 1-8。

表 1-8  可能发生的反应的标准电极电位 (298 K)　　　　　单位：V

| $\varphi_{O_2/H_2O}^{\ominus}$ | $\varphi_{Cl_2/Cl^-}^{\ominus}$ | $\varphi_{HClO/Cl^-}^{\ominus}$ | $\varphi_{ClO^-/Cl^-}^{\ominus}$ | $\varphi_{HClO/Cl_2}^{\ominus}$ | $\varphi_{Sb^{5+}/Sb^{3+}}^{\ominus}$ | $\varphi_{SbO^+/Sb}^{\ominus}$ | $\varphi_{Sb_2O_3/Sb}^{\ominus}$ | $\varphi_{Sb_2O_5/Sb_2O_3}^{\ominus}$ |
|---|---|---|---|---|---|---|---|---|
| 1.229 | 1.395 | 1.494 | 1.715 | 1.594 | 0.75 | 0.212 | 0.15 | 0.69 |

其相应的 $\varphi$-pH 关系如下：

$$O_2 + 4H^+ + 4e^- = 2H_2O$$

$$\varphi = 1.229 + 0.01479 \lg \frac{P_{O_2}}{P^{\ominus}} - 0.05916 \text{pH} \tag{1-43}$$

$$Cl_2(aq) + 2e^- = 2Cl^-$$

$$\varphi = 1.395 + 0.02958 \lg \frac{Cl_2}{[Cl^-]} \tag{1-44}$$

$$HClO + H^+ + 2e^- = Cl^- + H_2O$$

$$\varphi = 1.494 + 0.02958 \lg \frac{[HClO]}{[Cl^-]} - 0.02958 \text{pH} \tag{1-45}$$

$$ClO^- + 2H^+ + 2e^- = Cl^- + H_2O$$

$$\varphi = 1.715 + 0.02958 \lg \frac{[ClO^-]}{[Cl^-]} - 0.05916 \text{pH} \tag{1-46}$$

$$2HClO + 2H^+ + 2e^- = Cl_2(aq) + 2H_2O$$

$$\varphi = 1.594 + 0.02958 \lg \frac{[HClO]^2}{[Cl_2(aq)]} - 0.05916 \text{pH} \tag{1-47}$$

$$HClO = ClO^- + H^+$$

$$\text{pH} = 7.49 + \lg \frac{[ClO^-]}{[HClO]} \tag{1-48}$$

$$Sb^{5+} + 2e^- = Sb^{3+}$$

$$\varphi = 0.75 + 0.02958 \lg \frac{[Sb^{5+}]}{[Sb^{3+}]} \tag{1-49}$$

$$Sb^{3+} + Cl^- + H_2O = SbOCl + 2H^+$$

$$\text{pH} = 0.1 + 0.5 \lg \frac{[SbOCl]}{[H_2O][Cl^-][Sb^{3+}]} \tag{1-50}$$

$$2Sb^{3+} + 3H_2O \Longrightarrow Sb_2O_3 + 6H^+$$

$$pH = 1.732 + 0.167 \lg \frac{[Sb_2O_3]}{[H_2O]^3[Sb^{3+}]^2} \tag{1-51}$$

$$SbO^+ + 2H^+ + 3e^- \Longrightarrow Sb + H_2O$$

$$\varphi = 0.212 - 0.0394 pH - 0.0197 \lg \frac{[Sb][H_2O]}{[SbO^-]} \tag{1-52}$$

$$Sb_2O_3 + 6H^+ + 6e^- \Longrightarrow 2Sb + 3H_2O$$

$$\varphi = 0.15 - 0.591 pH - 0.00986 \lg \frac{[Sb]^2[H_2O]^3}{[Sb_2O_3]} \tag{1-53}$$

$$Sb_2O_5 + 4H^+ + 4e^- \Longrightarrow Sb_2O_3 + 2H_2O$$

$$\varphi = 0.69 - 0.0591 pH - 0.0148 \lg \frac{[Sb_2O_3][H_2O]^2}{[Sb_2O_5]} \tag{1-54}$$

以上各式，假设溶液中各物质的活度 $a = 1$，则可作 $\varphi$ 与 pH 的关系图，见图 1-5。

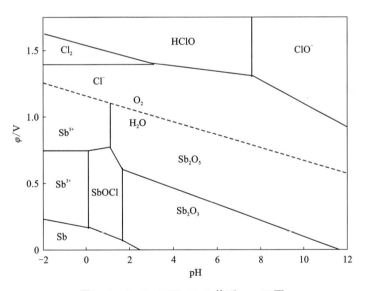

图 1-5　$SbCl_3$-HCl-$H_2O$ 体系 $\varphi$-pH 图

从图 1-5 中可以看出，在 $SbCl_3$-HCl-$H_2O$ 体系中，$\varphi^{\ominus}_{O_2/H_2O}$ 及 $\varphi^{\ominus}_{Cl_2/Cl^-}$ 都远高于 $\varphi^{\ominus}_{Sb^{5+}/Sb^{3+}}$，因此一般情况下，阳极不会析出 $O_2$ 及 $Cl_2$，而主要是 $Sb^{3+}$ 被氧化生成 $Sb^{5+}$，这样形成浸出剂的再生。

#### 4.隔膜电积电极过程动力学

##### (1)循环伏安图分析

在$Sb^{3+}$质量浓度为68.75 g/L、$[H^+]$为4.09 mol/L、$Cl^-$物质的量浓度为6.22 mol/L、温度为20℃的条件下,作循环伏安图,扫描速度为0.01 V/s,得到的循环伏安曲线见图1-6。从图1-6中可以发现,阴极峰和阳极峰分得很开,$\varphi_p^c$与$\varphi_p^a$相差约400 mV,而且阴极峰与阳极峰的峰高和形状都有较大差异,可以认为电极反应是不可逆的。在电位0.1 V附近的阴极峰,为阴极还原主峰,对应析出的金属Sb在电极上吸附;在电位−0.1 V附近的小峰,则应该是中间产物(SbCl)的吸附;在电位−0.3 V附近的阳极峰,对应的是吸附的中间产物及析出的Sb的氧化。扫描时首先出现的是中间产物吸附的阴极小峰,然后才是析出金属Sb的阴极主峰。随扫描次数的增加,阴极还原峰峰高降低,原因是溶液中离子浓度降低,还原速度减弱;阳极峰峰高增加,则是因为电极表面吸附产物增加,有利于阳极氧化发生。

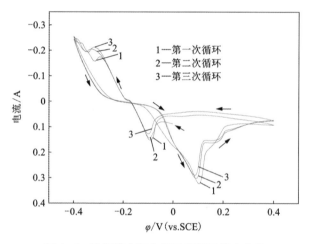

图1-6  锑隔膜电积电极反应循环伏安曲线

##### (2)线性伏安图分析

###### 1)扫描区间的选择

温度分别为20℃和35℃时,在$Sb^{3+}$质量浓度为68.75 g/L的溶液中大范围扫描时的阴极极化曲线见图1-7,扫描区间为开路电位−0.70～−0.20 V,扫描速度为1 mV/s。在扫描区间内不同温度下都先后可以观察到四个阴极反应的发生,在图中分别用Ⅰ、Ⅱ、Ⅲ、Ⅳ表示。以35℃时阴极极化曲线为例,其四个分步反应如下:

Ⅰ电位区间为−0.30～−0.20 V,对应$SbCl_4^-$或$SbCl_5^{2-}$离解为$SbCl_{3(aq)}$,$SbCl_{3(aq)}$得电子形成中间产物SbCl(s),该阶段电流密度很小,原因是在电极表面

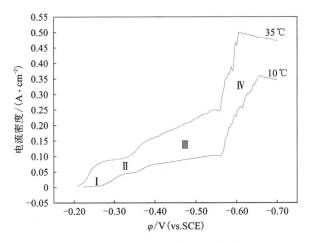

**图 1-7　大范围扫描时的阴极极化曲线**

形成了 SbCl(s) 吸附,阻碍反应进行。该阶段受到 SbCl(s) 吸附步骤的影响,反应速率与过电位无关,为前置表面转化步骤控制过程。

Ⅱ电位区间为 -0.40~-0.30 V,中间产物 SbCl(s) 得电子还原为金属 Sb,该阶段反应的电流密度缓慢增加并出现平台,表明 SbCl(s) 至 Sb 反应受扩散控制,符合电荷迁移速度 $k$ 适中而物质传输速度 $m$ 小的模型。

Ⅲ电位区间为 -0.55~-0.40 V,在高过电位下,络阴离子 $SbCl_4^-$ 直接放电还原为金属 Sb,反应电流密度较大,反应速度快。

Ⅳ电位区间在 -0.50 至 0.50 V 更负的范围内,$SbCl_4^-$ 还原为 Sb 的同时还伴随着 $H^+$ 放电析出氢气,通过观察,电极表面有大量海绵状锑析出,并产生大量气泡,由于电极表面形貌改变致使表面放电不均,曲线发生波动。

从图 1-7 还可以看出,温度增加可以减少各阶段反应极化,增大阴极电流,这在后面温度影响因素中再讨论。本节主要研究阴极上电沉积锑的反应机理,应避免 $H^+$ 在阴极上放电,因此在讨论其他影响因素时选择的阴极极化曲线的扫描范围为从开路电位至 -0.50 V 左右。

2)初始 $Sb^{3+}$ 浓度的影响

不同初始 $Sb^{3+}$ 浓度下的阴极极化曲线见图 1-8,扫描速度为 1 mV/s。由图 1-8 可知,随着起始 $Sb^{3+}$ 浓度增大,反应速率增大,开路电位越正。这是因为 $Sb^{3+}$ 浓度越高,溶液离子传质速度越快,浓差极化变小。当 $Sb^{3+}$ 质量浓度达到 90 g/L 时,初始反应速率反而降低,原因是此时 $Sb^{3+}$ 浓度过高,溶液电导率下降,离子发生缔合现象严重。从图 1-8 中还可发现,$Sb^{3+}$ 浓度越小,Ⅰ、Ⅱ区平滑范围越大,原因是 $Sb^{3+}$ 浓度小使得中间产物 SbCl(s) 被还原生成 Sb 步骤迟缓,电化学极化增加。

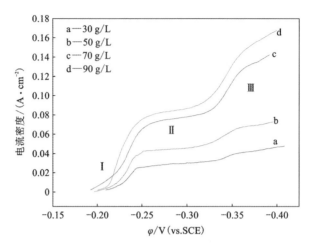

图1-8　不同初始$Sb^{3+}$浓度下的阴极极化曲线

3) 溶液中[$H^+$]的影响

不同初始[$H^+$]下的阴极极化曲线见图1-9，扫描速度为1 mV/s。从图1-9中可以看出，在Ⅰ区，[$H^+$]的增加对电极反应影响不大，曲线几乎重合。Ⅱ区以后，随[$H^+$]的增加电极反应速度减慢，析氢趋势减弱，表现出较强的电化学极化作用。原因是$H^+$的离子浓度较之$Sb^{3+}$极大，大量的$H^+$会削弱$Sb^{3+}$向电极表面的迁移速率，增加了电极极化。对比图1-7和图1-8可以发现，在$Cl^-$浓度低的情况下，电极反应速度(图1-8)增加了近一倍，原因是高$Cl^-$浓度下配位数高的锑氯络离子浓度增加，直接放电离子活度降低，反应速度随之降低。

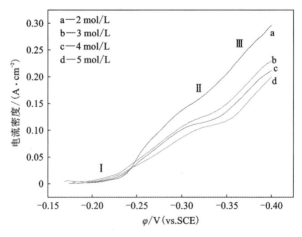

图1-9　不同[$H^+$]下的阴极极化曲线

4）NaCl 浓度的影响

不同 NaCl 浓度下的阴极极化曲线见图 1-10，扫描速度为 1 mV/s。由图 1-10 可知，在 I 区和 II 区，不同 NaCl 浓度对电极反应速率及溶液开路电位的影响都不大，曲线几乎重合，原因可能与 Cl⁻ 浓度前后变化不大有关；在 III 区则表现出随 NaCl 用量的增加反应速率减小、电流密度减弱的趋势，原因是随 NaCl 浓度增加溶液中游离 Cl⁻ 浓度增加，有利于络阴离子生成，促使络阴离子在电极表面吸附，对电流的通过起到了一定的阻碍作用，增加了阴极极化。在电沉积过程中，适当增加阴极极化，能使阴极沉积物更加致密平整。另外，添加的游离钠离子能降低溶液的比电阻，加快离子传质速度，对降低电极电耗有明显作用。

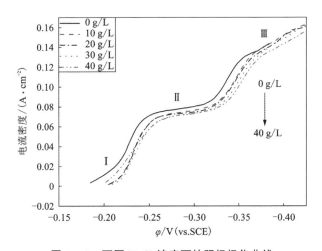

图 1-10　不同 NaCl 浓度下的阴极极化曲线

5）添加剂浓度对阴极反应速率的影响

在电解中，为了获得光滑致密的沉积物，一般需要提高电沉积过电位，增加反应电化学极化。通常添加一些有机表面活性物质，通过吸附阻碍电子传递，或通过增大还原反应活化能可以达到平整和细化晶粒的作用。

不同添加剂浓度下的阴极极化曲线见图 1-11，扫描速度为 1 mV/s。从图 1-11 中可以看出，在 I 区，极化曲线几乎重合，添加剂对这个阶段的作用不甚明显；而进入 II 区和 III 区后，随添加剂用量的增加，反应速率降低，电沉积过电位增大。当添加剂质量浓度达到 60 mg/L 时，在 II 区表现出强烈的阻化作用，使得沉积过电位大大增加，可见添加剂 A 在该电沉积体系中极化作用明显。

6）温度对阴极反应速率的影响

不同温度下的阴极极化曲线见图 1-12，扫描速度为 1 mV/s。图 1-12 表明，随着温度的升高，锑阴极还原的过电位减小，析出电位正移，阴极电流密度增大，

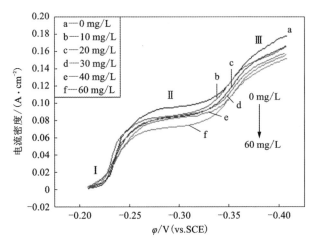

图 1-11　不同添加剂浓度下的阴极极化曲线

反应速度增大。同时，温度越高，曲线的平滑性越差，反复试验现象一样，原因可能是电极反应活性较大，锑析出速度极快，容易在工作电极形成海绵锑发生脱落，进而影响极化曲线的测定。

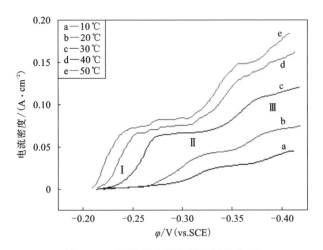

图 1-12　不同温度下的阴极极化曲线

　　温度对阴极过程的影响主要表现为：较高的温度可以降低锑氯络离子电化学反应的活化能，降低电化学极化，使晶核长大速度加快；溶液中反应物的扩散系数随温度的升高而增大，使反应物扩散层厚度减小，加速了离子向电极表面迁移，有利于电极反应的进行。在电沉积工艺中，较高的温度下电解槽电压降低，但维持溶液高温需要消耗过多热量，同时也容易增加 HCl 的挥发，因此电解液温度不宜过高。

## 1.2.3　实验结果与讨论

### 1.2.3.1　五氯化锑浸出辉锑矿及浸出液净化过程研究

1. 五氯化锑浸出实验

(1)单因素条件实验

浸出反应以隔膜电极过程阳极生成的 $SbCl_5$ 为浸出剂，在酸性条件下分别研究温度、酸度、液固比、$SbCl_5$ 过量系数和浸出时间对精矿中 $Sb^{3+}$ 浸出率的影响。在开展浸出实验之前，对电积阳极液进行了表征分析，确定了其成分为 $SbCl_5$，方法是采用硫酸铈还原滴定分析溶液中的 $[Sb]_T$ 与 $Sb^{3+}$，两者差值即溶液中 $Sb^{5+}$ 的浓度。

1)温度的影响

研究表明，硫化锑矿的氯化浸出受化学反应控制，反应温度在 60℃ 以下时，温度的变化对浸出率无明显影响，只有在更高的温度下才有利于浸出反应的进行。因此，实验在固定 $[H^+]$ 为 4 mol/L、液固比为 8∶1、$SbCl_5$ 过量系数为 1.1 及反应时间为 1.5 h 的条件下，分别研究温度为 75℃、85℃、95℃ 时对浸出率的影响。

实验结果见表 1-9，浸出的最佳温度为 85℃，此时液计浸出率达到了 99.68%。对比发现，提高反应温度对浸出率是有利的，从 75℃ 上升到 85℃ 浸出率增加了约 6%，这也可在一定程度说明浸出过程受化学反应控制。而在 95℃ 时，浸出率反而有所降低，主要原因是此时溶液挥发较快，实验装置不能保证完全密封，造成主成分挥发和在器壁上的滞留损失。对比渣率及原矿中成分 $[w(Sb)$ 为 61.85%] 还可发现，在该体系下浸出时，脉石成分大多存留于渣中，硫则主要以单质硫的形态入渣。另外，随反应温度升高，渣率依次降低，其原因是元素硫及其他成分的溶解度随温度升高而增加。

表 1-9　温度对浸出过程的影响

| 温度/℃ | 75 | 85 | 95 |
|---|---|---|---|
| 浸出液体积/mL | 338 | 345 | 330 |
| 浸出液 $\rho(Sb^{3+})/(g \cdot L^{-1})$ | 138.41 | 144.85 | 148.22 |
| 液计浸出率/% | 93.71 | 99.68 | 98.83 |
| 渣率/% | 39.50 | 33.50 | 31.83 |

2）[H⁺]的影响

唐谟堂教授等关于三氯化锑水解体系的热力学研究表明，在硫化锑矿的氯化浸出中，浸出剂具有足够高的总氯浓度，是保证浸出体系不产生水解的先决条件，同时也要保证足够高的酸度，根据其拟合的线性回归方程，在五氯化锑作浸出剂的实验中，氯离子浓度的影响不大，只需考虑酸度的影响。实验在浸出温度为 85℃、液固比为 8∶1、$SbCl_5$ 过量系数为 1.1 及反应时间为 1.5 h 的条件下，分别研究[H⁺]为 2 mol/L、3 mol/L、4 mol/L、5 mol/L 时对浸出率的影响。

实验结果见表 1-10 和图 1-13，当[H⁺]低于 3 mol/L 时，浸出率明显受到很大影响，而[H⁺]达到 3 mol/L 以后，浸出率受酸度的影响不再明显，此时浸出率约在 99.5% 以上。实验过程中，当[H⁺]为 2 mol/L 时，浸出浆液为灰绿色，而不是正常情况下的墨绿色，过滤后滤液较为混浊且难于澄清，分析原因可能是此时溶液中锑浓度过高，浸出又消耗了一定量盐酸，导致发生了 $SbCl_3$ 水解。在[H⁺]为 5 mol/L 的条件下，加入矿料即产生难闻的臭味(为 $H_2S$ 气体)，使操作环境恶化。综合考虑，选择[H⁺]为 3.5 mol/L 为最佳酸度。

表 1-10　[H⁺]对浸出过程的影响

| [H⁺]/(mol·L⁻¹) | 2 | 3 | 4 | 5 |
|---|---|---|---|---|
| 浸出液体积/mL | 315 | 355 | 345 | 348 |
| 浸出液 $\rho(Sb^{3+})$/(g·L⁻¹) | 111.35 | 139.52 | 144.85 | 141.74 |
| 液计浸出率/% | 71.35 | 99.48 | 99.68 | 99.65 |
| 渣率/% | 56.17 | 33.83 | 33.50 | 32.83 |

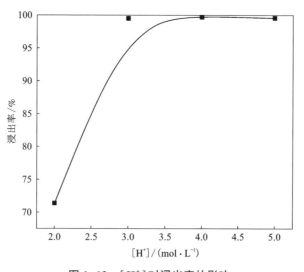

图 1-13　[H⁺]对浸出率的影响

3) 液固比的影响

由于实验选用 $SbCl_5$ 为浸出剂且硫化锑精矿的品位较高,当液固比小于 5 时,通过计算发现已不能再加入盐酸和水,故选择液固比为 6∶1,7∶1,8∶1,10∶1,并在浸出温度为 85℃、[$H^+$] 为 3.5 mol/L、$SbCl_5$ 过量系数为 1.1 及反应时间为 1.5 h 的条件下,研究液固比对浸出率的影响。

实验结果见表 1-11 和图 1-14,随着液固比的增大,浸出率逐渐增加并趋于平缓,确定最佳液固比为 8∶1,此时 $Sb^{3+}$ 浸出率达到了 99.73%。从实验结果可发现,在液固比为 6∶1 时浆液黏稠度较大,不利于浸出反应的进行。同时低的液固比使得反应比表面积降低,不利于化学反应控制的浸出过程;液固比过高,一方面酸耗增加,另一方面浸出剂浓度降低,同样不利于浸出反应的进行。

表 1-11　液固比对浸出过程的影响

| 液固比 | 6 | 7 | 8 | 10 |
|---|---|---|---|---|
| 浸出液体积/mL | 265 | 302 | 328 | 380 |
| 浸出液 $\rho(Sb^{3+})/(g \cdot L^{-1})$ | 183.22 | 163.70 | 152.61 | 131.98 |
| 液计浸出率/% | 96.79 | 98.75 | 99.73 | 99.42 |
| 渣率/% | — | 34.50 | 29.00 | 32.00 |

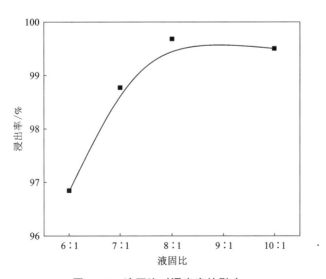

图 1-14　液固比对浸出率的影响

4）$SbCl_5$ 过量系数的影响

$SbCl_5$ 用量的多少，直接影响氧化还原反应的快慢和进行的程度。实验在浸出温度为 85℃、$[H^+]$ 为 3.5 mol/L、液固比为 8∶1 及反应时间为 1.5 h 的条件下，选择 $SbCl_5$ 过量系数为 0.9、1.0、1.1、1.2，研究其对浸出率的影响。

实验结果见表 1-12 和图 1-15，从表 1-12 和图 1-15 可以看出，$Sb^{3+}$ 浸出率随 $SbCl_5$ 过量系数的增大而增大，过量系数达到 1.1 以后，浸出率都为 99.5% 以上，继续增加 $SbCl_5$ 用量，对浸出率影响不大，反而增加了后续还原工序负担。而 $SbCl_5$ 用量过少，则会使浸出速率减慢，副反应 $Sb_2S_3+6HCl \xrightarrow{\quad} 2SbCl_3+3H_2S\uparrow$ 加剧，导致酸耗增加，污染严重。综合考虑，$SbCl_5$ 过量系数选择 1.1 为宜。

表 1-12　$SbCl_5$ 用量对浸出过程的影响

| $SbCl_5$ 过量系数 | 0.9 | 1.0 | 1.1 | 1.2 |
|---|---|---|---|---|
| 浸出液体积/mL | 330 | 335 | 328 | 342 |
| 浸出液 $\rho(Sb^{3+})$/(g·$L^{-1}$) | 123.77 | 137.48 | 152.61 | 151.27 |
| 液计浸出率/% | 94.53 | 98.76 | 99.73 | 99.81 |
| 渣率/% | 35.00 | 33.67 | 29.00 | — |

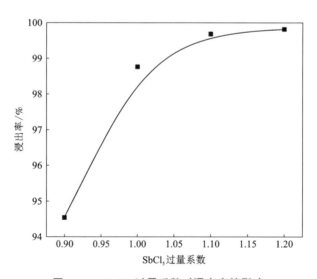

图 1-15　$SbCl_5$ 过量系数对浸出率的影响

5）时间的影响

鉴于氯盐体系浸取硫化锑矿较为容易，短时间内就能达到较高的浸出率，因

而选择浸出时间分别为 0.5 h、1.0 h、1.5 h、2.0 h，其他条件为温度 85℃、[H⁺]
为 3.5 mol/L、液固比 8∶1、SbCl₅ 过量系数 1.1。

实验结果见表 1-13 和图 1-16，开始浸出的前 0.5 h，反应十分剧烈，浸出速
度很快，0.5 h 内浸出率已经达到了 78.43%，1 h 后浸出率为 98% 以上，往后则浸
出过程平稳，浸出率在 1.5 h 以后大于 99.5%，再往后浸出率变化不大，因此选
择 1.5 h 为最佳浸出时间。

表 1-13　浸出时间对浸出过程的影响

| 浸出时间/h | 0.5 | 1.0 | 1.5 | 2.0 |
|---|---|---|---|---|
| 浸出液体积/mL | 335 | 352 | 328 | 340 |
| 浸出液 $\rho(Sb^{3+})/(g \cdot L^{-1})$ | 117.02 | 139.52 | 152.61 | 146.58 |
| 液计浸出率/% | 78.43 | 98.38 | 99.73 | 99.84 |
| 渣率/% | 49.83 | 34.17 | 29.00 | 30.50 |

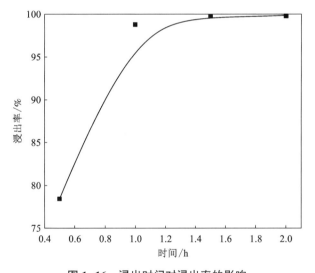

图 1-16　浸出时间对浸出率的影响

(2)综合扩大实验

单因素条件实验得到的优化条件是：浸出温度为 85℃、[H⁺] 为 3.5 mol/L、
液固比为 8∶1、SbCl₅ 过量系数为 1.1、浸出时间为 1.5 h。在此条件下，硫化锑
矿 1# 的浸出率为 99.5% 以上。该结果是在小剂量试料条件下所得，为验证其适应
性和广泛性，有必要进行综合扩大实验。综合扩大实验局限于实验室条件，采用

了单因素条件实验原料 10 倍的规模：矿料 300 g/次，在 5000 mL 烧杯中进行，恒温水浴槽加热，用塑胶纸板密封，机械搅拌，滤渣用 1 mol/L 稀盐酸约 150 mL 洗 3~4 次。

1)锑精矿 1#优化条件实验

实验结果见表 1-14，在实验规模扩大 10 倍以后，金属锑浸出率仍然为 99%以上，浸出率受到的影响不大，与单因素条件实验相比略有降低，原因可能有两个方面：一是所采用的浸出装置密封性能不如条件实验阶段，造成溶液有一定挥发损失；二是由于滤液体积较大，只能用量筒分两次计量，增加实验误差。

**表 1-14 锑精矿 1#综合扩大实验结果**

| 实验 | 浸出液 | | | 浸出渣 | | | 金属平衡 | | |
|---|---|---|---|---|---|---|---|---|---|
| | 体积/mL | 元素 | $\rho$/(mg·L$^{-1}$) | 质量/g | 元素 | $w$/% | 入液率/% | 入渣率/% | 平衡率/% |
| 1 | 2448 | Sb# | 201.89 | 97.35 | Sb | 2.43 | 99.18 | 0.47 | 99.65 |
| | | As | 6.0 | | As | 0.12 | 3.77 | 29.95 | 33.72 |
| | | S | 1966 | | S | 75.60 | 6.24 | 93.96 | 100.20 |
| | | Cu | 281.5 | | Cu | 0.62 | 53.42 | 46.79 | 100.21 |
| | | Cd | 2.73 | | Cd | 0.0047 | 58.65 | 40.14 | 98.79 |
| | | Pb | 949.6 | | Pb | 0.055 | 92.25 | 2.12 | 94.37 |
| 2 | 2465 | Sb# | 198.63 | 101.70 | Sb | 2.07 | 99.09 | 0.43 | 99.52 |
| | | As | 18.0 | | As | 0.13 | 11.38 | 33.90 | 45.28 |
| | | S | 1907 | | S | 69.79 | 6.00 | 90.61 | 96.61 |
| | | Cu | 312.2 | | Cu | 0.58 | 59.66 | 45.73 | 105.39 |
| | | Cd | 2.55 | | Cd | 0.005 | 55.14 | 44.61 | 99.75 |
| | | Pb | 963.8 | | Pb | 0.061 | 94.28 | 2.46 | 96.74 |
| 总计 | 4913 | Sb# | 200.25 | 199.05 | Sb | 2.25 | 99.15 | 0.45 | 99.60 |
| | | As | 12.02 | | As | 0.125 | 7.57 | 31.90 | 39.47 |
| | | S | 1936.4 | | S | 72.70 | 6.12 | 92.28 | 99.0 |
| | | Cu | 296.90 | | Cu | 0.60 | 56.54 | 46.26 | 102.8 |
| | | Cd | 2.64 | | Cd | 0.00485 | 56.90 | 42.37 | 99.27 |
| | | Pb | 956.7 | | Pb | 0.058 | 93.27 | 2.29 | 95.56 |

注：Sb#的单位为 g/L，采用硫酸铈滴定法分析测定；实验 1 数据为中南大学分析检测中心 ICP-AES 测定结果。

从表 1-14 中可以看出，所研究的杂质离子除砷以外，其他元素都平衡较好，相差不超过±5%。砷的平衡率只有 40%左右，其原因可能存在以下三个方面：一是低浓度砷分析普遍存在较大误差，导致砷平衡较差；二是浸出过程中 AsCl₃ 会伴随 HCl 的挥发而机械夹杂损失，这部分砷未能计入砷平衡；三是一次滤液静置过程中会产生少量黄色絮凝状沉淀物，在二次过滤时该沉淀物由于量少附着于滤纸而不能归入渣中进行分析，据文献所述这种黄色絮凝状沉淀物可能就是 As₂S₃。

此外，92%左右的硫都进入渣中，仅有少量进入溶液，验证了理论分析中关于绝大多数硫被氧化成单质硫存于渣中的结论。可见该浸出体系有效避免了硫化矿处理过程中硫对环境的污染问题，入渣的固态硫也便于回收利用。由浸出液成分可知，As、Cd 的含量很低（质量分数仅有几个百万分之一），主要杂质成分是 Cu 和 Pb，其原因是 Cu、Pb 都能与 Cl⁻ 形成络合物，且 Cl⁻ 浓度较高时有可观的溶解度，所以浸出液的净化主要是除去滤液中的 Cu 和 Pb。

2）锑精矿 2#优化条件实验

锑精矿 1#品位很高，脉石成分较少，氯化浸出比较容易，对此本节实验内容主要是使用品位相对较低的或难处理的锑精矿 2#，以验证优化条件的适应性。

实验结果见表 1-15，当采用成分稍复杂的锑精矿 2#以后，在相同的条件下浸出率从 99.5%以上降低到了 92.0%左右，渣量增加约一倍。探索提高[H⁺]到 4 mol/L 而其他条件不变的情况下，锑精矿 2#浸出率提高了 5.72%，达到了 97.72%，但渣率降低并不多。由此可见，锑精矿 2#的浸出率可以通过提高[H⁺]或延长浸出时间来获得理想结果，对此本书没能进一步深入研究，但可以说明本书得到的优化条件对处理各类简单或复杂的锑精矿都有较强的适应性，所不同的是浸出时需要根据情况对优化条件做适当调整。

表 1-15　锑精矿 2#验证实验结果

| 实验 | 精矿用量/g | 浸出液体积/mL | 浸出液 $\rho(Sb^{3+})$/(g·L⁻¹) | 液计浸出率/% | 渣率/% |
|---|---|---|---|---|---|
| 1 | 30 | 342 | 78.06 | 91.16 | 65.83 |
| 2 | 30 | 348 | 78.44 | 93.23 | 61.50 |
| 平均 | 30 | 345 | 78.25 | 92.20 | 63.67 |
| 3* | 30 | 350 | 81.78 | 97.72 | 57.17 |

注：3* 实验变动了浸出条件，[H⁺]从 3.5 mol/L 增加到了 4.0 mol/L。

2. 浸出液还原及净化实验

浸出液送电积之前，必须经过还原净化，使溶液中能参与电极反应的杂质离子除去，或降低到一个允许的范围值，否则会增加额外的电能消耗，降低电解电流效率，影响沉积锑质量和形貌，甚至使电积过程难以进行下去。其中最主要的是溶液中的高价离子以及 $Cu^{2+}$、$As^{3+}$、$Pb^{2+}$ 等重金属离子。本节把多次条件实验所得浸出液混合，用以进行还原净化实验，混合后浸出液的主要成分见表 1-16。

表 1-16　混合浸出液的化学成分　　　　　　　　单位：g/L

| 成分 | $Sb^{5+}$ | $Sb^{3+}$ | $Fe^{3+}$ | $Fe^{2+}$ | $Pb^{2+}$ | $Cu^{2+}$ | $Cd^{2+}$ | $As^{3+}$ |
|---|---|---|---|---|---|---|---|---|
| 质量浓度 | 2.44 | 122.88 | 0.0927 | 0.3709 | 0.4172 | 0.1061 | 0.0018 | 0.0116 |

（1）锑粉还原实验

把电积得到的锑块碾磨成粉，根据浸出液中 $Sb^{5+}$ 的量决定锑粉用量。实验中由于 $Sb^{5+}$ 含量较少，为了还原完全，只能加大锑粉用量，同时要考虑 $As^{5+}$、$Fe^{3+}$ 等杂质离子的还原，因此确定锑粉最终用量为理论量的 3.0 倍，反应温度 60℃，搅拌，反应 30 min。还原后液 $Sb^{3+}$ 离子浓度从还原前 122.88 g/L 增加到 127.52 g/L，采用硫酸铈滴定分析 $Sb^{5+}$ 和重铬酸钾滴定分析 $Fe^{3+}$，均检测不出高价离子，说明 $Fe^{3+}$、$Sb^{5+}$ 杂质离子还原较为完全。

（2）硫化法除重金属实验

实验选择 $Na_2S$ 作为除杂剂，根据溶液中 $Cu^{2+}$、$Cd^{2+}$、$Pb^{2+}$ 和 $As^{3+}$ 的含量，确定 $Na_2S$ 用量为理论量的 2.0 倍，$[H^+]>3$ mol/L、反应温度 60℃，反应 30 min，冷却过滤。硫化除杂前后，$Cu^{2+}$、$Cd^{2+}$ 和 $Pb^{2+}$ 成分变化见表 1-17。从表中可以看出，$Cd^{2+}$ 去除率不高，但硫化除杂后液 $Cd^{2+}$ 只剩 0.3 mg/L，原因是浸出液中 $Cd^{2+}$ 浓度已经很低；$Pb^{2+}$ 一方面因其在溶液中会形成 $PbCl_i^{2-i}$ 络离子，另一方面高酸溶液中 PbS 的 $K_{sp}$ 值相对较大，因而 $Pb^{2+}$ 去除率只有 88.57%，$Pb^{2+}$ 剩余浓度为 47.7 mg/L；净化后 $Cu^{2+}$ 质量浓度为 3.9 mg/L，去除率达到了 96.32%，这主要是因为即便在酸性溶液中 CuS 的 $K_{sp}$ 值也较小。

（3）次磷酸钠还原除砷实验

实验确定 $Na_3PO_2$ 用量为理论量的 1.5 倍，$[H^+]$ 约 4 mol/L，反应温度为 60℃，反应时间为 90 min，冷却过滤。由分析结果可知，净化后溶液中 $As^{3+}$ 含量由 0.0116 g/L 降低到了 0.0020 g/L，砷的去除率达到了 81.51%，可见在足够长时间内，$Na_3PO_2$ 除砷能够取得较好的效果。

**1.2.3.2　三氯化锑水溶液隔膜电积工艺研究**

1.单因素条件实验

电沉积实验所用的电解液为浸出过程的净化液，其稀释前的主要成分见表 1-17。当阴极液 $Sb^{3+}$ 质量浓度为 30 g/L、温度为 40℃ 时，不考虑电化学极化，求得 $\varphi_{Sb^{3+}/Sb}=0.227$ V，根据同时放电原理，此时只要溶液中 $\rho_{Cu^{2+}}<0.0145$ g/L、

$\rho_{As^{3+}} < 0.0251$ g/L，$Cu^{2+}$ 和 $As^{3+}$ 就不会与 $Sb^{3+}$ 在阴极同时析出。据此，可以推断净化液能基本达到电积要求。在探索实验中，发现阴极液酸度的增加会使得电耗略有增大，但若是酸度太低，电积过程中将会出现 $Sb^{3+}$ 水解沉淀的现象，故阴极液酸度始终维持在 3.5~4 mol/L。

表 1-17 净化除杂前后溶液成分及杂质去除率

| 元 素 | $Sb^{3+}$ | Fe | $Pb^{2+}$ | $Cu^{2+}$ | $Cd^{2+}$ |
|---|---|---|---|---|---|
| 原液 $\rho$(成分)/(g·L$^{-1}$) | 127.52 | 0.4636 | 0.4172 | 0.1061 | 0.0018 |
| 净化液 $\rho$(成分)/(g·L$^{-1}$) | 122.94 | — | 0.0477 | 0.0039 | 0.0003 |
| 去除率/% | 3.60 | — | 88.57 | 96.32 | 83.33 |

(1)温度的影响

在 $Sb^{3+}$ 质量浓度为 70 g/L、[$H^+$] 为 4 mol/L、$Cl^-$ 物质的量浓度为 5.8 mol/L、NaCl 质量浓度为 40 g/L、添加剂 A 质量浓度为 30 mg/L、异极距为 40 mm、电流密度为 200 A/m$^2$ 的条件下，分别研究温度为 30℃、35℃、40℃、45℃时，阴极产物质量，电积时间为 8 h。

结果表明，当温度为 30℃时，沉积物光亮致密，但沉积物表面有明显的爆裂，可以确定形成的是爆锑；当温度升高到 35℃时，发现沉积过程不易控制，沉积稳定的情况下形成表面粗糙的正常锑，而沉积条件波动幅度稍大则会形成爆锑；当温度为 40℃以上时，没有爆锑现象的发生，沉积物表面粗糙呈暗灰色，爆锑与正常锑的宏观形貌见图 1-17，且随温度升高沉积物表面瘤状颗粒数量减少、粒度变小，沉积物明显比较低温度下平整。温度对阴阳极电流效率和电耗的影响见图 1-18，从图 1-18 中可以看出，阴阳极电流效率随温度升高而升高，在 40℃后达到平衡，阴极电流效率为 99% 以上，阳极效率也达到了 88.23%。阳极效率难以再提高，一方面是随反应进行阳极 $Sb^{3+}$ 减少导致氧化接触面减少，另一方面游离的 $Cl^-$ 因挥发和消耗导致 $SbCl_5$ 的生成速度减慢。此外，随温度升高吨锑电耗大幅度下降最后趋于平缓，原因是随温度升高，溶液比电阻下降，离子传质速度加快，使槽电压降低。综上所述，选择电沉积温度在 40 至 45℃之间为宜，因为温度再升高对沉积物形貌、电效和电耗的影响已不明显，反而容易造成溶液的挥发加剧。

(2)添加剂种类及浓度的影响

在温度为 42±2℃，其他条件同温度影响实验，分别研究表面活性物质 A~F 的单一或复合添加对沉积物质量的影响。

添加剂 A~F 是脱附电位比 $Sb^{3+}$ 析出电位(-1.15 V，相对饱和甘汞电极)更负

(a) 爆锑　　　　　　　　　　　　　　(b) 正常锑

图 1-17　爆锑与正常锑的宏观形貌照片

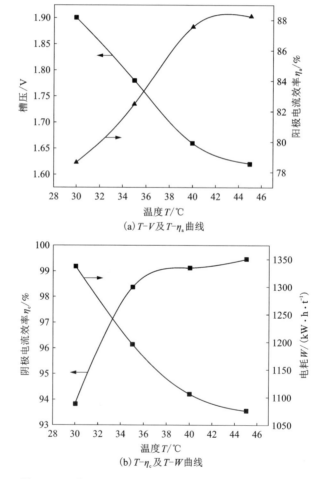

(a) $T$-$V$ 及 $T$-$\eta_a$ 曲线

(b) $T$-$\eta_c$ 及 $T$-$W$ 曲线

图 1-18　槽压($V$)、电耗($W$)和阴阳极效率($\eta_c$, $\eta_a$)随温度($T$)的变化曲线

的脂肪醇、胺或季铵盐和动物胶等。实验表明，当同时使用添加剂 A+D 时，能得到致密平整的正常锑，沉积物质量较好，呈银灰色，见图 1-19(c)；其他单一或复合添加剂都不能得到沉积形貌较好的锑板，可见添加剂 A+D 对改善氯盐体系锑电积过程作用明显。

(a) 添加剂A

(b) 添加剂A+B+C

(c) 添加剂A+D

(d) 添加剂B+D+E

(e) 添加剂A+F

图 1-19　不同添加剂下得到的阴极沉积物宏观形貌照片

　　此外，不同浓度的添加剂对沉积物质量也有一定影响，添加剂用量过少，则不能起到应有效果，反之则会大量吸附在电极表面，导致阴极极化电压显著上升，同时溶液电阻增加，结果槽压大幅上升，得到的沉积物质量较差。因此，还必须研究添加剂 A 和 D 的用量，溶液中不同浓度添加剂 A 和 D 对电沉积过程的影响见表 1-18。从表中可以看出，添加剂过少或过多都不能达到较好的结果，且随添加剂用量的增加，平均槽压有增加的趋势。除添加剂浓度过高的情况外，添加剂的用量对阴阳两极电流效率的影响不是很大，实验结果表明，选择质量浓度为 30 mg/L 的添加剂 A 和质量浓度为 20 mg/L 的添加剂 D 能得到形貌最好的锑，且电积过程参数较好。

表 1-18  不同浓度添加剂 A 和 D 对电沉积过程的影响

| 添加剂 A+D | 平均槽压/V | 阳极效率 $\eta_a$/% | 阴极效率 $\eta_c$/% | 电耗 $W$ /(kW·h·t⁻¹) | 沉积物质量 |
|---|---|---|---|---|---|
| 10 mg/L+10 mg/L | 1.59 | 88.91 | 99.86 | 1051.67 | 正常锑,致密,表面有细小颗粒 |
| 20 mg/L+20 mg/L | 1.63 | 87.35 | 99.37 | 1083.44 | 正常锑,表面光滑、致密平整 |
| 30 mg/L+10 mg/L | 1.61 | 87.72 | 99.23 | 1071.66 | 正常锑,表面光滑、致密平整 |
| 30 mg/L+20 mg/L | 1.61 | 88.23 | 99.48 | 1068.97 | 正常锑,表面光滑、致密平整 |
| 40 mg/L+30 mg/L | 1.74 | 86.33 | 97.11 | 1183.48 | 沉积物表面有线条状生长现象 |

(3)阴极液 $Sb^{3+}$ 浓度的影响

加入添加剂 A 和 D,其在溶液中的质量浓度分别为 30 mg/L 和 20 mg/L,氯化钠加入量随 $Sb^{3+}$ 浓度而变,以保证 $Cl^-$ 物质的量浓度达到 5.8 mol/L 左右,其他条件同上,分别研究 $Sb^{3+}$ 质量浓度为 30 g/L、50 g/L、70 g/L、90 g/L、110 g/L 的情况下,阴极产物质量。

结果表明,$Sb^{3+}$ 质量浓度为 30 g/L 时,只能在阴极表面得到一薄层鳞状爆锑,随后得到的是粉锑,粉锑沉积速度较快,并有落槽现象发生;当 $Sb^{3+}$ 质量浓度为 110 g/L 时,得到的沉积物局部爆裂,表面无明显光泽;其他浓度下得到的产物均为正常锑,沉积物平整致密,呈银灰色。

不同起始 $Sb^{3+}$ 浓度下得到的阴极产物 SEM 图见图 1-20,其中起始 $Sb^{3+}$ 质量浓度为 30 g/L 和 110 g/L 时取样自产物裂口附近。可以看到,当 $Sb^{3+}$ 质量浓度为 30 g/L 时,有大量粒度在 5~10 μm 的方形晶粒;当 $Sb^{3+}$ 质量浓度为 110 g/L 时,也有少量粒宽约 5 μm 的晶粒,而在远离裂口的部分没有发现;当 $Sb^{3+}$ 质量浓度为 70 g/L 时,没有类似的大颗粒。由于这种大晶粒的存在,导致晶间应力发生变化,颗粒越多越大,晶间应力也越大,最后发生爆裂形成爆锑。从晶相来看,沉积物呈现清晰的凤尾草晶形,并且爆锑的晶枝细而短[见图 1-20(b)、(d)],约长 1 μm,正常锑的晶枝则相对粗且稍长,因此表现出正常锑表面不如爆锑光滑、略显粗糙。

槽压、电耗和阴阳极电流效率与 $Sb^{3+}$ 浓度的关系见图 1-21,从图 1-21 中可以看出,除阳极效率随 $Sb^{3+}$ 浓度的增高而降低外,槽压、电耗都有一最低点,阴

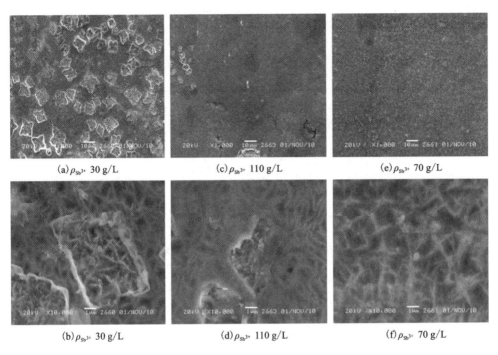

(a) $\rho_{Sb^{3+}}$ 30 g/L　　(c) $\rho_{Sb^{3+}}$ 110 g/L　　(e) $\rho_{Sb^{3+}}$ 70 g/L

(b) $\rho_{Sb^{3+}}$ 30 g/L　　(d) $\rho_{Sb^{3+}}$ 110 g/L　　(f) $\rho_{Sb^{3+}}$ 70 g/L

**图 1-20　不同起始 $\rho_{Sb^{3+}}$ 阴极沉积物不同倍数 SEM 图**

极效率也有一最高点，这一点对应的 Sb³⁺ 质量浓度大概是 70 g/L，出现这种现象的原因是当溶液中 Sb³⁺ 浓度过低时，电极表面会发生浓差极化现象；Sb³⁺ 浓度过高时，溶液电导率下降，离子发生缔合。因此，保持溶液中 Sb³⁺ 质量浓度在 70 g/L 为宜。

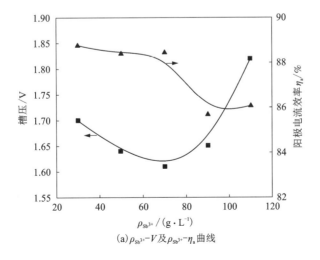

(a) $\rho_{Sb^{3+}}$-$V$ 及 $\rho_{Sb^{3+}}$-$\eta_a$ 曲线

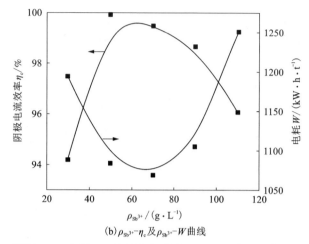

(b) $\rho_{Sb^{3+}}-\eta_c$ 及 $\rho_{Sb^{3+}}-W$ 曲线

**图 1-21  槽压($V$)、电耗($W$)和阴阳极效率($\eta_c$, $\eta_a$)随 $\rho(Sb^{3+})$ 的变化曲线**

(4)电流密度的影响

在温度为 45℃、Sb$^{3+}$ 质量浓度为 70 g/L、[H$^+$] 为 4 mol/L、Cl$^-$ 物质的量浓度为 5.8 mol/L、NaCl 质量浓度为 40 g/L、添加剂 A 质量浓度为 30 mg/L 和添加剂 D 质量浓度为 20 mg/L 的条件下,分别研究电流密度为 200 A/m$^2$、250 A/m$^2$、300 A/m$^2$ 和 400 A/m$^2$ 情况下,阴极产物质量。

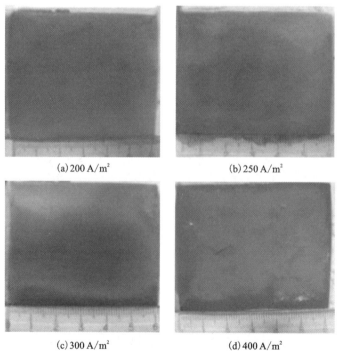

(a) 200 A/m$^2$  (b) 250 A/m$^2$

(c) 300 A/m$^2$  (d) 400 A/m$^2$

**图 1-22  不同电流密度下阴极沉积物的宏观形貌照片**

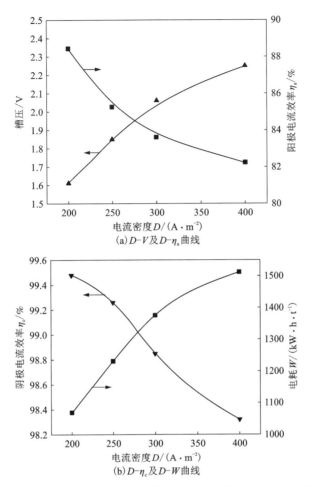

图 1-23　槽压($V$)、电耗($W$)和阴阳极效率($\eta_c$,$\eta_a$)随电流密度($D$)的变化曲线

　　结果表明，在电流密度较小时，阴极沉积物质量较好。当电流密度为 200 A/m² 和 250 A/m² 时，得到的阴极锑表面光滑致密，产物为正常锑；当电流密度为 300 A/m² 时，得到的沉积物平整致密，表面有少量细小颗粒，沉积物整块未爆锑；当电流密度增大到 400 A/m² 时，沉积物表面有明显的爆裂现象，部分爆锑，且随电流密度的增加，沉积物表面颜色逐渐由暗变亮，见图 1-22。说明增加电流密度虽然可以加大阴极极化，但电流密度越大沉积速度越快，中间转换步骤放电迟缓也越明显，结果得到的阴极产物质量反而不好。槽压、电耗和阴阳极电流效率与电流密度的关系见图 1-23，从图 1-23 中可以看出，槽压和电耗随着电流密度的增加而增加，阴阳极电流效率随电流密度的增加而减小。综合考虑，最佳电流密度以 200~250 A/m² 为宜。

2. 综合条件实验

(1) 长周期电积实验

通过单因素条件实验，得到了电沉积初步优化条件：电积温度为42±2℃，阴极液$Sb^{3+}$质量浓度为70 g/L，电流密度为200~250 A/m²，[$H^+$]为4 mol/L，NaCl质量浓度为40 g/L，$Cl^-$物质的量浓度为5.8 mol/L，添加剂A的质量浓度为30 mg/L，添加剂D的质量浓度为20 mg/L，异极距为40 mm，阴阳极液面差约10 mm。但该结果是在电沉积时间不超过8 h的条件下得到的，而工业生产中阴极周期较短的锌电解，电解时间也长达24 h，因此研究优化条件下各技术参数随连续电解时间变化情况具有重要意义。

表1-19 阴极周期为20 h情况下的电积参数

| 取样时间 /h | 阴极液中离子浓度 | | | 阳极液中离子浓度 | | | | 槽压 /V | 阳极电流效率 /% | 阴极电流效率 /% |
|---|---|---|---|---|---|---|---|---|---|---|
| | $\rho_{Sb^{3+}}$ /(g·L⁻¹) | [$Cl^-$] /(mol·L⁻¹) | [$H^+$] /(mol·L⁻¹) | $\rho_{Sb^{3+}}$ /(g·L⁻¹) | $\rho_{Sb^{5+}}$ /(g·L⁻¹) | [$Cl^-$] /(mol·L⁻¹) | [$H^+$] /(mol·L⁻¹) | | | |
| 0 | 70.61 | 6.53 | 4.25 | 158.77 | 0 | 6.06 | 2.04 | 1.60 | — | |
| 4 | 64.77 | 6.46 | 4.09 | 149.66 | 9.51 | 6.06 | 1.87 | 1.61 | 87.11 | |
| 8 | 65.14 | 6.40 | 4.11 | 140.61 | 19.33 | 6.13 | 1.73 | 1.63 | 90.05 | 99.68 |
| 12 | 66.34 | 6.37 | 3.94 | 133.47 | 28.26 | 6.21 | 1.91 | 1.62 | 81.88 | |
| 16 | 65.58 | 6.39 | 4.06 | 124.53 | 39.06 | 6.18 | 1.85 | 1.64 | 99.03 | |
| 20 | 64.42 | 6.27 | 4.00 | 117.26 | 48.47 | 6.13 | 1.90 | 1.63 | 86.29 | |

研究前后进行了两次长时间电积实验，第一次电积时间为20 h，电流密度为200 A/m²，取样周期为4 h，取样后适当补加阴阳极液。由于阴阳极板与液面的实际情况不同，每次取样后阴极都补充溶液，而阳极视液面情况补充，其中阴极补液成分为：$Sb^{3+}$质量浓度为202.47 g/L，[$H^+$]为4.63 mol/L(理论浓度为5.0 mol/L)，NaCl质量浓度为40 g/L，添加剂A的质量浓度为30 mg/L，添加剂D的质量浓度为20 mg/L。阳极液及补液成分为：$Sb^{3+}$质量浓度为158.77 g/L，[$H^+$]为2.04 mol/L(理论浓度为2.5 mol/L)，NaCl质量浓度为40 g/L。实验结果见表1-20，在实验条件下阴极$Sb^{3+}$质量浓度保持在65 g/L左右，阳极在20 h内生成$Sb^{5+}$约25 g。阴极$Cl^-$浓度随反应进行在逐渐变小，而阳极$Cl^-$浓度则相应增加，两极[$H^+$]都在逐渐减小，说明有HCl的挥发损失，同时$Cl^-$通过阴离子膜在向阳极室转移，但由于浓度差不大，变化不太明显。平均阳极电流效率为88.72%，阴极电流效率为99.68%。槽压在整个过程中较稳定，约为1.62 V，说明电沉积过程干扰较少，电积过程稳定。

表 1-20　阴极周期为 54 h 情况下的电积参数

| 取样时间/h | 阴极液中离子浓度 | | | 阳极液中离子浓度 | | | | 槽压/V | 阳极电流效率/% | 阴极电流效率/% |
|---|---|---|---|---|---|---|---|---|---|---|
| | $\rho_{Sb^{3+}}$/(g·L⁻¹) | [Cl⁻]/(mol·L⁻¹) | [H⁺]/(mol·L⁻¹) | $\rho_{Sb^{3+}}$/(g·L⁻¹) | $\rho_{Sb^{5+}}$/(g·L⁻¹) | [Cl⁻]/(mol·L⁻¹) | [H⁺]/(mol·L⁻¹) | | | |
| 0 | 74.35 | 6.68 | 4.12 | 155.74 | 0 | 5.96 | 2.11 | 1.63 | — | |
| 5 | — | — | — | — | — | — | — | 1.62 | — | |
| 20 | 68.48 | 6.39 | 3.87 | 120.03 | 49.63 | 6.13 | 1.79 | 1.58 | 91.02 | |
| 30 | 70.29 | 6.22 | 3.94 | 102.37 | 72.78 | 6.16 | 1.81 | 1.54 | 88.98 | |
| 35 | — | — | — | — | — | — | — | 1.62 | — | 104.33 |
| 40 | 71.13 | 6.08 | 3.79 | 88.78 | 90.15 | 6.13 | 1.70 | 1.68 | 82.66 | |
| 45 | — | — | — | — | — | — | — | 1.74 | — | |
| 50 | 71.85 | 5.99 | 3.73 | 61.55 | 111.57 | 6.08 | 1.73 | 1.74 | 81.84 | |
| 54 | 72.55 | 5.87 | 3.85 | 55.23 | 120.48 | 6.05 | 1.87 | 1.78 | 81.83 | |

第二次实验与第一次实验具体操作相似，不同的是延长电沉积时间到了 54 h，取样周期为 5 h。实验中，随电积时间的延长，阳极液颜色越来越深，逐渐变为橘红色，阴极则基本保持清亮。还发现电积 40 h 后隔膜上有一层透明的牢固附着物，在阴极室槽体底部更多，石墨板表面及阴极板与液面接触点也较多，疑为氯化钠结晶及少量有机添加剂。从表 1-20 中同样可发现，电积时间达 40 h 时，阳极效率只有 82.66%，槽压也迅速增加，这与氯化钠结晶析出附着于隔膜及 HCl 的挥发有关。实验最终阴极电流效率超过 100%，主要原因是在沉积锑板边缘有较多包裹 NaCl 的瘤状结晶，见图 1-24。锑板下部则出现了粗条纹，可能是有机添加剂浓度过高所致。据此推断，在电积过程中阴阳极补液都无须加入 NaCl 和有机添加剂，以免其在溶液中累积浓度过高影响电积过程。

图 1-24　电积 54 h 后阴极产物宏观形貌照片

（2）直接电积实验

由于沉积锑板剥离时易碎，要做成商品必须重新熔铸，故提出浸出液不经过净化而直接电积，再火法精炼除杂的思路，以简化工艺流程。在电积优化条件下，进行了 5 h 直接电积实验。结果阴极产物仍能成板，表面致密平整不爆锑，产物颜色较黑，见图 1-25。直接电积的阴极电流效率为 98.36%，槽压随电积时间的延长而上升较快，平均槽压为 1.70 V。

图 1-25  直接电积阴极产物宏观形貌照片

3. 阴极产物的表征

（1）宏观形貌分析

综合实验阴极产物表面形貌见图 1-24，产物厚 2~3 mm，呈银灰色，正常沉积物表面平整致密，整块不爆裂，容易剥落。但由于锑性脆易碎，剥板过程中常常导致锑板断裂成碎块。

（2）XRD 结构分析

为表征电积产品晶相结构，并对比爆锑产物，对前期得到的正常锑及爆炸部分产物进行了 XRD 分析，结果见图 1-26。从图 1-26 中可以看到，正常锑的各特征峰与锑的标准图谱一致，晶体结构完整，属六方晶系。而爆锑产物仅表现出两个峰，晶格存在明显缺陷。

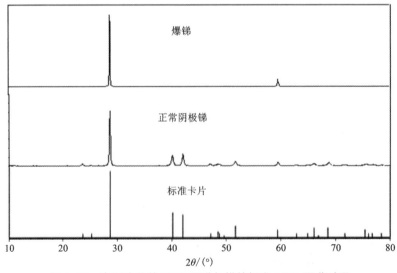

图 1-26  电积产物的 XRD 图谱与锑的标准 XRD 图谱对照

（3）SEM-EDX 分析结果

对电积 54 h 产物及爆锑产物进行微观形貌分析，得到 SEM 图（见图 1-27）。从图 1-27 中可以看出，电积 54 h 后得到的产物放大 1000 倍，其表面仍然致密平整，有一直径约 10 μm 的大颗粒较为明显；当放大 10000 倍时，可以看到细小的枝晶，约长 1.0 μm，照片清晰时枝晶呈现凤尾草晶型；图 1-27(c) 为图 1-27(a) 以大颗粒为中心放大所得，可以看到有不少粒度为 0.5~1.0 μm 的颗粒，这些小颗粒组合一起即为图(a)中的大颗粒。观察发现，爆锑产物表面凹凸不平，有明显的爆裂痕迹，其结晶毫无规律，放大 10000 倍呈现颗粒堆积。

(a) 正常锑　　　　　　　　　　　(b) 爆锑

(c) 正常锑　　　　　　　　　　　(d) 爆锑

**图 1-27　电积产物在不同放大倍数下的 SEM 图**

图 1-27(a) 中的大颗粒，在产物 SEM 照片中或多或少都有存在，对其作 EDX 微区分析。颗粒上颜色较深的部分，含有较多的 Na 和 Cl，二者质量分数之和达到了 32.81%；颜色较浅的部分基本正常，Sb 含量超过了 95%，含 Na 和 Cl 较少。在颗粒以外的部分，Sb 含量显得更高，杂质较少。微区分析中没有发现 Cu、Pb、As 等

正常锑中微区元素
分析图(SEM-EDX)

杂质元素，说明其含量很低，难以达到检测灵敏度。综上所述，可以假定 SEM 照片中的大颗粒是机械夹带的异相形成结晶核心所致，但不一定是 NaCl，微区中较多的 Na 和 Cl 也可能是附着于沉积物表面的钠盐和残留酸。

同理，对爆锑作微区分析。观察发现，在爆炸部分除了 Sb、Na、Cl 外，还有较多的 O 及少量的 Cu，原因是沉积锑爆炸时，释放了大量的瞬时热，使不活泼的 Sb 也发生了氧化，同时大量的热使爆炸点铜板活化，更易受到 $Cl^-$ 腐蚀，形成局部 $Cu^{2+}$ 离子浓度过高而析出。总体上来看，爆锑中 Sb 所占的重量百分比较低，而通过称量沉积物计算的电流效率往往超过 100%，这是因为沉积物中除了按法拉第电流定律析出的 Sb，还有较多机械夹杂的杂质离子。

爆锑中微区元素分析图(SEM-EDX)

（4）ICP-AES 成分分析

将综合实验中得到的两组锑板取出部分，用蒸馏水清洗两遍后碾磨成粉，送中南大学现代分析检测中心利用 ICP-AES 测定阴极锑成分，结果见表 1-21。与国标精锑锭对比可以发现，除杂质 Cu 外，两组产品主要杂质含量都达到了最好的 GB/T Sb 99.90 牌号标准。产品中 Cu 含量较高主要原因是所用阴极材质为紫铜合金，而氯盐体系中 $Cl^-$ 对铜有强烈的腐蚀作用，导致最终产品 Cu 含量超标。另外，国标锑锭中主成分锑含量是以 100% 减去杂质含量之和所得，而试验产品则是直接测定锑含量，因其浓度高而稀释倍数较大，存在一定的分析误差。

表 1-21  综合实验产物成分及其与国标锑锭成分对比

| 产品 | 质量分数/% | | | | | | | | | |
|---|---|---|---|---|---|---|---|---|---|---|
| | Sb | Cu | Pb | As | S | Fe | Bi | Cd | Zn | Na |
| 1# | 99.25 | 0.370 | 0.017 | 0.027 | 0.0069 | 0.019 | — | 1.0 μg/g | 0.077 | 0.0086 |
| 2# | 98.78 | 0.8532 | 0.019 | 0.015 | 0.009 | 0.016 | 88.7 | — | 0.074 | 0.015 |
| GB/T Sb99.90 | 99.90 | 0.01 | 0.03 | 0.02 | 0.008 | 0.015 | 0.003 | — | — | — |
| GB/T Sb99.50 | 99.50 | 0.08 | — | 0.15 | 0.08 | 0.05 | — | — | — | — |

注：1# 为电积 20 h 产物，2# 为电积 54 h 产物。

## 1.2.4  小结

（1）在较高的 $Cl^-$ 浓度下，溶液中 $Sb^{3+}$ 主要以 $SbCl_4^-$ 和 $SbCl_5^{2-}$ 两种络阴离子形

式存在,在阴极放电的离子为具有特征配位数的络阴离子,阳极不会发生氧气及氯气的析出反应,而是 $Sb^{3+}$ 氧化生成 $Sb^{5+}$。电积过程动力学研究表明,实验条件下首先发生络阴离子的还原形成中间产物吸附,然后中间产物放电析出金属锑。随 $[Sb]_T$ 和温度升高,阴极反应速度加快,对降低电耗有利;而随添加剂浓度、$[H^+]$ 以及 $Cl^-$ 浓度的增加,电积过程电化学极化增大,有利于得到结晶细密、表面平整的产物。

(2)以 $SbCl_5$ 浸出辉锑矿的最优实验条件是:浸出温度为 85℃、$[H^+]$ 为 3.5 mol/L、液固比为 8:1、$SbCl_5$ 过量系数为 1.1、浸出时间为 1.5 h。在此条件下,硫化锑矿 1# 的浸出率为 99.5% 以上,渣率仅 30% 左右。在此基础上进行的综合扩大实验和金属平衡计算,硫化锑矿 1# 的浸出率仍然为 99.1% 以上,除了 As 难以平衡外,其他金属平衡率都在 100±5% 范围内。在使用硫化锑矿 2# 进行验证实验时,稍作调整也可使其浸出率达到 97.72%。

(3)浸出液采用锑粉还原 $Sb^{5+}$、$Fe^{3+}$ 离子取得较好的结果,锑粉用量为理论量的 5.0 倍,反应温度为 60℃,还原 30 min 即可进行完全;硫化除杂,$Na_2S$ 用量为理论量的 2.0 倍、$[H^+]>3$ mol/L、反应温度为 60℃,反应 30 min,$Cu^{2+}$、$Cd^{2+}$ 和 $Pb^{2+}$ 去除率分别为 96.32%、83.33% 及 88.57%;在 $Na_3PO_2$ 用量为理论量的 1.5 倍、$[H^+]$ 约 4 mol/L、反应温度为 60℃、反应时间为 90 min 的条件下除砷,砷的去除率达到了 81.51%。

(4)电沉积过程中,温度、阴极液 $Sb^{3+}$ 浓度及添加剂种类对沉积物形貌和结构影响最大,在低温、高浓度 $Sb^{3+}$ 和无添加剂的条件下,极易形成爆锑;电流密度和酸度对阴极电流效率影响不大,但对槽压和电积电耗影响较大。实验得到的优化条件是:电积温度为 42±2℃,电流密度为 200~250 $A/m^2$,阴极液 $Sb^{3+}$ 质量浓度为 70 g/L,$[H^+]$ 为 4 mol/L,NaCl 质量浓度为 40 g/L,$Cl^-$ 浓度无须考虑(随溶液成分保持在 6.0 mol/L 左右),添加剂 A 的质量浓度为 30 mg/L,添加剂 D 的质量浓度为 20 mg/L,阳极液 $Sb^{3+}$ 浓度根据 $Sb^{5+}$ 生成速度及电积时间作出调整,阳极液 HCl 物质的量浓度较阴极液低(2.5~3 mol/L),以保证有适当 $Cl^-$ 浓度差,异极距为 40 mm,阴阳极液面差约 10 mm。在此条件下,当电流密度为 250 $A/m^2$ 时,阴极效率>99%,阳极效率>88%,锑电耗约 1200 kW·h/t,槽压约 1.85 V。

(5)在优化条件下,电流密度为 200 $A/m^2$,进行了延长电积时间的综合条件实验。结果表明电积时间 50 h 以上得到的沉积物仍然致密平整,平均阳极电流效率为 85.27%,阴极电流效率接近 100%,平均槽压 1.69 V。产物通过 ICP-AES 分析,除杂质铜含量偏高外,其他杂质含量都很低,产品基本达到了 GB/T Sb 99.90 号锑锭的标准。

(6)$SbCl_5$-HCl 体系浸出锑精矿具有浸出速度快、浸出率高、矿中硫以固态元素硫形式回收利用等优点，而 $SbCl_3$ 水溶液隔膜电积工艺在一定的区间条件内是可以避免爆锑形成的，且该工艺具有电效高、能耗低、无氯气污染，以及在阳极再生 $SbCl_5$ 作为浸出剂、形成闭路循环等优点。简言之，本小节所述的清洁冶金工艺对于拓宽锑精矿处理思路具有重要意义。

# 1.3 复杂难处理锑金精矿隔膜电积回收锑

## 1.3.1 前言

复杂难处理锑金矿是指金以极微细的状态被包裹于硫化物、砷化物或脉石中，或在浸出过程中受到砷、锑、有机碳等有害元素干扰，导致氰化提金的收率仅为 5%~60%。从复杂难处理锑金矿中高效、清洁提金是目前相关研究领域的一个世界难题。

复杂难处理锑金矿在我国金矿储量中比重较大，且采用常规的浸金技术处理效果很不理想，虽然已经提出了诸如焙烧氧化、加压氧化、微波焙烧、细菌氧化等预处理技术并取得了若干成效，但工艺的复杂化不可避免地带来经济成本的增加；尤其是近年来，随着世界各国对环境保护的重视，如何从各类含金矿物中清洁、高效提金并副产其他有价金属已经成为当务之急。

目前，氧化焙烧仍然是炼金生产主要采用的预处理技术之一。尤其是对于"劫金"性强的高碳质难处理金矿石，焙烧认为是最有效的预处理方法，目前尚无其他方法在处理成本和去除碳质的效果上能与之相比。尽管如此，含锑难处理金矿用"氧化焙烧-焙砂氰化浸金"工艺处理时金浸出率还是不高，其原因主要在于焙砂中部分金被"二次包裹"。

锑是难处理金矿"氧化焙烧-焙砂氰化浸金"工艺过程的主要干扰元素之一，含锑难处理金精矿原料焙烧时，这种"二次包裹"作用尤其明显。其干扰机理主要源于锑化合物的熔点低，焙烧过程中易于产生或加大微细粒金的"二次包裹"，所以焙烧之前进行湿法除锑，可提高金浸出指标。另外，复杂难处理锑金矿的矿物学研究表明，锑金精矿中铅、砷、锑等多种重金属元素赋存状态复杂。多种元素以类质同相、同元素多物相赋存，金、锑、砷、硫、铁等不仅在同相界面处与其他元素以多元形态共存，且多物相易自发迁移转化，并在"氧化焙烧-焙砂氰化浸金"过程中与其他颗粒物、沉积物及浸出渣等组成的微界面处发生吸附-解吸界面反应，严重影响锑、砷、金多相分离效率。

## 1.3.2　原料与工艺流程

### 1.3.2.1　试验原料

试验所用到的锑金精矿由湖南辰州矿业、甘肃辰州、甘肃加鑫等企业提供。其主要化学成分由湖南辰州矿业分析,分析结果见表 1-22~表 1-25。

表 1-22　1# 精矿化学成分(澳大利亚矿)

| 元素/化合物 | Sb | Fe | S | Bi | As | SiO₂ | Pb | Au |
|---|---|---|---|---|---|---|---|---|
| 质量分数/% | 54.68 | 2.76 | 15.66 | 0.0026 | 0.35 | 11.36 | 0.22 | 87.54 g/t |

表 1-23　2# 精矿化学成分(辰州本部自产矿)

| 元素/化合物 | Sb | Fe | S | Bi | As | SiO₂ | Pb | Au |
|---|---|---|---|---|---|---|---|---|
| 质量分数/% | 32.55 | 16.88 | 32.37 | 0.0045 | 1.28 | 13.72 | 0.17 | 77.50 g/t |

表 1-24　3# 精矿化学成分(甘肃枣子沟矿)

| 元素/化合物 | Sb | Fe | S | As | Si | Au | Bi | Pb |
|---|---|---|---|---|---|---|---|---|
| 质量分数/% | 5.70 | 14.39 | 13.22 | 5.65 | 19.74 | 60.85 g/t | 未测 | 未测 |

表 1-25　4# 精矿化学成分(甘肃格红道矿)

| 元素/化合物 | Sb | Fe | S | Bi | As | SiO₂ | Au | Pb |
|---|---|---|---|---|---|---|---|---|
| 质量分数/% | 2.40 | 24.97 | 24.36 | 0.0169 | 11.20 | 17.18 | 35.00 g/t | 5.35 |

前三种精矿中的金、锑、砷在各物相中含量由长沙矿冶研究院公司分析检测中心分析,结果见表 1-26~表 1-28。

表 1-26　精矿中金在各物相中分布 $w(Au)$　　　　单位:%

| 精矿 | 总金 | 单加连 | 硫化物中 | 氧化物中 | 硅酸盐中 |
|---|---|---|---|---|---|
| 1# | 85.98 | 33.33 | 50.60 | 1.89 | 0.16 |
| 2# | 75.69 | 37.51 | 35.94 | 2.02 | 0.22 |
| 3# | 56.90 | 20.09 | 34.71 | 1.88 | 0.22 |

表 1-27  精矿中锑在各物相中分布 $w(Sb)$  单位：%

| 精矿 | 总锑 | 锑华 | 辉锑矿 | 脆硫锑铅矿 | 锑酸盐 |
|---|---|---|---|---|---|
| 1# | 55.26 | 0.65 | 54.40 | 0.11 | 0.10 |
| 2# | 33.18 | 0.89 | 31.97 | 0.20 | 0.12 |
| 3# | 6.69 | 0.22 | 6.16 | 0.16 | 0.15 |

表 1-28  精矿中砷在各物相中分布（质量分数）  单位：%

| 精矿 | 总砷 | 氧化砷 | 硫化砷 | 毒砂 | 砷酸盐 |
|---|---|---|---|---|---|
| 1# | 0.37 | 0.050 | 0.30 | 0.037 | 0.032 |
| 2# | 1.36 | 0.071 | 1.20 | 0.051 | 0.038 |
| 3# | 8.61 | 0.11 | 1.02 | 7.38 | 0.10 |

通过基于隔膜电积的湿法闭路循环冶金工艺分别对这些锑金精矿进行脱锑预处理，通过湿法浸出、净化、电积，获得电锑产品和富金浸出渣。

从表 1-22~表 1-25 可知，1#精矿属于典型高品位金锑矿，锑含量高，铁、砷等杂质含量低，而 3#和 4#精矿属于典型低品位复杂金锑矿，锑含量低，铁、砷等杂质元素含量较高。

物相分析结果表明，1#、2#、3#精矿中锑主要以辉锑矿赋存；3#精矿中金主要以硫化物包裹和单加连形态为主，这种物相赋存性质很不适合氰化浸金，必须进行预处理使包裹的金暴露出来。1#和 2#精矿中，砷以硫化砷为主；而 3#精矿中砷以毒砂为主，还有一定量的硫化砷。

### 1.3.2.2  试验流程
基于隔膜电积的锑金精矿预处理原则工艺流程见图 1-28。

## 1.3.3  实验结果与讨论

### 1.3.3.1  浸出实验结果
以前述优化条件为本次实验的条件，开展本次浸出实验。

在原工艺的最佳条件下，分别对三种精矿进行浸出实验，研究浸出效果。浸出结果见表 1-29~表 1-31。

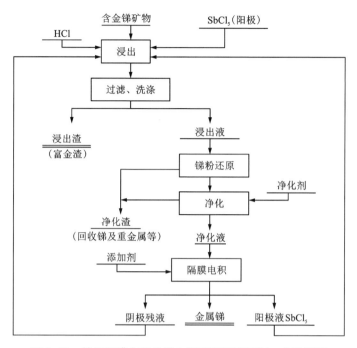

图 1-28　基于隔膜电积的锑金精矿预处理原则工艺流程图

表 1-29　1#精矿浸出试验结果 (澳大利亚矿)

| 编号 | 样量/g | 液计浸出率/% | 渣率/% | 渣含锑 $w(Sb)$/% | 渣计浸出率/% | 锑平衡/% | 金入渣率/% | 砷入渣率/% |
|---|---|---|---|---|---|---|---|---|
| 10# | 50 | 99.1 | 42.6 | 0 | 100 | 99.1 | 未测 | 未测 |
| 11# | 50 | 99.6 | 41.7 | 0 | 100 | 99.6 | 未测 | 未测 |
| 15# | 120 | 98.6 | 41.3 | 0.62 | 99.8 | 98.5 | 92.8 | 56.9 |
| 16# | 120 | | 41.9 | | | 98.9 | 94.2 | 56.3 |
| 24# | 100 | 98.6 | 40.7 | 0.62 | 99.8 | 98.7 | 未测 | 未测 |

注：由于研究进度的要求，部分浸出试验结果采取的是抽检的方式，浸出渣(或浸出液)未全部进行分析(未分析样已标明"未测"字样)，相应的锑平衡分析也未进行，下同。

由表 1-29 可知，对于 1#精矿，在此条件下浸出率为 99% 以上，渣含锑量 $w(Sb)<0.7\%$，表明本工艺对该矿中的锑具有很好的选择性浸出效果。在此条件下浸出，92%~94% 的金入渣，60% 左右的砷入渣。

表 1-30  2#精矿浸出实验结果(辰州本部矿)

| 编号 | 样量/g | 液计浸出率/% | 渣率/% | 渣含锑 $w(Sb)$/% | 渣计浸出率/% | 锑平衡/% | 金入渣率/% | 砷入渣率/% |
|---|---|---|---|---|---|---|---|---|
| 7# | 50 | 未测 | 62.7 | 0.70 | 99.6 | — | 76.2 | 97.5 |
| 8# | 50 | 未测 | 61.7 | 0.68 | 99.7 | — | 88.3 | 80.0 |
| 9# | 50 | 98.4 | 61.9 | 0 | 100 | 98.4 | 93.8 | 78.4 |
| 12# | 100 | 95.3 | 62.2 | 0.82 | 99.6 | 94.7 | 96.7 | 94.6 |
| 13# | 100 | | 62.4 | | | 96.8 | 97.1 | 95.1 |
| 23# | 100 | 100.4 | 61.7 | 0.78 | 99.7 | 100.7 | 82.2 | 86.6 |
| 29# | 100 | 未测 | 62.5 | 0.82 | 99.6 | — | 未测 | 未测 |
| 30# | 100 | 未测 | 62.4 | 0.85 | 99.7 | — | 79.5 | 95.5 |

由表 1-30 可知,对于 2#精矿,在原先优化条件下锑浸出率也为 99.6%以上,渣含锑量 $w(Sb)<0.9\%$。而保证渣含一定量锑的情况下,金入渣率可达 97%。砷入渣率在 94%以上。

表 1-31  3#精矿浸出实验结果(甘肃枣子沟矿)

| 编号 | 样量/g | 液计浸出率/% | 渣率/% | 渣含锑 $w(Sb)$/% | 渣计浸出率/% | 锑平衡/% | 金入渣率/% | 砷入渣率/% |
|---|---|---|---|---|---|---|---|---|
| 14# | 50 | 99.8 | 80.0 | 0.53 | 99.0 | 101.4 | 80.2 | 95.6 |
| 18# | 50 | 未测 | 79.6 | 0.78 | 98.4 | — | 96.5 | 92.0 |
| 19# | 50 | 未测 | 78.3 | 0.99 | 98.7 | — | 97.3 | 91.2 |
| 21# | 50 | 99.9 | 79.7 | 0.27 | 99.2 | 100.8 | 89.5 | 91.5 |
| 22# | 100 | 99.4 | 78.5 | 0.26 | 99.2 | 100.2 | 91.5 | 100.3 |

由表 1-31 可知,对于 3#精矿,在原先优化条件下锑浸出率也为 99%以上,渣含锑可以低至约 0.3%。表明本工艺对该矿也有很好的锑选择性浸出效果。在保证渣含一定量锑(0.7%~0.9%)的情况下,金入渣率可达 97%,砷入渣率在 91%以上。

表 1-32　4<sup>#</sup>精矿浸出实验结果(甘肃格红道矿)

| 编号 | 样量/g | 液计浸出率/% | 渣率/% | 渣含锑 $w(Sb)$/% | 渣计浸出率/% | 锑平衡/% |
|---|---|---|---|---|---|---|
| 5<sup>#</sup> | 50 | 97.7 | 78.4 | 0 | 100 | 97.7 |
| 6<sup>#</sup> | 50 | 98.3 | 79.3 | 0 | 100 | 98.3 |

结果表明:对于锑品位低至2.4%的4<sup>#</sup>精矿(甘肃格红道矿),本工艺也可将其中的所含锑深度分离(浸出渣中锑低至超出仪器检测范围而无法检出),锑的渣计浸出率为100%,液计浸出率为97%以上,渣含锑极低。

但考虑到原料中锑含量太低,试验开展一段时间后,甲方(辰州矿业)提出不对该类物料进行研究。因此,后续工作中未开展对甘肃格红道矿浸出液的净化、电积等试验研究。

#### 1.3.3.2　浸出渣物相分析

根据浸出渣物相分析结果,可以查明浸出前后金、锑和砷的物相变化情况。分析结果见表 1-33~表 1-35。

表 1-33　浸出渣中金在各物相中的分布(质量浓度)　　　单位:g/t

| 浸出渣(矿号) | 总金 | 单加连 | 硫化物中 | 氧化物中 | 硅酸盐中 |
|---|---|---|---|---|---|
| 15<sup>#</sup>16<sup>#</sup>(1<sup>#</sup>) | 187.21 | 130.60 | 53.45 | 2.89 | 0.27 |
| 12<sup>#</sup>13<sup>#</sup>(2<sup>#</sup>) | 117.85 | 34.90 | 80.10 | 2.56 | 0.29 |
| 17<sup>#</sup>(3<sup>#</sup>) | 75.30 | 24.16 | 48.11 | 2.77 | 0.26 |

表 1-34　浸出渣中锑在各物相中分布 $w(Sb)$　　　单位:%

| 浸出渣(矿号) | 总锑 | 锑华 | 辉锑矿 | 脆硫锑铅矿 | 锑酸盐 |
|---|---|---|---|---|---|
| 15<sup>#</sup>16<sup>#</sup>(1<sup>#</sup>) | 1.03 | 0.12 | 0.76 | 0.10 | 0.05 |
| 12<sup>#</sup>13<sup>#</sup>(2<sup>#</sup>) | 1.22 | 0.18 | 0.80 | 0.18 | 0.06 |
| 17<sup>#</sup>(3<sup>#</sup>) | 1.89 | 0.11 | 1.34 | 0.36 | 0.06 |

表 1-35　浸出渣中砷在各物相中分布 $w(As)$　　　单位:%

| 浸出渣(矿号) | 总砷 | 氧化砷 | 硫化砷 | 毒砂 | 砷酸盐 |
|---|---|---|---|---|---|
| 15<sup>#</sup>16<sup>#</sup>(1<sup>#</sup>) | 0.59 | 0.022 | 0.51 | 0.025 | 0.033 |

续表1-35

| 浸出渣(矿号) | 总砷 | 氧化砷 | 硫化砷 | 毒砂 | 砷酸盐 |
|---|---|---|---|---|---|
| 12#13#(2#) | 2.02 | 0.055 | 1.88 | 0.06 | 0.025 |
| 17#(3#) | 8.89 | 0.070 | 1.26 | 7.44 | 0.12 |

对比浸出前后精矿及浸出渣中金的物相及含量变化，可以看出浸出结束后，1#精矿中单加连形式的金的比例增加31%，而硫化物中减少30%；2#精矿的硫化物中的金增加21%；3#精矿中硫化物中的金比例增加3%；而氧化物和硅酸盐中的金变化不大。上述分析数据中2#、3#浸出渣硫化物中金增加的原因存疑，原因在于原料中的硫化锑等硫化物99%以上被浸出，其中包覆的金肯定会被解离出来，即硫化物包覆态金比例应该减小，但此数据不减反增。对此结果可以进一步复测，若分析数据无误，则原因可能解释为浸出过程析出的单质硫在冷却后又黏附在解离的细颗粒金表面形成了部分包裹。这种包裹可以通过后续的硫分离(或焙烧)阶段解除。

对比精矿中浸出前后锑的物相及含量变化，可以看出主要是辉锑矿形式的锑被浸出。1#、2#、3#精矿锑的各种赋存物相中几乎99%以上的辉锑矿相都被浸出，其他形式的锑变化较少。这也和上述分析相吻合，即浸出过程可以显著破坏原料中硫化矿相，锑得以浸出进入溶液，被其包裹的金相则被解离出来。

对比精矿中砷的物相变化，可以看出氧化物形式的砷减少较多，浸出率分别为92%、51%和49%。毒砂和砷酸盐也减少，而硫化砷相变化不大，占渣含砷的比例分别提高了6%、5%和3%。

### 1.3.3.3 浸出液还原、净化实验结果

以之前获得的新工艺优化条件为本次实验还原、净化阶段的条件，开展复合净化剂还原、除砷实验。

对精矿1#的15#16#浸出液进行还原除砷实验，溶液除砷前后ICP-AES分析结果见表1-36。

表1-36 1#精矿浸出液净化实验结果

| 项目 | 净化前(ICP-AES) | 净化后(ICP-AES) | 变化率/% |
|---|---|---|---|
| $V$/mL | 500 | 490 | -2.0 |
| $\rho_{Sb}$/(g·L$^{-1}$) | 171.27 | 180.86 | +16.2 |
| $\rho_{As}$/(g·L$^{-1}$) | 0.083 | 0.0008 | -99.1 |

由表 1-36 可知，经还原净化后，溶液砷含量极少，其含量降低至 $1\times10^{-6}$ 以下，除砷效果显著。进入溶液中的砷 99% 以上都可以除去。

对精矿 $2^{\#}$ 的 $12^{\#}13^{\#}$ 浸出液进行还原除砷试验，溶液除砷前后 ICP-AES 分析结果见表 1-37。

表 1-37　$2^{\#}$精矿浸出液净化实验结果

| 浸出液 | $12^{\#}13^{\#}$ | | | $12^{\#}13^{\#}$ | | |
|---|---|---|---|---|---|---|
| 项目 | 净化前 | 净化后 | 变化率/% | 净化前 | 净化后 | 变化率/% |
| $V/\text{mL}$ | 500 | 510 | 2.0 | 500 | 500 | 0 |
| $\rho_{Sb}/(g\cdot L^{-1})$ | 97.571 | 104.3 | +6.9 | 97.571 | 未测 | — |
| $\rho_{As}/(g\cdot L^{-1})$ | 0.099 | 0.0014 | -98.6 | 0.099 | 0.0026 | -97.4 |

注：表中未测的锑浓度是由于结果由 ICP-AES 进行分析所得，ICP-AES 仅对溶液中低含量的杂质元素进行检测，锑浓度可以通过余量法计算得出。

由表 1-37 可知，经还原净化后，溶液砷含量可以降低至 $3\times10^{-6}$ 以下，除砷率 97% 以上，除砷效果好。

对 $3^{\#}$ 精矿所得的 $17^{\#}$ 浸出液进行分析，并进行还原净化实验，结果见表 1-38。

表 1-38　精矿 $3^{\#}$ 浸出液净化实验结果

| 项目 | 净化前(ICP-AES) | 净化后(ICP-AES) | 变化率/% |
|---|---|---|---|
| $V/\text{mL}$ | 500 | 470 | -6.0 |
| $\rho_{Sb}/(g\cdot L^{-1})$ | 39.985 | 41.651 | +8.3 |
| $\rho_{As}/(g\cdot L^{-1})$ | 0.496 | 0.0074 | -98.6 |

由表 1-38 可知，经还原净化后，溶液砷含量可降低到 $7.4\times10^{-6}$，除砷率为 98% 以上，除砷效果好。

#### 1.3.3.4　电积实验结果

分别以上述实验获得的三种净化液为原料进行电积实验，以之前获得的优化电积条件进行。实验记录见表 1-39。阴极锑形貌见图 1-29~图 1-32。电积锑呈银灰色，正常沉积物表面平整致密，电积结束后，电锑可轻易剥离，三类溶液电积均很好地再现了之前的实验结果。

表 1-39　净化液电积实验结果

| 序号 | 溶液 | 矿号 | 电流/A | 时间/h | 阴极质量/g | 形貌 |
|---|---|---|---|---|---|---|
| 3-1 | 12#13# | 2# | 0.859 | 7.43 | 9.65 | 良好 |
| 3-2 | 12#13# | 2# | 0.826 | 6.5 | 8.31 | 良好 |
| 4 | 15#16# | 1# | 0.707 | 13.0 | 14.51 | 良好 |
| 5-2 | 17# | 3# | 0.826 | 9.0 | 11.28 | 良好 |

图 1-29　编号 3-1 实验阴极锑形貌

图 1-30　编号 3-2 实验阴极锑形貌

图 1-31　编号 4 试验阴极锑形

图 1-32　编号 5-2 试验阴极锑形貌

阴极锑的 ICP-AES 分析结果见表 1-40，国标锑锭化学成分见表 1-41。

表 1-40　阴极锑的 ICP-AES 分析结果 ( 质量分数 )　　单位: %

| 序号 | Sb | Cu | Pb | As | S | Fe | Bi | Zn | Sn | Ca |
|---|---|---|---|---|---|---|---|---|---|---|
| 3-1 | 98.958 | 0.70 | 0.025 | 0.15 | 0.006 | 0.010 | 0.033 | 0.041 | 0.004 | 0.073 |
| 3-2 | 99.343 | 0.45 | 0.025 | 0.055 | — | 0.001 | 0.030 | 0.009 | 0.028 | 0.059 |
| 4 | 99.669 | 0.23 | 0.021 | — | — | — | 0.028 | 0.008 | — | 0.044 |
| 5-2 | 98.936 | 0.075 | 0.025 | 0.080 | 0.014 | 0.002 | 0.11 | 0.009 | 0.021 | 0.053 |

表 1-41　GB/T 1955—2002 锑锭的化学成分

| 牌号 | 质量分数/% | | | | | | | |
|---|---|---|---|---|---|---|---|---|
| | Sb | Cu | Pb | As | S | Fe | Bi | Se |
| Sb99.90 | 99.90 | 0.01 | 0.03 | 0.02 | 0.008 | 0.015 | 0.003 | 0.003 |
| Sb99.85 | 99.85 | 0.015 | — | 0.05 | 0.04 | 0.02 | 0.005 | — |
| Sb99.65 | 99.65 | 0.05 | — | 0.10 | 0.06 | 0.03 | — | — |
| Sb99.50 | 99.50 | 0.08 | — | 0.15 | 0.08 | 0.05 | — | — |

与国标精锑锭对比可以发现, 除杂质 Cu 外, 大部分产品的主要杂质 Pb、As、S、Fe 等含量都与国标规定的杂质量相当。产品中 Cu 含量较高主要原因是所用阴极材质为铜合金, 因本次验证试验未进行长时间电积, 所得锑量不多, 锑板上黏有少量从极板上带来的铜( 未清洗), 导致最终产品 Cu 含量超标。若后续工业生产进行长周期电积时, 该因素可以有效避免, 而且通过后期的锑板熔铸过程也可以除去大部分夹杂的铜杂质, 进一步提高锑产品的质量。电积过程能耗指标见表 1-42。

表 1-42　电积过程技术经济指标计算

| 序号 | $w(Sb)$/% | 槽压 $U$/V | 效率/% | 电耗 $W$/(kW·h·t$^{-1}$) |
|---|---|---|---|---|
| 3-1 | 0.98958 | 1.71 | 98.83 | 1142.9 |
| 3-2 | 0.99343 | 1.80 | 101.56 | 1170.7 |
| 4 | 0.99669 | 1.78 | 103.93 | 1131.2 |
| 5-2 | 0.98936 | 1.61 | 99.16 | 1072.5 |

实验结果表明, 隔膜电积过程阴极效率为 99% 以上, 槽压在 1.60~1.80 V, 锑电耗小于 1200 kW·h/t。

图 1-33　精矿 3# 电积 24 h 锑板形貌

图 1-34　精矿 1# 电积 25 h 锑板形貌

### 1.3.3.5　技术经济指标分析

1. 渣含锑及阴极锑板质量

以原优化条件为本次实验条件, 对由辰州矿业公司提供的澳大利亚矿、辰州本部矿、甘肃枣子沟矿等锑金精矿开展的浸出实验结果表明, 此条件下三种精矿浸出渣的渣含锑可以保证在 1% 以下, 甚至低至 0.3%。值得指出的是, 锑的浸出率与渣中金入渣率呈负相关, 即若实验目的是追求锑的最大浸出率(99.5%以上, 渣中锑小于 0.5%)时, 则须采用高氧化电位进行浸出, 此时会有少量配位金进入溶液。但这些进入溶液中的少量金, 可以通过后续锑粉还原的方式回到渣中。

图 1-35　精矿 2# 电积 24 h 锑板形貌

开展的电积试验结果表明, 从 1#、2#、3# 精矿得到的不论高浓度还是低浓度锑液, 都可以通过电积获得形貌正常的阴极锑, 电流效率为 99% 以上, 锑能耗小于 1200 kW·h/t。在未对浸出液进行优化条件净化时, 也可获得 99.5% 左右的阴极锑。阴极锑除杂质 Cu 外, 大部分产品的主要杂质 Pb、As、S、Fe 等含量都与国标规定的杂质量相当。产品中 Cu 含量超标的原因主要是所用阴极材质为紫铜合金, 电积结束剥板时有少量铜黏附在锑板上, 尤其是本次试验电积锑的时间较短, 所得锑板的质量相对较少, 即其上黏附的铜含量相对较多。可以通过较长周期电积及锑板熔铸过程除去大部分夹杂的铜杂质, 获得 99.9% 以上锑锭。本实验未跟踪铋的走向, 电积时也未添加铋电积抑制剂。

2. 原材料及主要能源消耗估算

1）盐酸成本

按矿中所含的 Ca、Mg、Na、Al、K 等元素的量 2 倍计算，1#、2#、3# 三种精矿每吨锑消耗盐酸分别为 440 kg、382 kg、661 kg。

2）复合净化剂成本

1#：6.0 kg/t

2#：6.0 kg/t

3#：9.0 kg/t

3）锑电积添加剂成本

0.2~0.3 kg/t

4）电积锑过程电耗

阴极效率为 99% 以上，槽压为 1.6~1.8 V，锑电耗小于 1200 kW·h/t。

以基于隔膜电积的锑清洁冶金新工艺处理 1#、2#、3# 精矿，锑原料成本及主要能耗估算分别为：

1#：0.44 t×400 元/t+6.0 kg×15 元/kg+1200 kW·h×1=1466 元/t

2#：0.382 t×400 元/t+6.0 kg×15 元/kg+1200 kW·h×1=1442.8 元/t

3#：0.661 t×400 元/t+9.0 kg×15 元/kg+1200 kW·h×1=1499.4 元/t

3. 金的入渣情况

前已述及，锑的浸出率与渣中金呈负相关，即若实验目的是追求锑的最大浸出率（99.5% 以上，渣中锑小于 0.5%）时，则须较强的浸出条件（高氧化电位），此时，少量金会进入溶液。

从浸出结果中渣含金分析结果来看，当控制渣中锑在小于 0.8% 时，金的入渣率保持在 97% 以上。少量进入溶液的金可以采用金属锑还原等方法使金重新进入渣中。而从本次浸出液及还原液 ICP-AES 分析结果来看，两种溶液中均不含金。

实际生产中，可以在锑的浸出率及金的入渣率上取得平衡，取中等氧化浸出电位，即控制渣中锑在 1%~1.5%，此时金的入渣率可以在 97 的基础上提高 1~2 个百分点至 98%~99%。

4. 砷的走向

实验结果表明，1# 精矿 60% 以上的砷保留在渣中，2# 精矿和 3# 精矿都有 90% 以上的砷保留在渣中。而进入溶液的砷通过还原净化过程，可使 98% 以上的砷以单质砷的形式分离（溶液中砷浓度达到 10 mg/L 以下），即不管原料中砷含量高低与否，本工艺均可以实现深度脱砷。

## 1.3.4　小结

（1）对高品位锑金精矿（如本实验中澳大利亚矿及辰州本部矿），本工艺可以将该类锑精矿中的锑高效浸出(浸出率在99%以上),通过后续浸出–电积工艺得到99.5%以上电积锑(电积锑品位可以通过后续的熔铸作业进一步提高锑品位至99.9%以上)。

(2)对低品位复杂难处理锑金精矿(甘肃枣子沟矿、甘肃格红道矿等),本工艺可以对该类锑金矿进行脱锑预处理[渣中锑$w$(Sb)<0.8%],避免富金渣在后续"氧化焙烧–氰化提金"时形成锑包裹,有利于提高氰化提金收率;同时,含锑浸出液也可通过净化–电积处理得到电积锑。

(3)可以实现金在浸出渣中的高富集。但由于锑的浸出率与渣中金含量呈负相关,即若实验目的是追求锑的最大浸出率(99.5%以上,渣中锑小于0.5%)时,则须较强的浸出条件(高氧化电位),此时少量金会进入溶液。当渣中锑在0.3%~0.8%时,金的入渣率保持在97%左右,但这些少量进入溶液的金可以通过后续金属锑还原等方法使金重新进入渣中。实际生产中,可以在锑的浸出率及金的入渣率上取得平衡,即采用中等氧化浸出电位,控制渣中锑在1%~1.5%,此时金的入渣率可以在97%的基础上再提高1~2个百分点至98%~99%。

(4)不管原料中砷含量高低与否(本次实验为0.35%~5.65%),通过本工艺处理后,净化液中的砷可以深度脱除到10 mg/L以下,锑板中的砷可以降到痕量。

(5)本工艺具有流程简单、污染少、能耗小、成本低等优点,是一种节能环保的清洁锑冶金新工艺,市场前景非常广阔。

# 第 2 章　锡隔膜电积

## 2.1　概　述

锡是人类最早生产和使用的金属之一，是一种重要的有色金属。中国是最早使用锡的国家之一。锡和铜一样是青铜的重要组成部分，共同开创了我国的青铜器时代。20 世纪初期，西方炼锡技术的引进，使我国现代锡工业开始发展。到 20 世纪 50 年代，中国锡工业发展迅速，逐步跨入了锡生产、消费大国行列。锡冶金的研究也是一个尤为重要的课题。锡矿是不可再生资源，随着锡矿的不断开采消费，锡的二次资源回收也越来越受到重视，从含锡电子废弃物中回收锡就是其中最主要的方面之一。

目前，国内外针对废弃线路板等电子废弃物中有价金属回收方面的研究主要集中在采用机械物理、湿法冶金、火法冶金、热解法等实现有机/无机组分的分离、富集、有机及玻璃质组分的转化、利用及污染物控制等方面；回收的金属元素则侧重在铜、铅、铁、铝及贵金属金、银等。迄今为止，专门针对电子废弃物中锡的清洁、高效分离回收研究还较少。目前，我国电子废弃物中主要金属的回收通常采用"剪切-破碎-分选"处理后得到含铜 40%~85%、锡 1%~8%等的铜锡多金属粉，再将其作为炼铜原料出售给铜冶炼厂加入铜阳极炉、氧化还原熔炼再浇铸阳极板，经电解精炼生产阴极铜。

然而，因元素赋存特征与原生矿资源存在较大差异等原因，以现行原生铜矿冶炼技术处理铜锡多金属粉，对该类资源的全量、高值利用及污染物控制构成重大挑战。尤其是其中的锡不仅未能实现清洁、高效回收，而且还对主金属铜的回收造成严重干扰。例如，现行电解精炼生产阴极铜时，为避免锡对铜电解精炼的危害，一般要求铜阳极板中锡小于 0.2%才能满足电解精炼的需求，而反射炉精炼除锡又比较困难。因此，铜冶炼厂处理铜锡多金属粉时需先经转炉吹炼，使锡在 1200~1350℃条件下挥发进入烟尘。其中的铜经吹炼后变成黑铜，经过反射炉精炼浇铸成阳极板，再电解精炼才能产出阴极铜。铜的价态在此过程中经历了 $Cu-Cu^+/Cu^{2+}-Cu$ 的转变，能源及原料空耗巨大；锡也在此冗长的工序中分散流失，回收率低，通常不高于 40%。

解决此问题的关键，在于对铜锡多金属入炉前进行高效脱锡预处理，即研发出一种高效脱锡技术，这样不仅可使锡得以充分回收，而且脱锡铜粉可直接嵌入现行铜精炼工段，简化铜回收流程，有利于实现电子废弃物中铜、锡全量回收及资源再生过程的节能减排。电子废弃物铜锡多金属粉处理工艺见图 2-1。

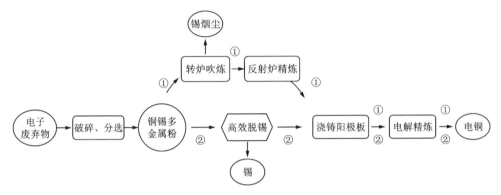

图 2-1　电子废弃物铜锡多金属粉处理工艺图

## 2.2　电子废弃物铜锡多金属粉隔膜电积技术回收锡

### 2.2.1　原料与工艺流程

#### 2.2.1.1　试验原料

本试验所采用的原料来自于印刷电路板边角料，经破碎、分离、研磨得到多金属粉。其主要成分采用 ICP-AES 分析，结果见表 2-1，其中 $w(Cu)$ 达 64.98%，$w(Sn)$ 达 7.9%。

表 2-1　电路板多金属粉主要化学成分

| 元素 | Cu | Sn | Pb | Zn | Fe | Al | Ti | Ni | Ba | Ca | Ag | Mn | S | Cr |
|---|---|---|---|---|---|---|---|---|---|---|---|---|---|---|
| 质量分数/% | 64.98 | 7.90 | 5.76 | 1.72 | 0.80 | 0.57 | 0.34 | 0.15 | 0.63 | 0.11 | 0.08 | 0.08 | 0.41 | 0.01 |

#### 2.2.1.2　试验工艺流程

电子废弃物铜锡多金属粉隔膜电积回收锡工艺流程见图 2-2。试验先以 $SnCl_4$ 的盐酸溶液浸出铜锡多金属粉，浸出液经过锡粉还原和硫化除杂两段净化后得到 $SnCl_2$ 溶液，分别作为后续隔膜电积过程的阴阳极液，阴极发生 $Sn^{2+}$ 还原生成高纯度电锡，阳极则发生氧化从而再生 $SnCl_4$ 溶液，因此整个溶液体系形成了闭路循环。整个流程中所产生的浸出渣和净化渣可继续作为有价金属回收原料进行处理。

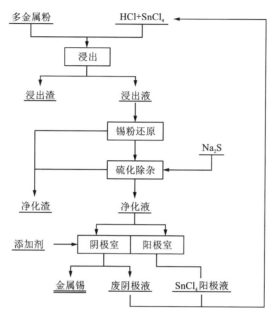

图 2-2　氯盐体系隔膜电积技术原则工艺流程图

## 2.2.2　基本原理

### 2.2.2.1　浸出过程热力学

采用 HSC 软件绘制 $Sn-H_2O$ 体系和 $Sn-Cl^{-}-H_2O$ 体系的 $\varphi-pH$ 图，分别见图 2-3、图 2-4。由图 2-3 可知，$Sn-H_2O$ 体系不含 $Cl^{-}$ 条件下，当且仅当 pH 小于 0.5、电势 $\varphi$ 高于 -0.15 V 时，单质金属锡才可能氧化生成 $Sn^{2+}$，但这种方案实际上不可行，因为欲使金属 Sn 氧化浸出成 $Sn^{2+}$ 的电势应低于析氢线，此时它将同时分解水析出 $H_2$。同时可以看出在 $Sn-H_2O$ 体系中能够稳定存在的相有 $Sn^{4+}$、$SnO_2$，因此在 $Sn-H_2O$ 体系中将金属 Sn 氧化浸出成 $Sn^{2+}$ 非常困难。而在 $Cl^{-}$ 以浓度为 5 mol/L 存在时，$Sn^{2+}$ 及其氯配合物的稳定区明显增大，反应 $Sn+4Cl^{-}-2e^{-}\!\!\Longrightarrow$ $SnCl_4^{2-}$ 的平衡电势为 -0.3 V，且在 pH 小于 3 的条件下即可发生反应。与此同时，$SnCl_3^{-}$、$SnCl_4^{2-}$ 配合物在水溶液中是可稳定存在的，故使得金属锡的氧化浸出在工业生产上是现实可行的。

金属 Sn 浸出过程的主要反应及其 $\Delta_r G_m^{\ominus}$ 值如下：

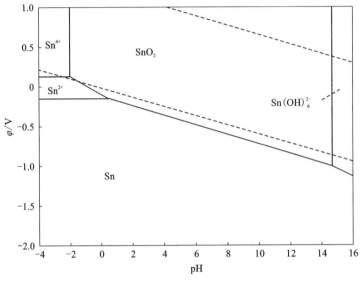

$T = 25℃$；$[Sn]_T = 0.5\ mol/L$。

**图 2-3  Sn-H₂O 体系 $\varphi$-pH 图**

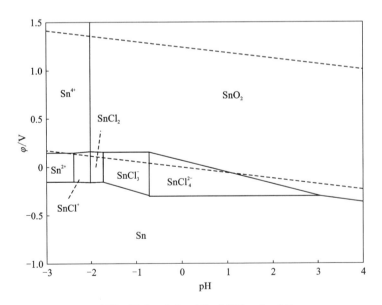

$T = 25℃$；$[Sn]_T = 0.5\ mol/L$；$[Cl^-]_T = 5\ mol/L$。

**图 2-4  Sn-Cl⁻-H₂O 体系 $\varphi$-pH 图**

$$\Delta_r G_m^{\ominus} = -57.72 \text{ kJ/mol} \tag{2-1}$$

$$Sn^{4+} + Sn + 8Cl^- \Longrightarrow 2SnCl_4^{2-} \tag{2-2}$$

$$\Delta_r G_m^{\ominus} = -2.303RT\lg K = -2.303RT\lg \frac{\left[Sn^{2+}\right]^2}{\left[Sn^{4+}\right]} \tag{2-3}$$

当温度为 25℃ 时，反应方程式(2-1)的平衡常数 $K_1 = 10^{10.113}$，而反应方程式 (2-2)的平衡常数 $K_2 = 10^{14.616}$。可见，溶液体系中含 Cl⁻ 时在热力学上能够有效促进金属 Sn 的浸出过程，且 Cl⁻ 的浓度越高越好。此外，温度为 75℃ 时，平衡常数 $K_2 = 10^{16.818}$，可见温度升高对浸出过程是有利的。此外，浸出过程还可能发生其他反应：

$$2Me + xSn^{4+} + 4xCl^- \Longrightarrow 2Me^{x+} + xSnCl_4^{2-} \tag{2-4}$$

$$Me_2O_x + 2xH^+ \Longrightarrow 2Me^{x+} + xH_2O \tag{2-5}$$

综上所述，$SnCl_4$ 盐酸体系浸出单质金属 Sn 从热力学角度来看是可行的，反应在较高温度、酸度和 Cl⁻ 浓度下进行，锡主要以 $SnCl_4^{2-}$ 的形式进入溶液，同时部分杂质金属和金属氧化物也发生溶解进入浸出液中。

#### 2.2.2.2　净化过程理论基础

采用 $SnCl_4$ 氯盐体系浸出多金属粉时，原料中的 Cu、Pb 等金属也将被浸取进入浸出液中，为了不引入过多的杂质，最终浸出液中将会残余少量的 $Sn^{4+}$ 离子，需进行还原；随后在较低 pH 下采用硫化法除杂，将溶液中 $Cu^{2+}$、$Pb^{2+}$ 等杂质离子除去。

1. 锡粉还原

由于浸出液中存在少量的 $Sn^{4+}$ 离子，其在后续电积过程中会在阴极优先还原成 $Sn^{2+}$，从而降低阴极电流效率，故需先进行还原。温度为 25℃、金属离子浓度为 1 mol/L 时，$Sn^{4+}/Sn^{2+}$ 的氧化还原电位为 0.15 V，为不引入其他杂质，综合考虑选择锡粉作还原剂，还原过程发生的主要反应与浸出过程是一样的［如式(2-2)］，这里不再赘述。此外，锡粉在还原 $Sn^{4+}$ 的同时，浸出液中的 $Pb^{2+}$、$Cu^{2+}$ 也将会被置换，反应方程式如下：

$$Sn + Cu^{2+} \Longrightarrow Sn^{2+} + Cu \tag{2-6}$$

$$Sn + Pb^{2+} \Longrightarrow Sn^{2+} + Pb \tag{2-7}$$

采用 HSC 软件分别计算 $\Delta_r G_m^{\ominus}\text{-}T$ 关系数据，结果见表 2-2。从表 2-2 中可以看出，$Cu^{2+}$、$Pb^{2+}$ 的还原过程均是放热反应，反应能够自发向正向进行，且温度越低，平衡常数越大，有利于反应的进行。此外，$Cu^{2+}$ 的还原反应平衡常数比 $Pb^{2+}$ 的还原反应平衡常数大得多，表明 $Cu^{2+}$ 的还原能够进行得非常彻底，而 $Pb^{2+}$ 只能进行部分还原。

表 2-2　反应方程式的热力学数据计算结果

| $T$ /℃ | 式(2-6) | | | | 式(2-7) | | | |
|---|---|---|---|---|---|---|---|---|
| | $\Delta_r H_m^\ominus$/kJ | $\Delta_r S_m^\ominus$ /(J·K$^{-1}$) | $\Delta_r G_m^\ominus$/kJ | lg$K$ | $\Delta_r H_m^\ominus$/kJ | $\Delta_r S_m^\ominus$ /(J·K$^{-1}$) | $\Delta_r G_m^\ominus$/kJ | lg$K$ |
| 25 | −73.686 | 63.234 | −92.540 | 16.214 | −9.707 | −21.616 | −3.262 | 0.572 |
| 50 | −75.017 | 58.945 | −94.065 | 15.206 | −9.981 | −22.500 | −2.710 | 0.438 |
| 75 | −76.174 | 55.492 | −95.494 | 14.329 | −10.230 | −23.242 | −2.138 | 0.321 |
| 100 | −77.199 | 52.646 | −96.844 | 13.558 | −10.475 | −23.921 | −1.549 | 0.217 |

**2. 硫化法除杂**

硫化除杂法是基于许多金属元素的硫化物难溶于水或微溶于水, 其发生的反应方程式为:

$$2Me^{x+} + xS^{2-} \xrightarrow{\hspace{1cm}} Me_2S_x \downarrow \qquad (2-8)$$

设定 $[S^{2-}]_T$ 为 0.1 mol/L 时, 高亮等研究了在温度为 25℃ 条件下一些金属离子的残留浓度与 pH 的关系, 见图 2-5。

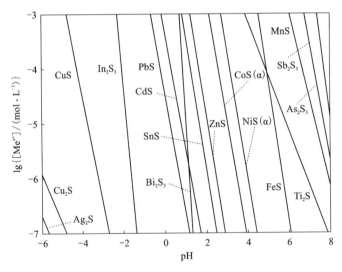

**图 2-5　溶液 $[S^{2-}]_T$ 0.1 mol/L 时一些金属离子残余浓度与 pH 的关系**

由图 2-5 可知, 当溶液含 0.1 mol/L $[S^{2-}]_T$ 时, $Cu^{2+}$、$Pb^{2+}$ 等离子在 pH = −0.5 的条件下, 其残余浓度可降至 $10^{-3}$ mol/L 以下, 然而在 pH>1 的条件下, 溶液中 $Sn^{2+}$ 离子的残余浓度也将降至 $10^{-3}$ mol/L 以下, 因此在硫化除杂过程中需考虑到锡的损失率。另外，温度升高将增大硫化物的 $K_{sp}$ 值，不利于硫化物沉淀，但高温能够加快反应进行，因此试验选择在高温下反应，随后再冷却至室温过滤。

### 2.2.2.3　隔膜电积过程理论

1. $SnCl_2$-HCl-$H_2O$ 体系热力学平衡

在 $SnCl_2$-HCl-$H_2O$ 体系中，存在的离子与物种有：$Sn^{2+}$、$SnCl_n^{2-n}$（$n=1，2，3，4$）、$Sn(OH)_n^{2-n}$（$n=1，2，3，4$）、$Cl^-$、$H^+$、$OH^-$ 共 12 种。由于浸出过程在酸性条件下进行，当 $[H^+]>1\ mol/L$ 时，$Sn(OH)_n^{2-n}$（$n=1，2，3，4$）络离子浓度极小，故忽略不计以简化计算。体系中存在的平衡反应式及其平衡常数见表 2-3。

表 2-3　体系平衡反应方程式

| 反应方程式 | 平衡公式 | 平衡常数 |
|---|---|---|
| $Sn^{2+} + Cl^- {=\!=\!=} SnCl^+$ | $\beta_1 = \dfrac{[SnCl^+]}{[Sn^{2+}][Cl^-]}$ | $lg\beta_1 = 1.51$ |
| $Sn^{2+} + 2Cl^- {=\!=\!=} SnCl_2$ | $\beta_2 = \dfrac{[SnCl_2]}{[Sn^{2+}][Cl^-]^2}$ | $lg\beta_2 = 2.24$ |
| $Sn^{2+} + 3Cl^- {=\!=\!=} SnCl_3^-$ | $\beta_3 = \dfrac{[SnCl_3^-]}{[Sn^{2+}][Cl^-]^3}$ | $lg\beta_3 = 2.03$ |
| $Sn^{2+} + 4Cl^- {=\!=\!=} SnCl_4^{2-}$ | $\beta_4 = \dfrac{[SnCl_4^{2-}]}{[Sn^{2+}][Cl^-]^4}$ | $lg\beta_4 = 1.48$ |

由表 2-3 中的平衡反应方程式可确定体系中各离子及物种的浓度均满足以下方程式：

$$R = \exp(A + B\ln[Sn^{2+}] + C\ln[H^+] + D\ln[Cl^-]) \tag{2-9}$$

其中：$A$、$B$、$C$ 和 $D$ 均为常数，可由相应的化学平衡常数及化学反应方程系数计算求得，见表 2-4。

表 2-4　各物种浓度表达式中的常数

| 物种 | $A$ | $B$ | $C$ | $D$ |
|---|---|---|---|---|
| $Sn^{2+}$ | 0 | 1 | 0 | 0 |
| $SnCl^+$ | 3.4775 | 1 | 0 | 1 |
| $SnCl_2$ | 5.1587 | 1 | 0 | 2 |
| $SnCl_3^-$ | 4.6751 | 1 | 0 | 3 |

续表2-4

| 物种 | $A$ | $B$ | $C$ | $D$ |
|---|---|---|---|---|
| $SnCl_4^{2-}$ | 3.4084 | 1 | 0 | 4 |
| $Cl^-$ | 0 | 0 | 0 | 1 |
| $H^+$ | 0 | 0 | 1 | 0 |
| $OH^-$ | -32.242 | 0 | -1 | 0 |

随后,根据 $Sn^{2+}$ 和 $Cl^-$ 的物料平衡及水溶液的电荷平衡,可列出以下平衡式:

$$\left[ Sn^{2+} \right]_T = \left[ Sn^{2+} \right] + \sum_{n=1}^{4} \left[ SnCl_n^{2-n} \right]$$

$$= \left[ Sn^{2+} \right] \times \left( 1 + \beta_1 \left[ Cl^- \right] + \beta_2 \left[ Cl^- \right]^2 + \beta_3 \left[ Cl^- \right]^3 + \beta_4 \left[ Cl^- \right]^4 \right) \quad (2-10)$$

$$\left[ Cl^- \right]_T = \left[ Cl^- \right] + \sum_{n=1}^{4} n \left[ SnCl_n^{2-n} \right]$$

$$= \left[ Cl^- \right] + \left[ Sn^{2+} \right] \times \left( \beta_1 \left[ Cl^- \right] + 2\beta_2 \left[ Cl^- \right]^2 + 3\beta_3 \left[ Cl^- \right]^3 + 4\beta_4 \left[ Cl^- \right]^4 \right)$$

$$(2-11)$$

$$2 \left[ Sn^{2+} \right]_T + \left[ H^+ \right] = \left[ Cl^- \right]_T + \left[ OH^- \right] \quad (2-12)$$

在以上的模型中,有 3 个平衡方程,$\left[ Sn^{2+} \right]$、$\left[ Cl^- \right]$、$\left[ Sn^{2+} \right]_T$、$\left[ Cl^- \right]_T$ 和 $\left[ H^+ \right]$ 共 5 个未知数,因此模型求解时,若设定其中 2 个未知数,便可求出其他未知数。在给定 $\left[ Sn^{2+} \right]_T$ 和 $\left[ H^+ \right]$ 条件下,采用 Matlab 软件中 fsolve 函数解非线性方程组,求出 $\left[ Sn^{2+} \right]_T$ 和 $\left[ H^+ \right]$ 分别在 20~80 g/L 和 1~5 mol/L 体系各物种的平衡浓度。

$Sn^{2+}$ 质量浓度为 80 g/L 时锡的物种分布与 $\left[ H^+ \right]$ 的关系见图 2-6(a)。当 $\left[ H^+ \right]$ 为 1~3 mol/L 时,$Sn^{2+}$ 物种主要以配合物 $SnCl_2$ 和 $SnCl_3^-$ 形式存在,但当 $\left[ H^+ \right]$ 高于 3 mol/L 时,则 $SnCl_3^-$ 和 $SnCl_4^{2-}$ 为溶液中主要的 $Sn^{2+}$ 物种。在 $\left[ H^+ \right]$ 为 3.5 mol/L 时,锡-氯配合物物种分布与 $Sn^{2+}$ 浓度的关系如图 2-6(b)所示。从中可知,随着 $Sn^{2+}$ 质量浓度在 20 至 100 g/L 范围内增加,配合物 $SnCl_2$ 所占比例逐渐增加,而 $SnCl_4^{2-}$ 则有所减少。另外,配合物 $SnCl^+$ 和 $SnCl_3^-$ 所占比例几乎不发生变化。在上述所有情况中,$Sn^{2+}$ 自由离子的浓度变化相对 $Sn^{2+}$ 物种总量来说均可忽略不计。

2. 阳极反应

在 $SnCl_2$-HCl-$H_2O$ 体系中,主要存在 $Sn^{2+}$、$Cl^-$、$H^+$、$OH^-$ 和 $H_2O$ 分子,它们在溶液中的标准电极电位如表 2-5 所示。

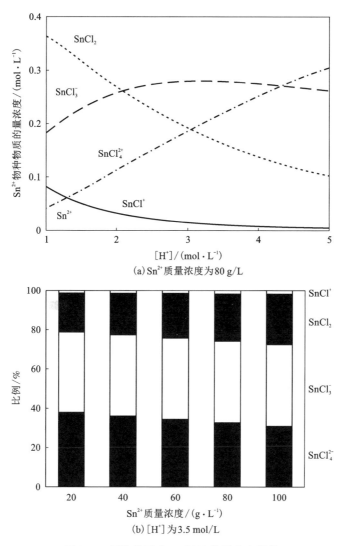

(a) Sn²⁺质量浓度为80 g/L

(b) [H⁺]为3.5 mol/L

图 2-6　氯盐体系中 Sn(Ⅱ) 物种分布规律

表 2-5　SnCl₂-HCl-H₂O 体系中存在的标准电极电位 (298 K)　　　单位：V

| $\varphi_{O_2/H_2O}^{\ominus}$ | $\varphi_{Cl_2/Cl^-}^{\ominus}$ | $\varphi_{HClO/Cl^-}^{\ominus}$ | $\varphi_{ClO^-/Cl^-}^{\ominus}$ | $\varphi_{HClO/Cl_2}^{\ominus}$ | $\varphi_{Sn^{4+}/Sn^{2+}}^{\ominus}$ | $\varphi_{Sn^{2+}/Sn}^{\ominus}$ | $\varphi_{SnO_2/Sn^{2+}}^{\ominus}$ | $\varphi_{SnO_2/Sn}^{\ominus}$ |
|---|---|---|---|---|---|---|---|---|
| 1.229 | 1.395 | 1.494 | 1.715 | 1.594 | 0.15 | -0.136 | -0.074 | -0.108 |

其相应的 $\varphi$-pH 关系如下：

$$O_2 + 4H^+ + 4e^- \Longrightarrow 2H_2O$$

$$\varphi = 1.299 + 0.01479\lg \frac{P_{O_2}}{P^\ominus} - 0.05916pH \tag{2-13}$$

$$Cl_2(aq) + 2e^- \Longrightarrow 2Cl^-$$

$$\varphi = 1.395 + 0.02958\lg \frac{Cl_2}{[Cl^-]} \tag{2-14}$$

$$HClO + H^+ + 2e^- \Longrightarrow Cl^- + H_2O$$

$$\varphi = 1.494 + 0.02958\lg \frac{[HClO]}{[Cl^-]} - 0.02958pH \tag{2-15}$$

$$ClO^- + 2H^+ + 2e^- \Longrightarrow Cl^- + H_2O$$

$$\varphi = 1.715 + 0.02958\lg \frac{[ClO^-]}{[Cl^-]} - 0.05916pH \tag{2-16}$$

$$2HClO + 2H^+ + 2e^- \Longrightarrow Cl_2(aq) + 2H_2O$$

$$\varphi = 1.594 + 0.02958\lg \frac{[HClO]^2}{[Cl_2(aq)]} - 0.05916pH \tag{2-17}$$

$$HClO \Longrightarrow ClO^- + H^+$$

$$pH = 7.49 + \lg \frac{[ClO^-]}{[HClO]} \tag{2-18}$$

$$Sn^{4+} + 2e^- \Longrightarrow Sn^{2+}$$

$$\varphi = 0.15 + 0.02958\lg \frac{[Sn^{4+}]}{[Sn^{2+}]} \tag{2-19}$$

$$Sn^{2+} + 2e^- \Longrightarrow Sn$$

$$\varphi = -0.136 + 0.02958\lg \frac{[Sn^{2+}]}{[Sn]} \tag{2-20}$$

$$SnO_2 + 4H^+ \Longrightarrow Sn^{4+} + 2H_2O$$

$$pH = -1.93 + 0.25\lg \frac{[SnO_2]}{[Sn^{4+}]} \tag{2-21}$$

$$SnO_2 + 4H^+ + 2e^- \Longrightarrow Sn^{2+} + 2H_2O$$

$$\varphi = -0.074 + 0.02958\lg \frac{[SnO_2]}{[Sn^{2+}]} - 0.11832pH \tag{2-22}$$

$$SnO_2 + 4H^+ + 4e^- \Longrightarrow Sn + 2H_2O$$

$$\varphi = -0.108 + 0.01479\lg \frac{[SnO_2]}{[Sn]} - 0.05916pH \tag{2-23}$$

由上述各方程式，假定溶液中各物相的活度均为 1，作相应反应的 $\varphi$-pH 图，见图 2-7。从图 2-7 中可以看出，在 $SnCl_2$-HCl-$H_2O$ 体系中，$\varphi^{\ominus}_{O_2/H_2O}$ 和 $\varphi^{\ominus}_{Cl_2/Cl^-}$ 都远高于 $\varphi^{\ominus}_{Sn^{4+}/Sn^{2+}}$，因此只要阳极液中含有一定浓度的 $Sn^{2+}$，阳极则主要发生 $Sn^{2+}$ 氧化成 $Sn^{4+}$ 的反应，而不会析出 $O_2$ 或 $Cl_2$，从而再生 $SnCl_4$ 浸出剂。

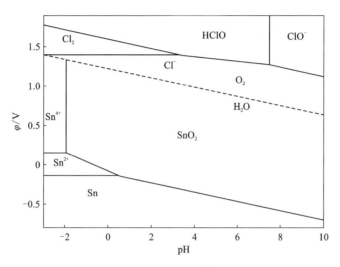

**图 2-7　$SnCl_2$-HCl-$H_2O$ 体系 $\varphi$-pH 图**

**3. 阴极反应**

根据体系热力学平衡分析可知，$SnCl_2$-HCl-$H_2O$ 酸性体系中，根据所选择的浸出条件，$Sn^{2+}$ 在溶液中存在的主要形式为 $SnCl_3^-$ 和 $SnCl_4^{2-}$，故阴极上主要发生的反应为：

$$SnCl_3^- + 2e^- \longrightarrow Sn + 3Cl^- \tag{2-24}$$

$$SnCl_4^{2-} + 2e^- \longrightarrow Sn + 4Cl^- \tag{2-25}$$

此外，阴极上还存在一系列影响电流效率的副反应，如析氢反应，以及析出电位比 $Sn^{2+}$ 高（或接近）的杂质离子的放电反应。

$$2H^+ + 2e^- \longrightarrow H_2 \tag{2-26}$$

$$Me^{i+} + ie^- \longrightarrow Me \tag{2-27}$$

根据文献，实际测得的氢在锡上（硫酸体系）的析出电位 $\varphi_{H^+/H_2} = -0.8$ V，比 $Sn^{2+}$ 的析出电位（$\varphi^{\ominus}_{Sn^{2+}/Sn} = -0.136$ V）较负，但本试验采用的是盐酸体系，$Cl^-$ 吸附能够减小析氢过电位，因此阴极上可能会有氢气析出；此外，试验中可能与锡发生共沉积的杂质离子有 $Cu^{2+}$、$Pb^{2+}$ 等，其标准电极电位为 $\varphi_{Cu^{2+}/Cu} = 0.341$ V、$\varphi_{Pb^{2+}/Pb} = -0.126$ V。此外，阴极液中还含有 $Fe^{2+}$ 和 $Al^{3+}$，它们的标准电极电位为 $\varphi_{Fe^{2+}/Fe} = -0.44$ V、$\varphi_{Al^{3+}/Al} = -1.66$ V，比 $\varphi^{\ominus}_{Sn^{2+}/Sn}$ 更负，故其不会在阴极表面析出。

4.$SnCl_2$-$HCl$-$H_2O$ 体系沉积锡的电化学行为

(1)线性扫描伏安图测试

在温度为35℃、阴极液 HCl 物质的量浓度为 3.5 mol/L、$Sn^{2+}$ 质量浓度为 80 g/L、扫描速率为 10 mV/s 的条件下,阴极极化曲线见图 2-8。无表面活性剂下[见图 2-8(a)],电位负向扫至-0.45 V(vs. SCE)时,电流密度开始急剧增加,表明 $Sn^{2+}$ 离子开始在阴极表面放电沉积;电流峰值出现在约-0.51 V(vs. SCE)左右,此时阴极表面附近的 $Sn^{2+}$ 离子基本已消耗殆尽,金属锡的形核和生长机制将受扩散控制;随着电位继续负扫,由于阴极表面来不及补充 $Sn^{2+}$ 离子,还原电流则有所下降;当电位扫至-0.54 V(vs. SCE)时,开始发生析氢反应,还原电流又急剧升高。添加表面活性剂后[见图 2-8(b)],$Sn^{2+}$ 离子初始还原电位和析氢电位均负移至-0.47 V 和-0.59 V(vs. SCE),表明该表面活性剂对 $Sn^{2+}$ 离子的还原和析氢均有很好的抑制作用。同时还可看出峰值电流密度明显升高,根据式(2-28)可知该表面活性剂一定程度上增大了溶液的离子扩散系数,从而促进了离子扩散。此外,有无隔膜电积条件下[见图 2-8(b)、(c)]所得的阴极极化曲线十分相似,无明显区别。因此,阴离子隔膜对 $Sn^{2+}$ 离子的初始还原沉积并无影响,但阴离子交换隔膜仅允许溶液中氯离子和水分子通过,从而使阳极生成的 $Sn^{4+}$ 离子无法渗透进入阴极室而在阴极表面还原,故在长时间直流电积过程中能够有效地提高阴极电流效率。

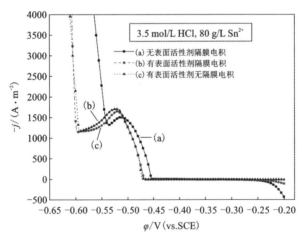

图 2-8 阴极液 HCl 物质的量浓度 3.5 mol/L 和 $Sn^{2+}$ 质量浓度 80 g/L 的阴极极化曲线

在温度为35℃、阴极液 $Sn^{2+}$ 质量浓度为 80 g/L、扫描速率为 10 mV/s 的条件下,HCl 物质的量浓度分别为 1.5 mol/L、2.5 mol/L、3.5 mol/L、4.5 mol/L 时的阴极极化曲线见图 2-9。从图 2-9 中可观察到,随着 HCl 浓度的升高,$Sn^{2+}$ 离子的初始还原电位和析氢电位均有负移的倾向。此外，峰值电流密度逐渐升高，表明 HCl 浓度越高将增强离子扩散，因为更高的 Cl⁻ 浓度能够提高离子迁移率。同时考虑到表面活性剂和 Cl⁻ 的吸附作用，HCl 浓度越高将增大分散层电位（$\varphi_1$），因此增大 $Sn^{2+}$ 离子的还原和析氢过电位。然而，当 $[H^+]$ 增至 4.5 mol/L 时，由于较高的 $[H^+]$，析氢电位仅略有负移。

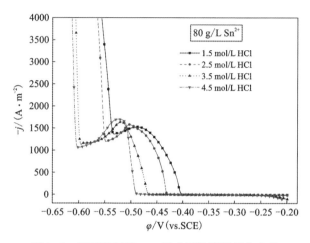

图 2-9　不同阴极液 HCl 浓度下的阴极极化曲线

在 35℃、阴极液 HCl 3.5 mol/L、扫描速率 10 mV/s 条件下，$Sn^{2+}$ 质量浓度分别为 80 g/L、60 g/L、40 g/L、20 g/L 下的阴极极化曲线见图 2-10。由图 2-10 可知，随着 $Sn^{2+}$ 质量浓度由 20 g/L 增至 80 g/L，$Sn^{2+}$ 的初始还原电位和析氢电位均正向移动；同时，阴极还原峰电流密度从 436 A/m² 增至 1664 A/m²，进一步表明

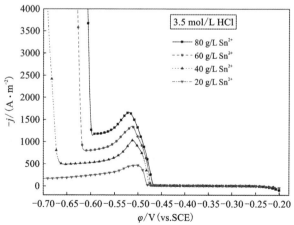

图 2-10　阴极液不同 $\rho_{Sn^{2+}}$ 下的阴极极化曲线

Sn²⁺浓度越高有利于 Sn²⁺离子在溶液中的扩散, 因为较高的 Sn²⁺的浓度能够提高扩散层的浓度梯度, 增大扩散通量。因此, 提高 Sn²⁺的浓度可促进 Sn²⁺的阴极还原, 致使阴极电锡颗粒更加细密。然而, 细小的颗粒更有利于锡晶须的产生, 它将增大阴极的表面活性, 使得更加容易发生析氢反应。

(2)循环伏安图测试

在温度为 35℃、阴极液 HCl 物质的量浓度为 3.5 mol/L、Sn²⁺质量浓度为 80 g/L 的条件下, 扫描速率分别为 5 mV/s、10 mV/s、20 mV/s、30 mV/s、40 mV/s、50 mV/s 时的循环伏安图见图 2-11。由图 2-11 可知, 随着扫描速率的增大, 还原峰电流($I_p$)逐渐升高, 还原峰电位($\varphi_p$)从 -509 mV 负移至 -553 mV, 然而可逆电荷转移过程 $\varphi_p$ 并不随扫速 $v$ 而变化。与此同时, 阴阳极峰值电位差也比理论值 $2.303RT/nF$(当 $n=2$ 时, 为 31 mV)大得多。以上分析表明, 锡的还原过程是一个不可逆反应, 且一步即完成双电子转移过程。

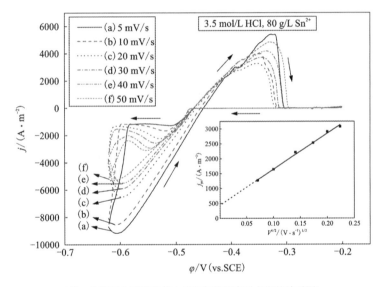

(注:内嵌图为还原峰值电流与扫描速率平方根的关系图)

**图 2-11　不同扫描速率下的循环伏安图**

对于一个不可逆反应的电荷传递过程, 不同扫描速率的峰值电流($I_p$)和扫描速率($v$)的关系符合下述关系式:

$$I_p = 0.4958nFAC_0(\alpha n_\alpha F/RT)^{1/2}D^{1/2}v^{1/2} \tag{2-28}$$

其中, $I_p$ 为阴极峰值电流, A; $n_\alpha$ 为控制整个反应的转移电子数目; $A$ 为电极面积, cm²; $C_0$ 为溶液初始浓度, mol/L; $D$ 为扩散系数, cm²/s; $v$ 为扫描速率, V/s。

由式(2-28)可知，$I_p$ 与 $v^{1/2}$ 成正比，故阴极峰电流密度($j_{pc}$)与电位扫描速率的平方根($v^{1/2}$)具有良好的线性关系(拟合系数为 0.994)，如图 2-11 的内嵌图所示，由此表明锡的还原过程受扩散控制。然而，$j_{pc}$-$v^{1/2}$曲线并没有经过原点，这可能是由于扩散过程涉及晶粒的成核和生长。

(3)计时电流测试

采用电势阶跃法得到锡电沉积过程中一系列电流与时间的暂态曲线($j$-$t$)，见图 2-12。在无表面活性剂条件下[见图 2-12(a)]，不难发现在初始 0.02 s 内电流密度急剧减小，这是电极双电层充电所引起的。随后，由于 $Sn^{2+}$ 离子放电形核和长大使电流密度开始上升至最大值 $j_m$，而后又出现一下降区，这是因为随着还原反应的不断进行，不锈钢电极表面 $Sn^{2+}$ 离子的浓度逐渐降低，不足以维持电

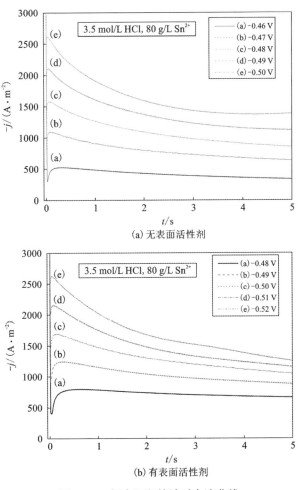

图 2-12　锡电沉积的计时电流曲线

化学反应的持续进行，故电流密度将开始衰减并趋向于一稳定值，此时电极表面 $Sn^{2+}$ 离子的扩散与电化学反应处于动态平衡状态。同时还可观察到，随着阶跃电位越负，电流密度上升至最大值 $(j_m)$ 所需的时间 $(t_m)$ 越短。此外，与无表面活性剂条件下相比，添加表面活性剂后 [见图 2-12(b)] 在相同沉积电势下的电流密度最大值明显下降，相应的沉积时间也增长，表明该表面活性剂能够有效地抑制锡的成核和长大。

上述分析表明，锡电沉积过程受扩散控制，并遵循典型的三维成核和晶粒长大机制。为了确定锡电沉积的成核类型（瞬时成核或连续成核），Scharifker 等提出了一种理论模型用于分析电流密度与时间的暂态曲线数据。由该模型可知，瞬时成核和连续成核过程中电流密度与时间分别符合关系式（2-29）和式（2-30）。

$$(j/j_m)^2 = 1.9542(t/t_m)^{-1}\{1 - \exp[-1.2564(t/t_m)]\}^2 \qquad (2-29)$$

$$(j/j_m)^2 = 1.2254(t/t_m)^{-1}\{1 - \exp[-2.3367(t/t_m)^2]\}^2 \qquad (2-30)$$

其中，$j_m$ 和 $t_m$ 分别为电流密度-时间暂态曲线的最大电流密度及所对应的时间。

因此，通过将暂态电流密度-时间的试验数据绘制成 $(j/j_m)^2$ 与 $(t/t_m)$ 两个无量纲参数的关系曲线，随即与式（2-29）和式（2-30）的理论曲线相比较，从而确定锡电沉积的成核类型。无因次 $(j/j_m)^2-(t/t_m)$ 曲线对比见图 2-13，由图 2-13 可知，试验数据和理论曲线存在明显的偏差，这说明 Scharifker 的理论模型并不能完全解释该体系中锡的电沉积成核过程。此外，有许多研究工作也出现过此偏差现象，分析其原因可能是质子还原（即析氢）的平行反应所导致的。为了进一步分析电流密度-时间暂态曲线，需将不锈钢上和锡晶粒上发生的析氢反应均考虑在内，为此黄先球等推导出以下公式：

$$
\begin{aligned}
j_{\text{total}}(t) &= j_{\text{Sn}} + j_{\text{PR}}^{\text{Fe}}(t) + j_{\text{PR}}^{\text{Sn}}(t) \\
&= P_1 t^{-1/2}\left\{1 - \exp\left\{-P_2\left[t - \frac{1 - \exp(-P_3 t)}{P_3}\right]\right\}\right\} + \\
&\quad z_{\text{PR}}F k_{\text{PR}}^{\text{Fe}} \times \left(\frac{2c_0 M}{\pi\rho}\right)^{1/2} \exp\left\{-P_2\left[t - \frac{1 - \exp(-P_3 t)}{P_3}\right]\right\} + \\
&\quad z_{\text{PR}}F k_{\text{PR}}^{\text{Sn}} \times \left(\frac{2c_0 M}{\pi\rho}\right)^{1/2}\left\{1 - \exp\left\{-P_2\left[t - \frac{1 - \exp(-P_3 t)}{P_3}\right]\right\}\right\} \\
&= (P_1 t^{-1/2} + P_4^{\text{Sn}}) + [P_4^{\text{Fe}} - (P_1 t^{-1/2} + P_4^{\text{Sn}})]\exp\left\{-P_2\left[t - \frac{1 - \exp(-P_3 t)}{P_3}\right]\right\}
\end{aligned}
$$

$$(2-31)$$

其中

$$P_1 = \frac{2FD^{1/2}c_0}{\pi^{1/2}} \qquad (2-32)$$

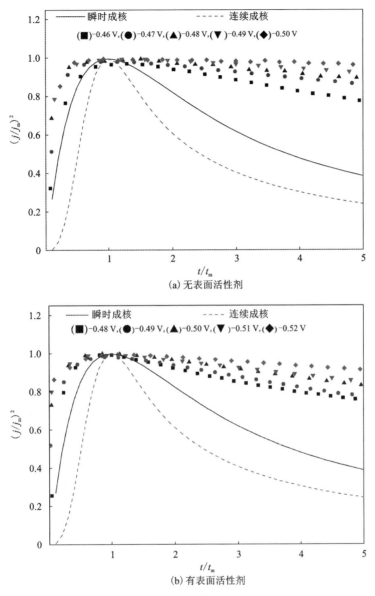

图 2-13　无因次 $(j/j_m)^2$-$(t/t_m)$ 曲线对比

$$P_2 = N_0 \pi k D \qquad (2-33)$$

$$P_3 = A \qquad (2-34)$$

$$P_4^{Fe} = z_{PR} F k_{PR}^{Fe} \times \left( \frac{2c_0 M}{\pi \rho} \right)^{1/2} \qquad (2-35)$$

$$P_4^{Sn} = z_{PR} F k_{PR}^{Sn} \times \left(\frac{2c_0 M}{\pi \rho}\right)^{1/2} \tag{2-36}$$

其中，$C_0$ 为 $Sn^{2+}$ 离子的体积浓度；$M$ 为锡的摩尔质量；$\rho$ 为锡的密度；$N_0$ 为晶核密度数；$D$ 为 $Sn^{2+}$ 离子的扩散系数；$A$ 为成核速率常数；$z_{PR}F$ 为质子还原过程摩尔电荷转移数；$k_{PR}^{Fe}$ 为不锈钢基底表面质子还原的速率常数；$k_{PR}^{Sn}$ 为锡晶粒上质子还原的速率常数。

针对以上公式，采用 1stOpt 软件对试验数据进行非线性拟合，得到参数 $P_1$、$P_2$、$P_3$、$P_4^{Fe}$ 和 $P_4^{Sn}$，拟合过程中参数的初值取任意值（所有拟合相关系数均大于 0.99），随后通过计算得出其他参数，见表 2-6、表 2-7。

表 2-6　无表面活性剂条件下的数据拟合结果

| $\varphi_{dep}/V$ | -0.46 | -0.47 | -0.48 | -0.49 | -0.50 |
|---|---|---|---|---|---|
| $P_1/(A \cdot s^{1/2} \cdot m^{-2})$ | 227.816 | 217.146 | 238.634 | 200.762 | 166.413 |
| $P_2/s^{-1}$ | 3.022 | 5.167 | 5.360 | 8.696 | 10.130 |
| $P_3/s^{-1}$ | 82.114 | 266.139 | 406.498 | 565.139 | 822.605 |
| $P_4^{Fe}/(A \cdot m^{-1})$ | 325.206 | 917.956 | 1421.826 | 1942.724 | 2494.759 |
| $P_4^{Sn}/(A \cdot m^{-1})$ | 276.851 | 706.268 | 1073.981 | 1554.684 | 2058.680 |
| $D/(m^2 \cdot s^{-1})$ | $9.63\times10^{-12}$ | $8.75\times10^{-12}$ | $1.06\times10^{-11}$ | $7.48\times10^{-12}$ | $5.14\times10^{-12}$ |
| $N_0/m^{-2}$ | $6.56\times10^{10}$ | $1.24\times10^{11}$ | $1.06\times10^{11}$ | $2.43\times10^{11}$ | $4.12\times10^{11}$ |
| $A/s^{-1}$ | 82.114 | 266.139 | 406.498 | 565.139 | 822.605 |
| $k_{PR}^{Fe}/(mol \cdot m^2 \cdot s^{-1})$ | 0.041 | 0.114 | 0.176 | 0.241 | 0.309 |
| $k_{PR}^{Sn}/(mol \cdot m^2 \cdot s^{-1})$ | 0.034 | 0.088 | 0.133 | 0.193 | 0.255 |

表 2-7　有表面活性剂条件下的数据拟合结果

| $\varphi_{dep}/V$ | -0.48 | -0.49 | -0.50 | -0.51 | -0.52 |
|---|---|---|---|---|---|
| $P_1/(A \cdot s^{1/2} \cdot m^{-2})$ | 333.886 | 419.938 | 463.533 | 417.664 | 302.615 |
| $P_2/s^{-1}$ | 2.294 | 2.725 | 2.534 | 3.036 | 4.469 |
| $P_3/s^{-1}$ | 50.462 | 130.382 | 141.117 | 185.403 | 235.479 |
| $P_4^{Fe}/(A \cdot m^{-1})$ | 442.770 | 935.421 | 1464.235 | 1975.399 | 2479.645 |
| $P_4^{Sn}/(A \cdot m^{-1})$ | 513.679 | 749.684 | 1012.366 | 1357.970 | 1863.997 |

续表2-7

| $D/(\mathrm{m^2 \cdot s^{-1}})$ | $2.07\times10^{-11}$ | $3.27\times10^{-11}$ | $3.99\times10^{-11}$ | $3.24\times10^{-11}$ | $1.70\times10^{-11}$ |
|---|---|---|---|---|---|
| $N_0/\mathrm{m^{-2}}$ | $2.32\times10^{10}$ | $1.74\times10^{10}$ | $1.33\times10^{10}$ | $1.96\times10^{10}$ | $5.50\times10^{10}$ |
| $A/\mathrm{s^{-1}}$ | 50.462 | 130.382 | 141.117 | 185.403 | 235.479 |
| $k_{\mathrm{PR}}^{\mathrm{Fe}}/(\mathrm{mol \cdot m^2 \cdot s^{-1}})$ | 0.055 | 0.116 | 0.182 | 0.245 | 0.308 |
| $k_{\mathrm{PR}}^{\mathrm{Sn}}/(\mathrm{mol \cdot m^2 \cdot s^{-1}})$ | 0.064 | 0.093 | 0.126 | 0.168 | 0.231 |

由表 2-6 可知，$Sn^{2+}$-氯盐体系的平均扩散系数为 $8.32\times10^{-12}$ $\mathrm{m^2/s}$，比 $Sn^{2+}$-柠檬酸盐和 $Sn^{2+}$-葡萄酸盐体系的扩散系数 $10^{-10}$ $\mathrm{m^2/s}$ 小几个数量级。此外，晶核数密度 $N_0$、成核速率常数 $A$、不锈钢基底表面质子还原的速率常数 $k_{\mathrm{PR}}^{\mathrm{Fe}}$、锡晶粒上质子还原的速率常数 $k_{\mathrm{PR}}^{\mathrm{Sn}}$ 均随沉积过电位的增大而增大，且 $k_{\mathrm{PR}}^{\mathrm{Fe}}$ 均比 $k_{\mathrm{PR}}^{\mathrm{Sn}}$ 大，这与黄先球所得到的结果是一致的。然而，$N_0$ 和 $A$ 比 $Sn^{2+}$-氟硼酸盐大得多，致使易产生锡晶须，因此 $Sn^{2+}$-氯盐体系的 $k_{\mathrm{PR}}^{\mathrm{Fe}}$ 和 $k_{\mathrm{PR}}^{\mathrm{Sn}}$ 更大，析氢更严重。添加表面活性剂后，由表 2-7 可知，平均扩散系数增至 $2.85\times10^{-11}$ $\mathrm{m^2/s}$，且在相同沉积电势下 $N_0$、$A$、$k_{\mathrm{PR}}^{\mathrm{Fe}}$ 和 $k_{\mathrm{PR}}^{\mathrm{Sn}}$ 均有所降低。因此，该表面活性剂能够促进溶液中 $Sn^{2+}$ 离子的扩散、减缓锡的成核和生长，并减少析氢。

在有表面活性剂、沉积电势为 $-0.50$ V 的条件下，通过式(2-31)将总电流($j_{\mathrm{total}}$)中质子还原过程的电流部分去除，得到仅表示锡还原过程的电流($j_{\mathrm{Sn}}$)，详见图 2-14。随后，采用 Cottrell 公式分析 $j_{\mathrm{Sn}}$ 的下降段，详见图 2-15。根据式(2-37)可知，阴极电流密度 $j$ 与时间倒数的平方根 $t^{-1/2}$ 成正比。

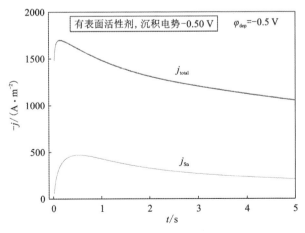

图 2-14　总电流 $j_{\mathrm{total}}$ 和锡还原过程的电流 $j_{\mathrm{Sn}}$

$$j = \frac{zFD^{1/2}c_0}{\pi^{1/2}t^{1/2}}$$

(2-37)

其中, $j$ 为电流密度; $z$ 为交换电子数; $F$ 为法拉第常数; $D$ 为扩散系数; $c_0$ 为 $Sn^{2+}$ 离子的初始浓度。

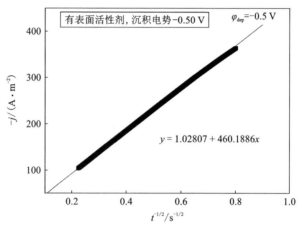

图 2-15 $j_{Sn}$ 下降段的 Cottrell 分析: $j$-$t^{-1/2}$

由图 2-15 可知, 电流密度 $j$ 与 $t^{-1/2}$ 满足很好的线性关系(拟合相关系数为 0.9999), 表明锡电沉积过程受扩散控制。根据图 2-15 中直线的斜率, 由式(2-37)可计算得出扩散系数 $D = 3.93 \times 10^{-11}$ m²/s, 这与由参数 $P_1$ 所计算得到的结果 $3.99 \times 10^{-11}$ m²/s 十分近似。

此外, 根据 Scharifker 和 Hills 提出的理论模型, $j_{Sn}$ 的上升段将满足 $j$-$t^{1/2}$ 或 $j$-$t^{3/2}$ 的线性关系, 分别对应于瞬时和连续成核机制。$j_{Sn}$ 上升段数据分析结果见图 2-16。从图 2-16 可以看出, $j_{Sn}$ 对于 $j$-$t^{1/2}$ 具有更好的线性关系, 因此锡的还原沉积满足瞬时成核机制。

(4)计时电位测试

为了研究锡电沉积过程电势与时间的行为关系, 采用计时电位法得到 $Sn^{2+}$-氯盐体系在不同电流密度下电势与时间的暂态曲线($\varphi$-$t$), 见图 2-17。从图 2-17 中可知, 在低电流密度下(100~300 A/m²), 电势初始缓缓上升, 这是由 $Sn^{2+}$ 离子还原沉积所引起的; 2 s 后达到稳定, 不再随时间而变化。当电流密度大于 400 A/m² 时, 电势开始急剧下降, 因为电流密度过大, 扩散不足以维持阴极表面 $Sn^{2+}$ 离子快速消耗; 随后发生析氢反应, 氢气气泡搅动阴极表面溶液, 消除了 $Sn^{2+}$ 离子的耗尽层, 此时锡晶须开始生长, 从而增大阴极表面面积, 降低实际电流密度, 故可观察到电势峰, 电势最后升高至一稳定值。因此, 在 $Sn^{2+}$-氯盐体系中, 沉积金属锡时电流密度不宜高于 300 A/m², 以免产生大量的锡晶须。

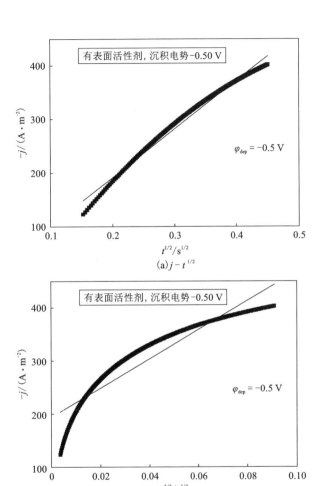

图 2-16　$j_{Sn}$ 上升段数据分析

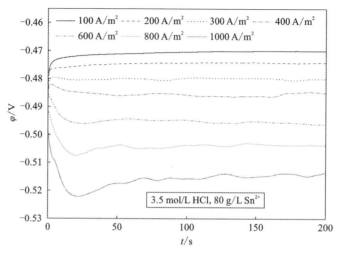

图 2-17 锡电沉积过程的计时电位曲线

## 2.2.3 实验结果与讨论

### 2.2.3.1 四氯化锡浸出试验

1. 单因素试验

以印刷电路板边角料经破碎、分选后的铜锡多金属粉为原料,试验用料规模为 50 g/次。浸出试验采用 $SnCl_4$+HCl 为浸出剂,分别研究温度、[$H^+$]、$Sn^{4+}$ 过量系数、液固比、浸出反应时间五个因素对电路板铜锡多金属粉中 Sn、Pb 和 Cu 浸出率的影响。

(1) 温度的影响

试验在 [$H^+$] 为 4 mol/L、液固比为 4:1、$Sn^{4+}$ 过量系数为 1.2、浸出时间为 2 h 的条件下,分别研究温度为 30℃、40℃、50℃、60℃时对浸出率的影响,试验结果如图 2-18 所示。

由图 2-18 可知,随着温度的升高,Sn、Pb、Cu 的浸出率均有所增大,渣率持续降低,故温度越高有利于浸出反应的进行。其中 Sn 的浸出率增加明显,从 30℃时的 71.58% 增至 60℃时的 96.06%。考虑生产实际中,反应槽难以完全密封,温度增加将导致 HCl 挥发加快,造成生产环境恶劣,同时为不引入大量的金属杂质,不宜选取较高的温度。试验中,40℃时已有较高的 Sn 浸出率,达 90.86%,因此最佳温度取 40℃。

(2) [$H^+$] 的影响

试验在温度为 40℃,液固比为 4:1、$Sn^{4+}$ 过量系数为 1.2、浸出时间为 2 h 的

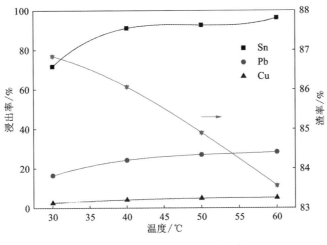

图 2-18　温度对浸出率的影响

条件下，分别研究 $[H^+]$ 为 2 mol/L、3 mol/L、4 mol/L、5 mol/L、6 mol/L 时对浸出率的影响，试验结果见图 2-19。

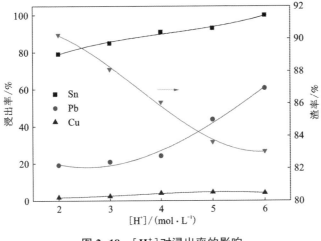

图 2-19　$[H^+]$ 对浸出率的影响

由图 2-19 可知，随 $[H^+]$ 的升高，Sn、Pb、Cu 的浸出率均有所增加，同时渣率降低，故 $[H^+]$ 越高越有利于浸出反应的进行。其中对 Pb 的浸出过程影响最大，尤其是 $[H^+]$ 大于 4 mol/L 之后，Pb 的浸出率直线上升，$[H^+]$ 为 6 mol/L 时竟达到 60.61%，说明发生了大量 Pb 的酸溶反应。此外，反应后浸出液的 $[H^+]$ 分别为 1.89 mol/L、2.81 mol/L、3.74 mol/L、4.66 mol/L、5.50 mol/L，[H$^+$]有所下降，且[H$^+$]越高，下降的幅度越大，说明浸出过程中主要发生的是 Sn$^{4+}$ 的氧化反应，而在较高酸度下则会发生大量的酸溶反应。因此为了不引入大量的杂质，综合考虑，H$^+$ 最佳浓度取 4 mol/L。

（3）SnCl$_4$ 过量系数的影响

试验在温度为 40℃、[H$^+$]为 4 mol/L、液固比为 4∶1、浸出时间为 2 h 的条件下，分别研究 Sn$^{4+}$ 过量系数为 1.1、1.2、1.3、1.4、1.5 时对浸出率的影响，试验结果见图 2-20。

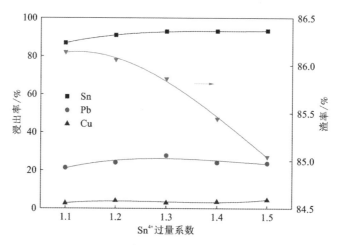

图 2-20　Sn$^{4+}$ 过量系数对浸出率的影响

由图 2-20 可知，随着 Sn$^{4+}$ 过量系数的增加，Sn 的浸出率有所增大，而 Pb、Cu 的浸出率变化并不大，渣率则持续下降，故 Sn$^{4+}$ 过量系数越大越有利于浸出反应的进行。在 Sn$^{4+}$ 过量系数小于 1.3 时，Sn 的浸出率增长较快，Sn$^{4+}$ 过量系数为 1.3 时达到 92.75%，之后继续增大 Sn$^{4+}$ 过量系数，Sn 的浸出率基本持平。因此最佳 Sn$^{4+}$ 过量系数取 1.3。

（4）液固比的影响

试验在温度为 40℃、[H$^+$]为 4 mol/L、Sn$^{4+}$ 过量系数为 1.3、浸出时间为 2 h 的条件下，分别研究液固比为 3∶1、4∶1、5∶1、6∶1 时对浸出率的影响，试验结果见图 2-21。

由图 2-21 可知，随着液固比的增加，Sn、Pb、Cu 的浸出率均微微增大，渣率则呈下降趋势，故液固比越高越有利于浸出反应的进行。其中，在液固比增至 5∶1 前，渣率明显下降，极大地促进了浸出反应，液固比为 5∶1 时 Sn 的浸出率为 95.61%，继续增大液固比时 Sn 的浸出率上升不明显，且渣率几乎不再下降。

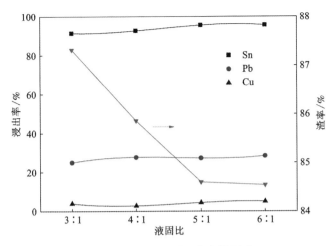

图 2-21　液固比对浸出率的影响

此外，液固比越高将增大浸出液体积，降低浸出液中金属元素的浓度，同时对浸出槽体积要求更大，综合考虑，最佳液固比取 5 : 1。

（5）浸出反应时间的影响

试验在温度为 40℃、[$H^+$] 为 4 mol/L、$Sn^{4+}$ 过量系数为 1.3、液固比为 5 : 1 的条件下，分别研究浸出反应时间为 1 h、1.5 h、2 h、2.5 h、3 h 时对浸出率的影响，试验结果见图 2-22。

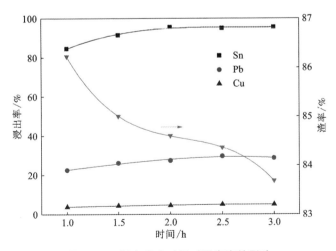

图 2-22　浸出反应时间对浸出率的影响

由图 2-22 可知，随着浸出反应时间的增加，Sn、Pb 的浸出率持续增大，Cu 浸出率的增加趋势则很小，而渣率逐渐降低，但在 2 h 处出现了一转折平台。反应后浸出液的 $[H^+]$ 分别为 3.93 mol/L、3.86 mol/L、3.79 mol/L、3.46 mol/L、3.20 mol/L，结合浸出液溶液的成分可知，浸出反应 2 h 后，浸出液中的 $Sn^{4+}$ 已经消耗殆尽，随后 Sn 的浸出率几乎不再增加，而 Pb 的浸出率继续增大，因此浸出 2 h 后主要发生的是耗酸反应。综合考虑，最佳反应时间取 2 h。

2. 循环浸出试验

通过上述单因素条件试验，得到浸出过程的最佳条件为：温度为 40℃、$[H^+]$ 为 4 mol/L、$Sn^{4+}$ 过量系数为 1.3、液固比为 5:1、浸出时间为 2 h。但由于试验原料中 $w(Sn)$ 为 7.9%，故所得的浸出液中 $Sn^{2+}$ 的含量仅有 20 g/L 左右，未能满足后续电积锡的要求，因此试验提出采用循环浸出的方式来提高浸出液中的 $Sn^{2+}$ 浓度。

循环浸出试验采用 $Sn^{4+}$ 质量浓度为 50 g/L 的盐酸溶液作为浸出剂，每槽处理多金属粉 100 g。随后每一槽的浸出液作为下一槽的浸出剂，循环浸出三槽。考虑到如此高的 $Sn^{4+}$ 浓度，其反应时间将会大幅度缩短，故对各槽循环的反应时间进行优化，其他条件则与单因素试验优化条件一致：温度为 40℃、$[H^+]$ 为 4 mol/L、液固比为 5:1。

(1) 第一槽试验结果

第一槽每隔 10 min 取样分析，共取六次。试验结果见表 2-8，从表 2-8 中可以看出，20 min 后锡浸出率便达 96.13%；之后 Sn 的浸出率几乎不再增加，Cu 的浸出率却在持续上升，因此该段时间主要发生的是 $Sn^{4+}$ 浸出 Cu 的反应，故第一槽浸出时间取 20~30 min 为宜。其中 Pb 的浸出率有下降的趋势，数据不合理，分析原因可能是 $PbCl_2$ 溶解度较低，试验结束后冷却沉降过程中有 $PbCl_2$ 白色晶体析出。

表 2-8 循环试验第一槽时间优化试验结果

| 时间/min | 浸出液中离子质量浓度/$(g \cdot L^{-1})$ | | | | | 浸出率/% | | |
|---|---|---|---|---|---|---|---|---|
| | $[Sn]_T$ | $Sn^{2+}$ | $Sn^{4+}$ | $Cu^{2+}$ | $Pb^{2+}$ | Sn | Cu | Pb |
| 10 | 63.83 | 26.84 | 36.99 | 5.09 | 2.37 | 87.55 | 3.92 | 20.56 |
| 20 | 65.19 | 30.37 | 34.82 | 7.12 | 2.11 | 96.13 | 5.47 | 18.27 |
| 30 | 65.37 | 31.11 | 34.26 | 8.29 | 2.63 | 97.28 | 6.38 | 22.85 |
| 40 | 65.75 | 32.05 | 33.7 | 9.10 | 2.11 | 99.68 | 7.01 | 18.27 |
| 50 | 65.67 | 33.35 | 32.32 | 9.39 | 1.97 | 99.18 | 7.23 | 17.14 |
| 60 | 65.61 | 33.45 | 32.16 | 9.88 | 1.97 | 98.80 | 7.61 | 17.14 |

（2）第二槽试验结果

取第一槽浸出时间为 25 min。用 $Sn^{4+}$ 质量浓度为 50 g/L 的盐酸溶液作为浸出剂，浸出 25 min 后的浸出液作为第二槽试验的浸出剂。第二槽每隔 15 min 取样，共取六次。试验结果见表 2-9，从表 2-9 中可以看出，30 min 前 Cu 的浸出率为负，说明浸出前期溶液中的 $Cu^{2+}$ 与金属锡发生了置换反应。同时浸出时间小于 60 min 时，Sn 的浸出率增长很快，15 min 时浸出率仅为 78.74%，60 min 时浸出率已达 95.40%，之后浸出率几乎不再增加，故第二槽浸出时间取 60 min 为宜。

表 2-9 循环试验第二槽时间优化试验结果

| 时间/min | 浸出液中离子质量浓度/($g \cdot L^{-1}$) | | | | | 浸出率/% | | |
|---|---|---|---|---|---|---|---|---|
| | $[Sn]_T$ | $Sn^{2+}$ | $Sn^{4+}$ | $Cu^{2+}$ | $Pb^{2+}$ | Sn | Cu | Pb |
| 15 | 70.76 | 40.25 | 30.51 | 4.29 | 2.59 | 78.41 | -1.58 | 3.46 |
| 30 | 70.87 | 43.85 | 27.02 | 5.93 | 2.85 | 79.14 | -0.23 | 5.76 |
| 45 | 71.71 | 45.59 | 26.12 | 6.67 | 2.72 | 84.75 | 0.39 | 4.61 |
| 60 | 73.27 | 47.18 | 26.09 | 7.72 | 2.46 | 95.40 | 1.24 | 2.31 |
| 75 | 73.51 | 47.08 | 26.43 | 8.21 | 2.72 | 97.03 | 1.65 | 4.61. |
| 90 | 73.45 | 47.96 | 25.49 | 8.89 | 3.10 | 96.62 | 2.22 | 8.07 |

（3）第三槽试验结果

取第一槽浸出时间为 25 min，第二槽浸出时间为 60 min。将第二槽的浸出液直接作为第三槽试验的浸出剂。第三槽每隔 20 min 取样，共取六次。试验结果见表 2-10，从表 2-10 中可以看出，Sn 的浸出率一直呈增长趋势，120 min 时浸出率达到 96.81%，故第三槽最佳浸出时间取 120 min。同时 Cu 和 Pb 的浸出率均出现负值，说明溶液中的 $Cu^{2+}$、$Pb^{2+}$ 均与金属锡发生了置换反应。

表 2-10 循环试验第三槽时间优化试验结果

| 时间/min | 浸出液中离子质量浓度/($g \cdot L^{-1}$) | | | | | 浸出率/% | | |
|---|---|---|---|---|---|---|---|---|
| | $[Sn]_T$ | $Sn^{2+}$ | $Sn^{4+}$ | $Cu^{2+}$ | $Pb^{2+}$ | Sn | Cu | Pb |
| 20 | 79.86 | 56.13 | 23.73 | 1.05 | 1.95 | 71.71 | -3.6 | -3.72 |
| 40 | 81.29 | 58.52 | 22.77 | 2.16 | 2.21 | 82.14 | -2.67 | -1.23 |
| 60 | 81.56 | 60.73 | 20.83 | 3.07 | 2.21 | 86.02 | -1.92 | -1.23 |
| 80 | 82.12 | 61.96 | 20.16 | 3.92 | 2.08 | 91.81 | -1.21 | -2.47 |

续表2-10

| 时间/min | 浸出液中离子质量浓度/(g·L⁻¹) | | | | | 浸出率/% | | |
| | $[Sn]_T$ | $Sn^{2+}$ | $Sn^{4+}$ | $Cu^{2+}$ | $Pb^{2+}$ | Sn | Cu | Pb |
|---|---|---|---|---|---|---|---|---|
| 100 | 83.14 | 63.79 | 19.35 | 4.82 | 2.61 | 95.11 | −0.45 | 2.47 |
| 120 | 83.25 | 64.85 | 17.40 | 5.76 | 3.13 | 96.87 | 0.33 | 7.43 |

因此，得到初始浸出剂($Sn^{4+}$质量浓度为 50 g/L)下循环浸出的最佳工艺条件：温度为 40℃，$[H^+]$ 为 4 mol/L，液固比为 5∶1，每槽次浸出时间分别为 25 min、60 min、120 min。此试验结果将能够为工业实践提供有力的数据参考。

### 2.2.3.2　净化试验

浸出液在进行锡隔膜电积前，有必要降低杂质含量，以减轻杂质金属离子对锡电积过程的影响，尤其是 $Cu^{2+}$、$Pb^{2+}$ 等离子的还原电位高于或与 $Sn^{2+}$ 相当，电积时将放电析出从而降低电锡品质并影响电锡形貌，严重时甚至会导致无法电积。之前多次浸出条件试验所得的浸出混合液将用于净化试验，其主要成分见表 2-11。

表 2-11　浸出混合液的主要化学成分

| 成分 | $Sn^{4+}$ | $Sn^{2+}$ | $Pb^{2+}$ | $Cu^{2+}$ | $Fe^{2+}$ | $Al^{3+}$ | $Zn^{2+}$ | $Ti^{3+}$ |
|---|---|---|---|---|---|---|---|---|
| 质量浓度/(g·L⁻¹) | 3.19 | 68.58 | 1.73 | 2.76 | 2.11 | 0.04 | 3.36 | 0.47 |

#### 1. 锡粉还原

为不引入其他杂质，试验采用锡粉还原除去浸出液中的 $Sn^{4+}$。将电积所得的锡块剪成规格约 1 cm×1 cm 的小块，根据 $Sn^{4+}$ 的含量决定锡粉的用量。考虑到试验过程中锡粉在还原 $Sn^{4+}$ 同时，浸出液中的 $Pb^{2+}$、$Cu^{2+}$ 也将会被置换，因此需加大锡粉用量。以浸出液中 $Sn^{4+}$ 全部还原为主要目的，最终确定锡粉用量为理论用量的 1.3 倍、温度 60℃、反应 60 min，还原后液 $Sn^{2+}$ 质量浓度提高至 74.11 g/L。此外，由于铅与锡的标准电极电位十分接近，试验提出采用铅粉还原替代锡粉，在相同条件下对比了两种还原措施的净化效果，详见表 2-12。

表 2-12　锡块与铅粉还原净化效果

| 试验 | 还原后液 $\rho_{Sn^{4+}}$/(g·L⁻¹) | 除铜率/% | 除铅率/% | 锡损失率/% |
|---|---|---|---|---|
| 锡粉还原 | — | 48.22 | 7.22 | 2.38 |
| 铅粉还原 | 0.39 | 38.85 | — | 7.48 |

由表 2-12 可知,锡粉还原除杂效果明显优于铅粉,但考虑经济因素,铅粉价格成本不到锡块的 1/10,且由于 $PbCl_2$ 的溶解度很小,因此铅粉还原后所得溶液中铅浓度并未显著升高。综合考虑,成本和还原效果,最终选用铅粉为还原剂。

2. 硫化除杂

硫化除杂过程采用硫化钠作硫化剂,以溶液中 $Cu^{2+}$、$Pb^{2+}$ 完全沉淀计算硫化钠的理论用量。为避免可能产生有毒气体 $H_2S$,均采取缓慢滴加、强化搅拌等方式进行试验。试验主要研究了硫化钠用量倍数(相对于理论用量)、反应温度、反应时间对除铜、除铅效果的影响,同时还研究了硫化除杂时锡的损失情况。

(1)硫化钠用量倍数的影响

在温度为 30℃、反应时间为 60 min 的条件下,研究不同硫化钠用量倍数对溶液除铜、除铅率及锡损失率的影响,试验结果见表 2-13。

表 2-13　硫化钠用量倍数对铜、铅去除率及锡损失率的影响

| 硫化钠用量倍数 | 铜去除率/% | 铅去除率/% | 锡损失率/% |
| --- | --- | --- | --- |
| 0.85 | 66.94 | 78.85 | 1.95 |
| 1.1 | 81.56 | 87.97 | 2.24 |
| 1.3 | 98.04 | 87.72 | 3.99 |
| 1.5 | 98.17 | 88.22 | 8.13 |

由表 2-13 可知,随着硫化钠用量的增多,溶液中铜的沉淀率逐渐增大,当硫化钠用量为理论量的 1.3 倍时,$Cu^{2+}$ 的沉淀率已达 98.04%,继续增加硫化钠的用量,$Cu^{2+}$、$Pb^{2+}$ 的沉淀率增加不大,反而锡的沉淀损失率却由 3.99% 增大到 8.13%,不利于锡的回收。综合考虑,确定硫化钠用量为理论量的 1.3 倍。

(2)反应温度的影响

在硫化钠用量为理论量的 1.3 倍、反应时间为 60 min 的条件下,研究不同反应温度对溶液除铜、除铅率及锡损失率的影响,试验结果见表 2-14。

表 2-14　反应温度对铜、铅去除率及锡损失率的影响

| 反应温度/℃ | 铜去除率/% | 铅去除率/% | 锡损失率/% |
| --- | --- | --- | --- |
| 30 | 98.04 | 87.72 | 3.99 |
| 50 | 91.17 | 78.21 | 3.74 |
| 70 | 3.16 | 4.99 | 3.57 |

由表 2-14 可知，硫化沉淀除铜、铅有较好的去除效果，但随着温度的升高，除铜、除铅率逐渐降低，而锡损失逐渐减少。一般情况下，298 K 时硫化氢在溶液中的溶解度约为 0.1 mol/L。反应温度过高，硫化氢溶解度急剧降低，而硫化氢气体大量逸出溶液，反应容器密闭性不好使得硫化钠损耗严重，所以除铜、除铅率急剧降低到 5% 以下，故硫化除杂时温度不宜过高，确定最佳温度为 30℃。

（3）反应时间的影响

在硫化钠用量为理论量的 1.3 倍、反应温度为 30℃ 的条件下，研究反应时间对溶液除铜、除铅率及锡损失率的影响，试验结果见表 2-15。

表 2-15　反应时间对铜、铅去除率及锡损失率的影响

| 反应时间/min | 铜去除率/% | 铅去除率/% | 锡损失率/% |
| --- | --- | --- | --- |
| 15 | 97.81 | 80.00 | 1.39 |
| 30 | 98.08 | 85.35 | 2.29 |
| 45 | 98.77 | 85.50 | 2.89 |
| 60 | 98.04 | 87.72 | 3.99 |

由表 2-15 可知，反应时间对铜和铅沉淀率影响不大，且 30 min 除杂率达到了较高水平，说明硫化物与铜和铅的反应速率快；而随着时间的延长，除杂率没有明显提高，而锡的损失率增大，因为锡与硫化物亲和力较强，随着时间的延长，过量的硫化物与锡结合，增加了锡的损失。因此，硫化除杂的反应时间不宜过长，确定为 30 min。

3. 净化综合实验

由上述试验得到净化过程中锡块还原的最佳条件为：锡块用量为理论量的 1.3 倍、温度为 60℃、反应时间为 60 min；硫化除杂的最佳条件为：硫化钠用量为理论量的 1.3 倍、温度为 30℃，反应时间为 30 min。在此优化条件下进行三次扩大综合试验，试验规模为 1 L/次。试验结果见表 2-16、表 2-17。

表 2-16　浸出液净化综合扩大试验结果

| 实验序号 | 铜去除率/% | 铅去除率/% | 锡损失率/% |
| --- | --- | --- | --- |
| 1 | 98.77 | 88.16 | 2.33 |
| 2 | 98.94 | 88.69 | 3.55 |
| 3 | 98.27 | 87.10 | 2.69 |
| 平均值 | 98.66 | 87.98 | 2.86 |

表 2-17　净化液主要化学成分　　　　　　单位: g/L

| 成分 | $Sn^{4+}$ | $Sn^{2+}$ | $Pb^{2+}$ | $Cu^{2+}$ | $Fe^{2+}$ | $Al^{3+}$ | $Zn^{2+}$ | $Ti^{3+}$ |
|---|---|---|---|---|---|---|---|---|
| 质量浓度 | — | 71.89 | 0.03 | 0.01 | 2.09 | 0.04 | 3.24 | 0.36 |

由试验结果可以看出,在优化试验条件下,净化液中 $Cu^{2+}$ 及 $Pb^{2+}$ 的浓度均小于 0.05 g/L,铜和铅去除率达到 98.66% 和 87.98%,锡损失率在 3% 以下。对于其他杂质元素(如 Fe、Al、Zn、Ti 等),由于其在电积过程中并不会在阴极还原析出,故未考虑作深度处理,但这些金属离子在溶液循环体系中会累积,故需定期将溶液开路出去并做相应的处理。

#### 2.2.3.3　隔膜电积锡过程研究

锡的电沉积研究从十九世纪中期开始兴起,电积锡所采用的电解液一般分为两种:酸性二价锡和碱性四价锡电解液。碱性电解液主要由锡酸钾或锡酸钠溶液组成,采用碱性电解液能够得到均匀的沉积物,但是要求较高的温度及溶液稳定性。酸性电解液中主要有锡的硫酸盐、磺酸盐或氟硼酸盐,采用酸性电解液避免了不溶氢氧化物的产生,但是必须添加适当的有机添加剂来抑制锡晶须的生成。近年来,针对其他络合剂的探索,研究人员开展了诸多研究,其中包括柠檬酸盐、酒石酸盐、葡萄糖酸盐及氯盐等。其中,T. Kekesi 曾提出 $HCl-SnCl_2$ 溶液用于电积锡,阳极由废锡料捆扎而成,电积过程中阳极锡溶解,阴极电沉积金属锡。然而,由于空气和阳极的氧化作用,电解液中将不可避免存在一定量的四价锡离子,从而会降低溶液的稳定性,同时迁移至阴极附近的电子还原;此外,$Cl^-$ 对电极反应有明显的活化作用,能够提高电化学反应速度,减少电化学极化,因此氯盐体系中电沉积锡时所得的沉积锡非常疏松,呈树枝晶状,存在非常严重的"锡晶须"等难题。针对上述问题,采用隔膜电积技术,以及选择合适的工艺条件来提高电解液稳定性、电流效率及沉积物的表观形貌。

1. 对比试验

电积试验首先进行两组对比试验,分别探讨氨基非离子表面活性剂和阴离子隔膜的作用。试验所采用的电解液由分析纯试剂所配制,阴阳极液的成分均为:[$H^+$] 为 3.5 mol/L、$Sn^{2+}$ 质量浓度为 80 g/L,阴极液添加非离子表面活性剂达 0.3%,温度为 35℃,电流密度为 200 A/m²,各试验的电积参数见表 2-18。同时各试验所得阴极锡的表观形貌见图 2-23,其 XRD 对比图见图 2-24 所示。

表 2-18　表面活性剂和阴离子隔膜对比试验的电积参数

| 实验序号 | (a) | (b) | (c) |
|---|---|---|---|
| 电积时间 | 10 min | 8 h | 8 h |
| 阴极电流效率/% | <50 | 98.61 | 66.71 |
| 平均槽压/V | 1.67 | 1.55 | 1.90 |

注：试验(a)为无表面活性剂隔膜电积；试验(b)为有表面活性剂隔膜电积；试验(c)为有表面活性剂无隔膜电积。

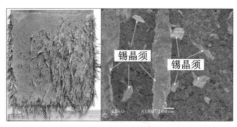
(a) 无表面活性剂隔膜电积

(b) 有表面活性剂隔膜电积

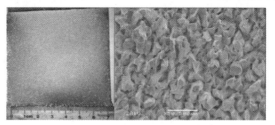
(c) 有表面活性剂无隔膜电积

图 2-23　各对比试验所得阴极锡的表观形貌图

分析试验结果可知，在无表面活性剂条件下隔膜电积 10 min，阴极表面出现大量锡晶须，导致电积无法进行下去[见图 2-23(a)]。同时由于枝晶的尖端缺陷有利于析氢反应的进行，故阴极电流效率都不到 50%。而在有表面活性剂条件下分别进行有无隔膜电积试验，电积均能够较好地进行 8 h，但无隔膜电积情况下阴极电流效率仅为 66.71%，远小于隔膜电积下的 98.61%，这是因为无隔膜电积下阳极氧化生成的 $Sn^{4+}$ 有可能迁移至阴极附近又发生还原，从而降低了电流效率。对比两种条件下所得阴极锡的表观形貌[见图 2-23(b)、(c)]，几乎没有很大的差别，均较为致密平整。此外，由图 2-24 可知，无表面活性剂下其特征峰强度均不高，主要是生成(110)晶面；而添加表面活性剂之后，电锡板 XRD 衍射特征峰转变为(200)、(101)、(220)、(211)、(321)、(420)晶面，其中主要以(220)面择优取向，同时还可推断有表面活性剂下所得电锡结构为六方晶系。

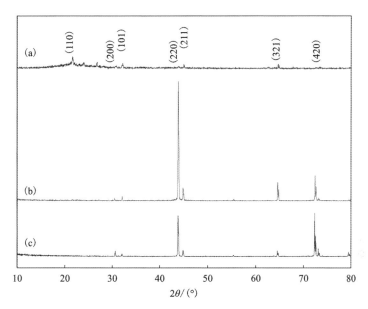

（a）无表面活性剂隔膜电积；（b）有表面活性剂隔膜电积；（c）有表面活性剂无隔膜电积。

**图 2-24　各对比试验所得阴极锡的 XRD 衍射图**

2. 单因素试验

隔膜电积单因素试验所采用的电解液均由分析纯试剂配制，其中阳极液成分均为：$[H^+]$ 为 3.5 mol/L、$Sn^{2+}$ 质量浓度为 100 g/L。分别研究温度、阴极液 $[H^+]$、$Sn^{2+}$ 浓度、电流密度对阴极电锡形貌和电积过程技术指标（阴极电流效率和直流能耗）的影响。

（1）温度的影响

在阴极液 $Sn^{2+}$ 质量浓度为 80 g/L、$[H^+]$ 为 3 mol/L、电流密度为 200 $A/m^2$、电积时间为 8 h 的条件下，分别研究温度为 25℃、35℃、45℃、55℃时，对阴极电流效率及直流电耗的影响，试验结果见图 2-25。所得阴极电锡板形貌见图 2-26。

由图 2-25 可知，当温度从 25℃增至 55℃时，阴极电流效率先增后减，而直流电耗则先减后增。同时，较低温度下［见图 2-26（a）］阴极沉积物表面较粗糙，且易长晶须；随着温度的升高，晶须和瘤状物逐渐减少，温度为 35~45℃时阴极产物表面平整、光滑［见图 2-26（b）、（c）］；但温度过高时，所得电锡板表面质量变差［见图 2-26（d）］。因为低温下锡的电化学沉积速率慢且结晶性能差，倾向于长枝晶；温度提高能够促进电化学反应的进行和溶液离子传质；而过高的温度会导致溶液 HCl 挥发严重，使得阴极锡质量变差，故确定最佳电积温度为 35~45℃。

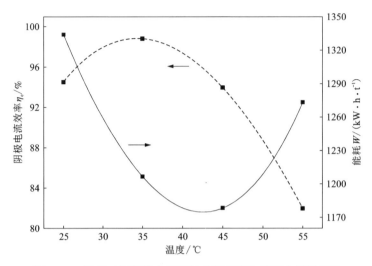

图 2-25　温度对锡隔膜电积阴极电流效率和直流电耗的影响

图 2-26　不同温度下电沉积锡板的表观形貌图

（2）阴极液［$H^+$］的影响

在电积温度为 35℃、阴极液 $Sn^{2+}$ 质量浓度为 80 g/L、电流密度为 200 A/m²、电积时间为 8 h 的条件下，分别研究阴极液［$H^+$］分别为 1 mol/L、2 mol/L、3 mol/L、4 mol/L 和 6 mol/L 时，对阴极电流效率及直流电耗的影响，试验结果见图 2-27。所得阴极板表观形貌见图 2-28。

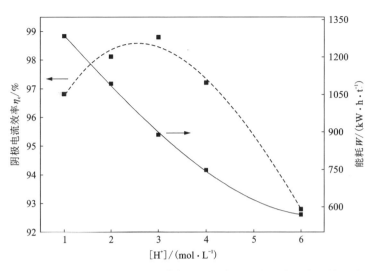

图 2-27  阴极液[H⁺]对锡隔膜电积阴极电流效率和直流电耗的影响

(a) 1 mol/L

(b) 2 mol/L

(c) 3 mol/L

(d) 4 mol/L

(e) 6 mol/L

图 2-28  不同阴极液[H⁺]下电沉积锡板的表观形貌图

由图 2-27 可知，当阴极液[H⁺]从 1 mol/L 增至 6 mol/L 时，阴极电流效率先增后减，而直流电耗则一直持续下降。同时，当阴极液酸度较低([H⁺]为 1 mol/L)时，阴极锡沉积状况非常差，表面瘤状物较多，颗粒粗大[见图 2-28 (a)]；随着酸度的增大([H⁺]为 3~4 mol/L)，阴极锡表面晶须较少，多为平整光亮[见图 2-28(c)，(d)]；酸度过高([H⁺]为 6 mol/L)时，阴极表面开始有气泡析出，且所得电锡板表面粗糙[见图 2-28(e)]。因为在酸性条件下，盐酸不仅起到防止锡离子水解、稳定溶液的作用，还能起到提供氯离子参与配位反应和传递电荷的作用，降低槽电压，而过多的酸导致析氢副反应较为严重，影响阴极锡的表面质量。综合考虑，确定阴极电解液最佳[H⁺]为 3 mol/L。

(3)阴极液 $Sn^{2+}$ 浓度的影响

在电积温度为 35℃、[H⁺]为 3 mol/L、电流密度为 200 A/m²、电积时间为 8 h 的条件下，分别研究阴极液 $Sn^{2+}$ 质量浓度分别为 20 g/L、40 g/L、60 g/L、80 g/L、100 g/L、120 g/L 时，对阴极电流效率及直流电耗的影响，试验结果见图 2-29。所得阴极板表观形貌见图 2-30。

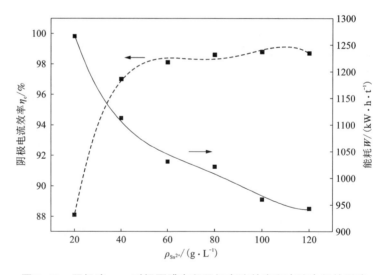

图 2-29 阴极液 $\rho_{Sn^{2+}}$ 对锡隔膜电积阴极电流效率和直流电耗的影响

由图 2-29 可知，随着 $Sn^{2+}$ 浓度的增加，阴极电流效率逐渐升高，直流电耗逐渐降低。阴极液中锡浓度太低(20~40 g/L)时，阴极沉积产物为鳞状、针状晶须，成板效果不佳[见图 2-30(a)、(b)]，因为较低 $Sn^{2+}$ 浓度将导致析氢反应严重，进而降低阴极电流效率，影响阴极锡产物的表观形貌；而随着阴极液中 $Sn^{2+}$ 质量浓度的增大(60~120 g/L)，阴极锡产物成板形貌变好，多为平整光亮，晶须得到有效抑制，且 $Sn^{2+}$ 浓度越高，所得的阴极沉积锡颗粒越细小，此外电流效率和直

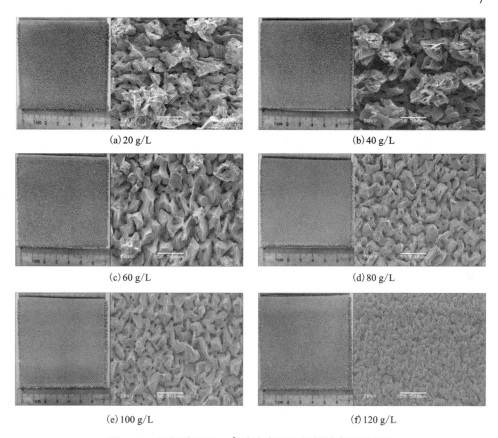

(a) 20 g/L

(b) 40 g/L

(c) 60 g/L

(d) 80 g/L

(e) 100 g/L

(f) 120 g/L

图 2-30　阴极液不同 $Sn^{2+}$ 浓度电沉积锡板的表观形貌图

流电耗均变化不大。考虑到电积过程中 $Sn^{2+}$ 浓度会逐渐降低,故进行隔膜电积锡时,阴极液 $Sn^{2+}$ 质量浓度一般取 80 g/L。

（4）电流密度的影响

在电积温度为 35℃、阴极液 $[H^+]$ 为 3 mol/L、$Sn^{2+}$ 质量浓度为 80 g/L、电积时间为 8 h 的条件下,分别考察电流密度分别为 100 A/m²、150 A/m²、175 A/m²、200 A/m²、250 A/m²、300 A/m² 时,对阴极电流效率及直流电耗的影响,试验结果见图 2-31。所得阴极板表观形貌见图 2-32。

由图 2-31 可知,随着电流密度的增加,阴极电流效率先增后减,而直流电耗则持续升高。电流密度较小（100 A/m²）时,电流效率较低,直流电耗较小,阴极锡沉积状况较好,晶须得到有效抑制[见图 2-32（a）]；随着电流密度的增大,电流效率增大,直流电耗也随之增加；当电流密度超过 200 A/m²,阴极沉积锡表面变粗糙,边缘易长粗大的晶须[见图 2-32（e）、（f）]。因为锡属于电化学反应超电势很小且电极还原速率高的金属,在较大的电流密度下电解时更容易得到粗

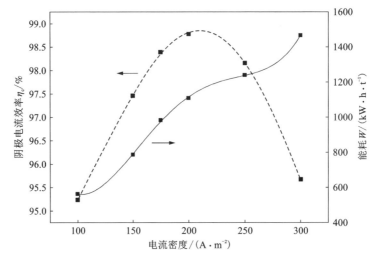

图 2-31    电流密度对锡隔膜电积阴极电流效率和直流电耗的影响

(a) 100 A/m²

(b) 150 A/m²

(c) 175 A/m²

(d) 200 A/m²

(e) 250 A/m²

(f) 300 A/m²

图 2-32    不同电流密度下电沉积锡板的表观形貌图

糙、树枝状或针状的沉积物，与此同时高电流密度会促进析氢反应的进行，降低电流效率，所以电解的电流密度不宜过大。综合考虑，电流密度取 200 A/m²。

3. 综合试验

(1) 隔膜电积锡扩大试验

通过上述单因素试验，得到隔膜电积锡的最佳条件：温度为 35~45℃、阴极液 [H⁺] 为 3 mol/L、Sn²⁺ 质量浓度为 80 g/L、电流密度为 200 A/m²。但该试验结果是在电积时间为 8 h 的条件下得出的，而电积锡工业生产周期远不止 8 h，因此有必要在优化条件下进行电积扩大试验，模拟实际工业生产过程，探究电积过程中各技术参数的变化情况。

隔膜电积锡扩大试验条件为：温度为 35℃、电流密度为 200 A/m²、电积时间为 24 h、取样周期为 4 h，阴阳极液均由分析纯试剂配制。其中阳极液成分为：[H⁺] 为 3.5 mol/L、Sn²⁺ 质量浓度为 100 g/L，总体积为 2.5 L。阴极液成分为：[H⁺] 为 3.5 mol/L、Sn²⁺ 质量浓度为 80 g/L，总体积为 3 L。电积过程中阴极液一直在进行循环，阳极液通过搅拌减少浓差极化。试验结果见表 2-19。

表 2-19　隔膜电积锡 24 h 条件下的各技术参数

| 取样时间 /h | $\rho_{Sn^{2+}}$ /(g·L⁻¹) | $\rho_{Sn^{4+}}$ /(g·L⁻¹) | $\rho_{H^+}$ /(g·L⁻¹) | $\rho_{Sn^{2+}}$ /(g·L⁻¹) | $\rho_{H^+}$ /(g·L⁻¹) | 槽压 /V | 阳极电流效率 /% | 阴极电流效率 /% |
|---|---|---|---|---|---|---|---|---|
| 0 | 100.04 | — | 3.51 | 80.00 | 3.49 | 1.52 | — | |
| 4 | 92.31 | 7.59 | 3.46 | 73.66 | 3.45 | 1.98 | 98.19 | |
| 8 | 84.40 | 15.05 | 3.43 | 67.20 | 3.39 | 2.34 | 94.31 | |
| 12 | 76.49 | 22.50 | 3.36 | 61.33 | 3.35 | 2.45 | 94.18 | 96.66 |
| 16 | 68.14 | 29.99 | 3.39 | 54.88 | 3.39 | 2.49 | 89.70 | |
| 20 | 60.23 | 37.47 | 3.34 | 49.05 | 3.27 | 2.52 | 94.56 | |
| 24 | 52.36 | 44.95 | 3.30 | 42.97 | 3.25 | 2.56 | 95.04 | |

由表 2-19 可知，电积过程中阳极主要发生 Sn²⁺ 被氧化成 Sn⁴⁺，故阳极液 Sn²⁺ 质量浓度从 100.04 g/L 逐渐降低至 52.36 g/L，Sn⁴⁺ 质量浓度则逐渐升高至 44.95 g/L；而阴极主要发生 Sn²⁺ 被还原成金属单质 Sn，故阴极液 Sn²⁺ 质量浓度从 80.00 g/L 持续降低至 42.97 g/L。两极室中 [H⁺] 均稍有所下降，说明存在 HCl 挥发损失或是发生少量的析氢反应。槽压在整个电积过程前 8 h 增长较快，随后增长幅度减缓并趋于稳定，最高槽压不会超过 3 V。平均阳极电流效率为 94.33%，阴极电流效率为 96.66%。所得到的阴极沉积锡板的表观形貌及截面形

貌见图2-33。从图2-33(a)可以看出，阴极锡表观形貌整体比较平整，但表面颗粒较大，平均直径大约为0.5 mm；此外，阴极板边缘存在少量的瘤状物，因此有必要做好阴极板边缘的绝缘包覆。同时图2-33(b)显示所得的锡板厚约为1.5 mm，且明显能够观察到分层现象，说明锡的沉积过程前期生成了一层非常平整的致密层，厚度达到0.5 mm后锡开始呈颗粒生长，并且粒度逐渐增大，究其缘由尚待进一步深入研究。

 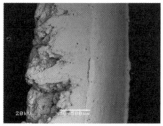

(a) 表观形貌　　　　　　　　　　　　　　(b) 截面形貌

图 2-33　隔膜电积 24 h 条件下阴极锡板的表观形貌及截面形貌

(2)实际电解液电积试验

结合以上试验结果，针对实际电解液进行了两组电积试验，分别以净化后液和浸出液作为电解液。其他试验条件：温度为35℃、电流密度为200 A/m²。电积后技术参数见表2-20，两组试验所得阴极电锡的主要化学成分见表2-21。同时各试验所得阴极锡的表观形貌见图2-34，其XRD对比图见图2-35。

表 2-20　净化液和浸出液作为电解液电积的技术参数

| 技术参数 | 净化液 | 浸出液 |
|---|---|---|
| 电积时间/h | 8 | 5 |
| 阴极电流效率/% | 96.25 | 94.68 |
| 平均槽压/V | 2.14 | 2.35 |

表 2-21　净化液和浸出液作为电解液时所得电锡的主要化学成分(质量分数)　单位：%

| 试验条件 | Sn | Pb | Cu | Fe | Al | Zn | Ti |
|---|---|---|---|---|---|---|---|
| 净化液作电解液 | 99.9 | 0.005 | 0.028 | 0.012 | 0.002 | 0.003 | — |
| 浸出液作电解液 | 99.2 | 0.026 | 0.57 | 0.015 | 0.002 | 0.00 | — |

　　由试验结果可知，采用净化液作电解液电积 8 h 后，阴极电流效率能够达到 96.25%，所得阴极锡的纯度高达 99.9%；而直接采用浸出液作电解液电积 5 h 后，阴极电流效率降至 94.68%，因为浸出液所含的 $Sn^{4+}$ 也将发生还原，同时其中的 $Cu^{2+}$、$Pb^{2+}$ 离子还原电位高于或与 $Sn^{2+}$ 相当，使所得电锡的纯度降至 99.2%，此外，含 $w(Cu)$ 为 0.57%、含 $w(Pb)$ 为 0.026% 等。然而，由图 2-34 可知，与净化液作电解液时相比，浸出液直接电积所得阴极锡的表观形貌明显更加平整致密，原因在于少量 $Pb^{2+}$ 能够有效抑制锡晶须的生成，同时并未改变电锡板以 (220) 面择优取向，但明显增强了 (200) 晶面的生长（见图 2-35）。因此，若对阴极锡板纯度要求不高，可无须进行净化，直接电积出锡合金。

(a) 净化液作电解液

(b) 浸出液作电解液

图 2-34　实际电解液试验所得阴极锡的表观形貌图

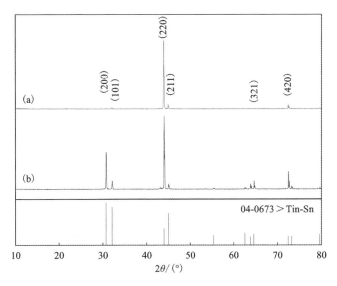

（a）—净化液作电解液；（b）—浸出液作电解液。

图 2-35　实际电解液试验所得阴极锡的 XRD 图

### 2.2.4　小结

(1)隔膜电积锡过程中阳极不会析出 $O_2$ 和 $Cl_2$，而主要发生 $Sn^{2+}$ 被氧化为 $Sn^{4+}$ 的反应；阴极上放电的离子为 $Sn^{2+}$ 离子及少量的 $Cu^{2+}$、$Pb^{2+}$ 等杂质离子。锡的初始还原和析氢随着 HCl 物质的量浓度从 1.5 mol/L 增至 4.5 mol/L 而受到抑制，随着 $Sn^{2+}$ 质量浓度从 20 g/L 增至 80 g/L 而受到促进。此外，电流密度高于 300 $A/m^2$ 时将大幅度促进锡晶须的生成。

(2)自制的非离子表面活性剂能够促进溶液的离子扩散，使扩散系数从 $8.32 \times 10^{-12}$ $m^2/s$ 增至 $2.85 \times 10^{-11}$ $m^2/s$，同时对 $Sn^{2+}$ 离子还原、锡的成核与生长和析氢均有抑制作用，所得电锡板的择优取向由(110)面转变成(220)面。阴离子隔膜对锡的初始电沉积过程并无影响，但在长时间电解过程中能够有效提高电流效率。此外，锡的还原过程是不可逆反应且受扩散步骤控制。在锡的电沉积过程中有析氢平行反应发生，锡的初期电沉积过程遵循三维瞬时成核和颗粒长大机制。

(3)$SnCl_4$ 浸出过程的最佳条件：温度为 40℃、$[H^+]$ 为 4 mol/L、$Sn^{4+}$ 过量系数为 1.3、液固比为 5∶1、浸出时间为 2 h。Sn 的浸出率在 95% 以上。锡粉还原的最佳条件为：锡粉用量为理论量的 1.3 倍、温度为 60℃、反应时间为 60 min。硫化除杂的最佳条件为：硫化钠用量为理论量的 1.3 倍、温度为 30℃、反应时间为 30 min，净化液中几乎不含 $Sn^{4+}$，铜、铅去除率分别为 98.66% 和 87.98%，锡损失率在 3% 以下。隔膜电积过程的最佳条件为：温度为 35~45℃、阴极液 $[H^+]$ 为 3 mol/L、$Sn^{2+}$ 质量浓度为 80 g/L、电流密度为 200 $A/m^2$，槽压约 1.55 V。阴极电流效率 98.5% 以上，锡直流电耗小于 1000 kW·h/t。

(4)在优化的电积条件下进行大规模长时间电积试验，电积 24 h 后平均阳极电流效率为 94.33%，阴极电流效率为 96.66%。所得的阴极锡表观形貌整体比较平整，但表面颗粒较大，平均直径大约为 0.5 mm，厚度约 1.5 mm，且明显能够观察到分层现象。此外，采用净化液作电解液时，阴极电流效率达 96.25%，所得阴极电锡的纯度为 99.9%。而浸出液直接电积时阴极电流效率降至 94.68%，所得电锡的纯度降至 99.2%。然而，与净化液作电解液时相比，浸出液直接电积所得阴极锡的表观形貌明显更加平整致密，同时并未改变电锡板以(220)面择优取向，但明显增强了(200)晶面的生长。因此，若对阴极锡板纯度要求不高，电解液可无须进行净化，直接电积出锡合金。

## 2.3　废线路板元器件脉冲退锡分离-隔膜电积技术回收锡

### 2.3.1　前言

　　近年来，随着电子信息技术的迅猛发展和人们对物质文化生活更高水平的追求，我国电子电器产品更新换代速度明显加快，同时产生大量的电子废弃物。印刷线路板(PCB)是各类电子电器产品的重要组成部分，主要由印刷有电气连接导电图形的绝缘基板与若干元器件通过低温软钎焊方式焊接而成。当电子电器产品废弃后，其中的印刷线路板也随之而废弃，但研究发现，电子电器产品报废后，印刷线路板作为一个整体虽然失去了原有功能，但其上元器件如二极管、三极管、光电器件、电容电阻以及各种集成电路等功能大都良好。从废弃电路板上清洁、高效分离这些元器件，对于废线路板资源的循环利用具有重要意义。原因在于，目前废线路板主要先通过"剪切-破碎"进行预处理，再进行各种分选回收金属及非金属组分等。但实践中发现，若不先将废线路板上的各类元器件分离而直接"剪切-破碎"，不仅无法有效回收各种元器件，而且由于线路板上的焊锡延展性极佳，"剪切-破碎"时极易相互黏附形成大大小小的"锡团"，严重阻碍"剪切-破碎"的顺利进行。因此，目前废线路板资源再生处理中，均须先分离其上的元器件。

　　然而迄今为止，从废线路板上分离元器件所采用的高温烘烤-人工拆解法、强酸直接浸泡法、切割-敲打-铲除法等，均存在环境污染重、效率低、难以大规模推广应用等问题，是目前废弃线路板资源再生领域急需突破的瓶颈。本文提出并研究了一种超声辅助下 $SnCl_4$-HCl 体系元器件分离并清洁回收锡的新工艺。已开展的试验结果表明，所采用的 $SnCl_4$-HCl 退锡剂在超声波辅助下能有效地退除元器件管脚及过孔内的锡，从而实现元器件从废线路板上的快速无损分离；同时采用脉冲隔膜电积技术可以高效地回收退锡液中的锡并再生退锡剂，实现流程的闭路循环，具有流程短、能耗低、无废水排放的优点。本研究主要介绍废弃线路板上元器件分离的条件优化过程，以及隔膜电积回收退锡剂中的锡并再生退锡剂的试验效果，为同行研究提供相关的参考。

### 2.3.2　原料与工艺流程

#### 2.3.2.1　试验原料

　　实验原料为来自于湖南某电子废弃物资源再生企业的废弃电脑主机、电视机等电子产品线路板(见图 2-36)。线路板的基板上安装了电容器、电阻器、集成电路芯片、热敏电阻等部件。将线路板直接破碎得到的成分含量见表 2-22。

图 2-36 实验采用的线路板示例

表 2-22 线路板成分

| 成分 | Cu | Sn | Pb | Al | Zn | Ni | Fe |
|---|---|---|---|---|---|---|---|
| 质量分数/% | 16.92 | 3.69 | 0.94 | 3.38 | 1.02 | 0.29 | 5.73 |
| 成分 | Sb | Au* | Pt* | Ag* | Pd* | 非金属 | |
| 质量分数/% | 0.08 | $632 \times 10^{-6}$ | $18 \times 10^{-6}$ | $1892 \times 10^{-6}$ | $132 \times 10^{-6}$ | $67.68 \times 10^{-6}$ | |

* 为 g/L。

### 2.3.2.2 试验流程

本研究提出的废弃线路板处理工艺的全流程见图 2-37，此次主要对废线路板直接高效预脱锡及隔膜电沉积部分进行研究。

采用单因素试验法研究了退锡温度、酸度、$Sn^{4+}$浓度、超声功率等因素对废线路板上元器件分离效果的影响。为更好地评定线路板焊锡的脱除情况，制定了一个线路板退锡情况标准，见图 2-38。其中，图 2-38(a)为退锡前的线路板照片，定为该焊锡脱除效果 0 级，图 2-38(b)为线路板上少量焊锡脱除的照片(焊锡退除率<20%)，定为该焊锡脱除效果为 1 级，图 2-38(c)为线路板上部分焊锡脱除的照片(焊锡退除率 20%~60%)，焊锡脱除效果定为 2 级，图 2-38(d)为线路板上大部分焊锡脱除的照片(焊锡退除率 60%~90%)，焊锡脱除效果定为

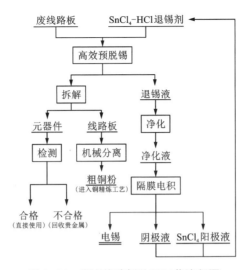

图 2-37　废弃线路板处理工艺流程图

3 级, 图 2-38(e) 为线路板上焊锡全部脱除的照片 (焊锡退除率 100%), 焊锡脱除效果定为 4 级, 图 2-38(f) 为焊锡脱除后, 从线路板上分离得到的元器件。

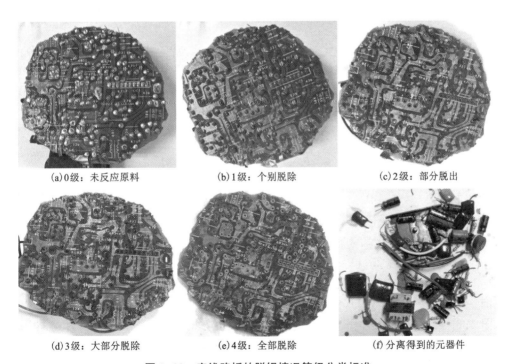

(a) 0 级: 未反应原料　　　(b) 1 级: 个别脱除　　　(c) 2 级: 部分脱出

(d) 3 级: 大部分脱除　　　(e) 4 级: 全部脱除　　　(f) 分离得到的元器件

图 2-38　废线路板的脱锡情况等级分类标准

### 2.3.3 基本原理

#### 2.3.3.1 退锡及元器件分离过程

线路板上的各类元器件通常采用线焊法、载带法、倒装法、梁式引线法等封装技术连接到电路板上，其焊接面在元器件同一层面。目前元器件的安装多数采用插入式，而插入式需要在连通导线交会处钻上一个公共孔，这个孔一般称为过孔。不管是插入式还是贴片式元器件，要达到拆卸的目的，首先要将过孔内的焊锡脱焊，且既要使其中的焊锡脱落干净，又不能损坏元器件，这也是目前元器件分离的难点之一。

本研究采用 $SnCl_4$-HCl 体系加超声辅助分离元器件的主要原理，即在超声波辅助下，以四氯化锡和盐酸溶液为退锡剂，对废弃电路板上元器件管脚及过孔中锡进行选择性浸出，在特定功率的超声波辅助下，能加速过孔中锡的溶解而又不损坏元器件性能。退锡结束后，元器件完全松动，通过振动或拍打等操作轻易地将其从线路板上分离。

退锡过程中，管脚及过孔中锡均可被 $SnCl_4$ 选择性浸出进入浸出液［如式(2-38)所示］。

$$Sn + SnCl_4 \longrightarrow 2SnCl_2 \qquad (2-38)$$

少量进入溶液的 $Cu^{2+}$ 也可在后续逆流循环退锡中被锡置换入渣［如式(2-39)所示］。

$$Cu^{2+} + Sn \longrightarrow Cu + Sn^{2+} \qquad (2-39)$$

#### 2.3.3.2 隔膜电积过程

退锡得到的退锡后液提取锡及再生 $SnCl_4$ 主要通过隔膜电积过程实现，退锡液隔膜电积在阴离子隔膜电积槽中进行。电积时以钛板为阴极，石墨为阳极。

阴极电积主反应为：

$$Sn^{2+} + 2e^- \longrightarrow Sn \qquad (2-40)$$

阳极主反应为：

$$Sn^{2+} - 2e^- \longrightarrow Sn^{4+} \qquad (2-41)$$

#### 2.3.3.3 超声波耦合隔膜电沉积锡电化学行为

1. 线性扫描伏安图测试

在扫描速率为 20 mV/s、HCl 物质的量浓度为 3.5 mol/L、温度为 35℃、阴极 $Sn^{2+}$ 质量浓度为 80 g/L、超声波频率为 40 kHz 的条件下，进行线性扫描伏安图测试，得到超声波功率为 0~100 W 时的阴极极化曲线，结果见图 2-39。由图 2-39 可以发现，超声波对锡的隔膜电沉积有显著影响。超声波功率为 0（即未施加超声）时，随着电位负向扫描，在 0.52 V 左右，还原电流密度开始增加，对应 $Sn^{2+}$ 的还原；电位继续负向扫描，在 -0.58 V 电流密度出现峰值，之后开始下降，这是由于电极表面 $Sn^{2+}$ 的消耗，电极反应开始受扩散控制；当电位扫至 $-0.63$ V 时，还原电流密度急剧升高，这对应了阴极液中氢的还原。在施加超声波时，电位负向扫描至 $-0.58$ V 左右时，电流的下降趋势明显减小，并且随着超声波功率的增加，下降趋势越来越小直至基本消失。

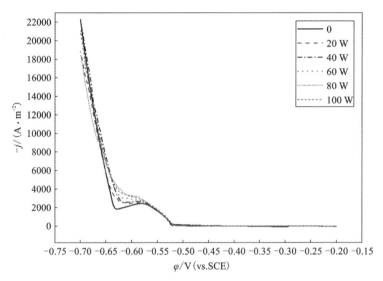

**图 2-39　不同超声波功率下的电积锡阴极极化曲线**

综上论述，超声波的存在使得溶液中 $Sn^{2+}$ 扩散得到促进，控制步骤逐渐由扩散控制转变为扩散和电化学混合控制。$Sn^{2+}$ 的扩散增强，能够增强其争夺电子能力，使得溶液中 $H^+$ 争夺电子的能力减弱，促进了锡的电沉积。

在扫描速率为 20 mV/s、HCl 物质的量浓度为 3.5 mol/L、阴极 $Sn^{2+}$ 质量浓度为 80 g/L、超声波频率为 40 kHz、超声波功率为 100 W 的条件下，进行线性扫描伏安图测试，得到温度为 25℃、35℃、45℃ 和 55℃ 时的阴极极化曲线，结果见图 2-40。由图 2-40 可以看出，温度变化对 $Sn^{2+}$ 离子初始还原电位基本没有影响，均为 $-0.52$ V。但随着温度的升高，还原电流略有上升。在锡沉积过程中，阴极附近的 $Sn^{2+}$ 离子逐渐减少，温度较低时 $Sn^{2+}$ 扩散速度较慢，$Sn^{2+}$ 离子无法及时补充至阴极附近，导致电流上升缓慢并出现阴极析出峰。随着温度升高，溶液中 $Sn^{2+}$ 离子转移加快，及时补充阴极附近损失的 $Sn^{2+}$ 离子，$H^+$ 失去争夺能力，曲线电流逐渐上升，反应加快。控制步骤逐步由扩散控制转变为扩散及电化学混合控制。

在扫描速率为 20 mV/s、温度为 35℃，阴极 $Sn^{2+}$ 质量浓度为 80 g/L，HCl 物质的量浓度分别为 1.5 mol/L、2.5 mol/L、3.5 mol/L、4.5 mol/L、5.5 mol/L 的条件

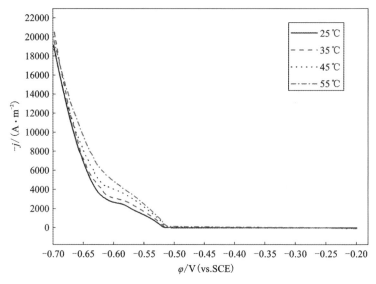

图 2-40　不同温度下的超声波电积锡阴极极化曲线

下，有无施加超声波的阴极极化曲线见图 2-41，超声波频率为 40 kHz，超声功率为 100 W。

从图 2-41 可以看出，无论是否有超声波耦合，阴极锡沉积还原电位基本相同，说明超声波对锡析出电位无明显影响。然而随着酸度的增加锡初始还原电位及析氢电位发生明显变化。当酸度为 1.5 mol/L、2.5 mol/L、3.5 mol/L、4.5 mol/L、5.5 mol/L 时，初始还原电位分别为 −0.48 V、−0.52 V、−0.53 V、−0.55 V 及 −0.58 V，这表明酸度增加不利于锡的电沉积发生，溶液中的锡能与氯形成多种配合物（$SnCl^+$、$SnCl_2$、$SnCl_3^-$、$SnCl_4^{2-}$），[$H^+$]的升高使带负电荷的锡−氯配合物物种增多，考虑到静电作用的影响，阴极液中 $Sn^{2+}$ 离子总体扩散速率将降低。但酸度过低电积过程中锡会发生水解反应，故较为理想的酸度为 2.5～4.5 mol/L。对比图 2-41（a）、图 2-41（b）可以看出，低酸度（1.5 mol/L）时有无超声波时的阴极极化曲线形状基本相同，超声波对锡电积成核无明显影响。当酸度较高（2.5～5.5 mol/L）时，未超声波耦合曲线随电位负移，还原电流先有明显下降再上升。随着酸度增加超声波对锡成核促进效果明显，这可能是由于随着酸度增加 $H^+$ 争夺电子能力逐渐增强，锡成核受到了抑制，超声波促进了离子间的交流使得 $H^+$ 及 $Sn^{2+}$ 在阴极附近的浓度均保持稳定，对 $H^+$ 的放电起到一定的抑制作用。

2. 循环伏安图测试

在温度为 35℃、HCl 物质的量浓度为 3.5 mol/L、阴极 $Sn^{2+}$ 质量浓度为 80 g/L、

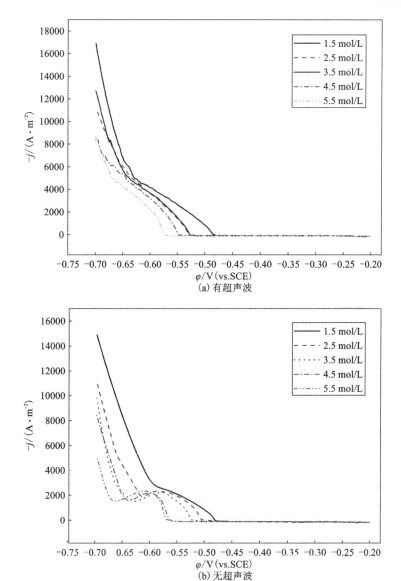

图 2-41　不同酸度下的电积锡阴极极化曲线

超声波频率为 40 kHz、功率 100 W 的条件下，分别用扫描速率 5~50 mV/s 进行循环伏安图测试，测试结果见图 2-42。

从图 2-42 可以看出，扫描速率越大，$Sn^{2+}$ 的还原峰值电位的模数有所增加，从 -587 mV（扫描速率 5 mV/s）变化至 -645 mV（扫描速率 5 mV/s）。对可逆电极反应有：还原峰值电位不随扫速而变化。同时，对分步完成电荷转移的电极反应有：阴阳极峰值电位差理论值 $2.303RT/nF$，而对该反应而言远远大于理论值

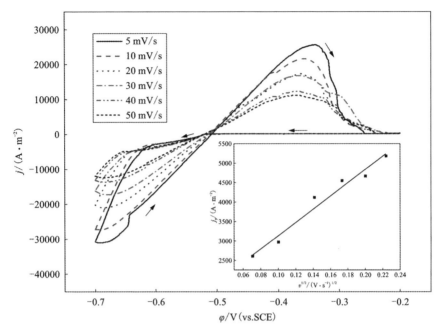

（注：内插图为还原峰值电流与扫描速率平方根的关系图）

**图 2-42　不同扫描速率下的循环伏安图**

（31 mV）。因此，$Sn^{2+}$ 的还原反应为不可逆反应，并一步即完成双电子转移。

对于一个不可逆电极反应，峰值电位差值与控制整个反应的转移电子数目有关。

对峰值电流密度-扫描速率的平方根作图，可以拟合成系数为 0.959 的直线，如图 2-42 的内插图所示，这表明锡的还原过程受扩散控制。同时，可能由于扩散过程受晶粒成核与生长的影响，该曲线没有经过原点。拟合直线斜率与扩散系数有关，求得 $Sn^{2+}$ 的扩散系数为 $3.519×10^{-9}$ $m^2/s$。雷杰做出了相同条件无超声波耦合情况下的还原峰值电流密度与扫描速率平方根的关系图，根据该关系图用同种方法可计算得到 $Sn^{2+}$ 的扩散系数为 $1.345×10^{-9}$ $m^2/s$。因此，超声波的耦合能够促进 $Sn^{2+}$ 的扩散。

3. 计时电位测试

在温度为 35℃、阴极液 HCl 物质的量浓度为 3.5 mol/L、$Sn^{2+}$ 质量浓度为 80 g/L、电流密度为 100~1000 A/m²、有无超声波的条件下进行计时电位测试，研究 $Sn^{2+}$ 的还原在不同电流密度下随时间的变化，以及超声波的施加对其的影响，得到的计时电位曲线见图 2-43。

由图 2-43 可以看出，在电流密度较低（<300 A/m²）时，有超声波耦合曲线和无超声波耦合曲线走势规律相似：随着电极反应开始，前 5 s 电位缓慢上升至稳

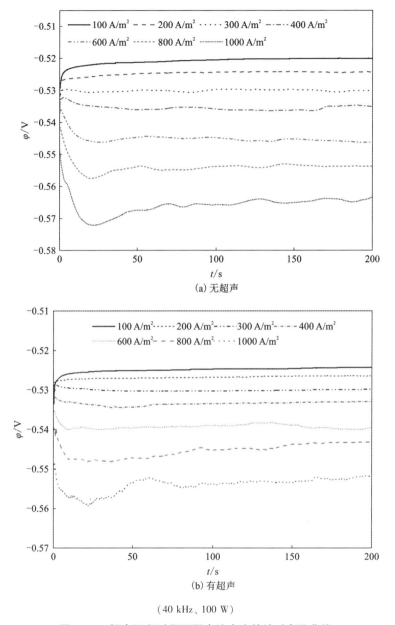

(40 kHz、100 W)

**图 2-43  锡电沉积过程不同电流密度的计时电位曲线**

定值, 之后达到动态平衡, 不随时间变化。当电流密度为 400 A/m² 时, 有超声波
较无超声波时电势更加平稳, 由此可知当电流密度不太高时, 超声波能促进锡电
积的稳定进行, 同时具有细化晶粒的作用, 因为超声波的振动作用能够分散阴极
成核过程形成的较大晶核, 而较小的晶核则继续生长, 从而形成致密锡板。但是

当电流密度较大（>400 A/m²）时，电势趋势与无超声波条件下呈现相似规律，即超声波耦合对其规律影响不大：随着 $Sn^{2+}$ 的还原开始电位急剧下降，这显然是由于阴极表面 $Sn^{2+}$ 消耗过快造成的，浓差极化较大。同时，氢离子放电开始具有竞争力，氢气的形成搅动阴极表面扩散层，促进了锡晶须的生长，阴极实际表面积增加，电流密度降低，电势略有回升并达到一个稳定值。此外，对比发现有超声波耦合的电位-时间曲线稳定后电位均小于相同电流密度下无超声波耦合计时电位曲线稳定电位，这说明无超声波耦合时开始还原沉积锡所需电势大于有超声波耦合时，即有超声波耦合有利于降低槽电压、起到节能的作用。

**4. 计时电流测试**

雷杰研究了无超声波耦合条件下隔膜电积锡的成核机理，发现锡在该体系下成核长大遵循的是三维半球形成核（瞬时成核）模型。本研究在温度为 35℃、阴极液 HCl 物质的量浓度为 3.5 mol/L、$Sn^{2+}$ 质量浓度为 80 g/L 的条件下耦合 40 kHz、100 W 的超声波，进行计时电流测试，得到电流密度-时间曲线，研究超声耦合条件下锡电沉积初期的成核和生长机制。

当阶跃电位为 -0.52 ~ -0.59 V 时，锡在阴极上电沉积的电流密度-时间曲线见图 2-44。随着电路接通，在 $t=0$ 附近电流急剧减小，对应了电极-电解液界面的双电层充电。随后电流密度开始上升，$Sn^{2+}$ 开始还原，经过时间 $t_m$ 电流密度升高到最大值 $j_m$，而且阶跃电位越负，电流上升至最大值 $j_m$ 所需的时间 $t_m$ 越短。而后还原电流密度略有下降并进一步出现平稳曲线，此时阴极电极表面 $Sn^{2+}$ 随电极反应的消耗与超声波作用下的 $Sn^{2+}$ 穿透扩散层的扩散速度相当。锡电沉积过程受

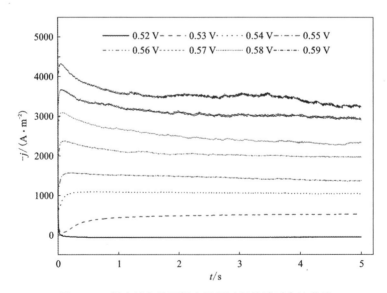

**图 2-44 超声波条件下锡电沉积过程的计时电流曲线**

扩散控制，并遵循典型的三维半球型成核和晶粒长大机制。

Scharifker 等提出了一种理论模型，建立了瞬时成核［式（2-29）］和连续成核
［式（2-30）］无量纲电流密度-时间关系式。

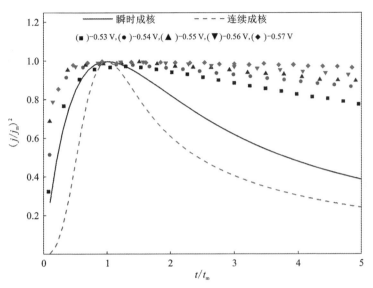

图 2-45　实验与理论无因次 $(j/j_m)^2$-$(t/t_m)$ 曲线

将计时电流测试得到的电流密度随时间变化的实验数据进行无量纲处理，得
到理论模型 $(j/j_m)^2$ 与 $(t/t_m)$ 的关系曲线（见图 2-45），并进行比对确定锡电沉积
的成核类型。由图 2-45 可以看出，当 $t/t_m < 1$ 时，锡电沉积符合瞬时成核模型；
但当 $t/t_m \geqslant 1$ 时，实验数据偏离 Scharifker 的理论模型较大，说明锡成核过程不能
完全用理论模型解释，实验结果更接近于瞬时成核。同时可以看到，阶跃电位对
$(j/j_m)^2$-$(t/t_m)$ 曲线有一定影响，-0.53 V 时曲线更趋近于理论瞬时成核曲线，阶
跃电位越负，析氢越容易进行，因此分析可能是因为析氢反应的存在导致试验数
据与理论不吻合，同时由于超声波的存在使得控制步骤偏向于扩散及电化学共同
控制。

### 2.3.3.4　锡隔膜电积过程计算机仿真

市场上有很多可用的商业仿真模拟软件，如 Fluent、Openfoam、Elsyca、Cell
Design 及 COMSOL Multiphysics©等。这些软件都可以实现建立复杂的几何模型和
进行复杂的仿真模拟计算。但 COMSOL 可以将电沉积及流体流动等多个物理场
结合到同一个模型中，还可以建立三维模型，并把计算结果以三维图像或动画的
形式表示出来。新版本 COMSOL Multiphysics© 5.3 的能斯特-普朗克接口中，新

增了离子交换边界条件的建立,这使得本研究中隔膜电沉积模型的建立更简洁、方便。因此本研究采用 COMSOL Multiphysics© 5.3 对锡的电沉积过程进行仿真计算。

在本研究中,完成了锡的隔膜电沉积过程的建模、仿真和验证,以了解有阴离子交换膜的电解槽中离子传质和流场、电场分布。主要利用电负性和计算流体动力学,对该过程进行了数值模拟。整个过程中用到了 COMSOL Multiphysics© 商业软件的电沉积模块及计算流体动力学模块(Computational Fluid Dynamics, CFD)。

1. 模型描述

(1)几何模型建立

几何模型在三维坐标系中建立。电解槽的尺寸为 0.012 m×0.09 m×0.064 m,阳极尺寸为 0.065 m×0.0515 m×0.004 m,阴极尺寸为 0.070 m×0.054 m× 0.001 m,极距为 0.06 m。阴阳极只有正面发生化学反应。阴离子交换膜将电解槽平均分成阴极槽、阳极槽两部分,隔膜实际厚度为 0.0004 m,为了画出优质网格,提高计算的准确性,几何模型中将模型厚度设置为 0.0012 m。阴极槽、阳极槽分别设有进液管、出液管,进液管及出液管半径为 0.003 m,长度为 0.002 m,进出液管外端设置为进出液口。隔膜电积槽 COMSOL 模型见图 2-46。

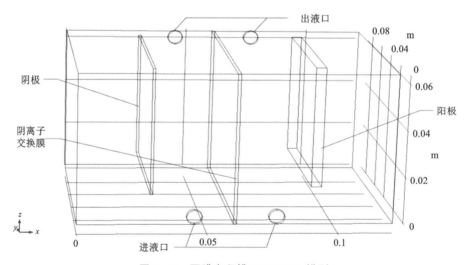

图 2-46  隔膜电积槽 COMSOL 模型

(2)控制方程描述

为了研究锡的隔膜电沉积过程,用三次能斯特-普朗克电流分布接口来求解电解液电势($\Phi_l$)、电流密度分布($i_l$)和各种离子的浓度($c_i$)等参数。该过程涉及到一系列控制方程的使用及求解。在电解液中,物质传输的控制方程为能斯特-普朗克方程:

$$N_i = -D_i \nabla c_i - z_i u_i F c_i \nabla \Phi_1 + c_i v \tag{2-42}$$

其中，$N_i$，$z_i$，$u_i$，$c_i$，$D_i$ 分别为物种 $i$ 的通量密度、核电荷数、迁移率、离子浓度、扩散系数；$F$ 为法拉第常数；$-\nabla \Phi_1$ 为电场强度；$\nabla c_i$ 为浓度梯度；$v$ 为速度向量。

假定电解槽中发生的是非齐次反应，因此物质平衡由以下方程控制：

$$\frac{\partial c_i}{\partial t} + \nabla \cdot N_i = 0 \tag{2-43}$$

电解液中，电流密度由以下方程控制：

$$i_1 = -F^2 \nabla \Phi_1 \sum_i z_i^2 u_i c_i - F \sum_i z_i D_i \nabla c_i + F v \sum_i z_i c_i \tag{2-44}$$

其中，$i_1$ 为电解液中的电流密度；其他参数与之前定义相同。

基于溶液电中性原则，上式中最后一项为 0（$\sum z_i c_i = 0$）。因此，

$$i_1 = -F^2 \nabla \Phi_1 \sum_i z_i^2 u_i c_i - F \sum_i z_i D_i \nabla c_i \tag{2-45}$$

在电极上，电流密度遵循欧姆定律：

$$i_s = -\sigma_s \nabla \Phi_s \tag{2-46}$$

其中，$i_s$ 为电极表面电流密度；$\sigma_s$ 为电极的电导率；$\Phi_s$ 为电场强度。

由于电极的电阻相对电解质而言很小，因此假设阴、阳极电阻为 0。为了简化计算，每个电极的正面发生电极反应，其他面绝缘。

在电解质和电极中电流一致的前提下，有如下关系：

$$\nabla \cdot i_k = Q_k \tag{2-47}$$

其中，$k$ 为符号，为 l 时代表电解液，为 s 时代表电极 s；$Q_k$ 为一般电流源项，在该模型中其值为 0。

因此，方程（2-47）变成：

$$\nabla \cdot i_k = 0 \tag{2-48}$$

在电极-电解质界面，过电势 $\eta$ 定义为：

$$\eta = \Phi_{S, ext} - \Phi_1 - \varphi_{eq} \tag{2-49}$$

其中，$\Phi_{S, ext}$ 为电极的外部电势；$\Phi_1$ 为电极附近电解液的电势；$\varphi_{eq}$ 为平衡电极电位。

假设电极的电位是恒定的，界面电解液的变化会引起过电位的变化。

电极-电解液界面的局部过电势决定了局部电流密度，遵循浓度相关的巴特勒-福尔摩方程：

$$i_{loc} = i_0 \left[ \frac{C_{R, S}}{C_{R, B}} \exp\left(\frac{z\alpha_a F}{RT}\eta\right) - \frac{C_{O, S}}{C_{O, B}} \exp\left(\frac{-z\alpha_c F}{RT}\eta\right) \right] \tag{2-50}$$

其中，$i_{loc}$ 为界面局部电流密度（即交换电流密度）；$i_0$ 为平衡交换电流密度；$C_{R, S}$ 为电极表面还原态离子浓度；$C_{R, B}$ 为本体还原态离子浓度；$C_{O, S}$ 为电极表面氧化

态离子浓度；$C_{O, B}$ 为本体氧化态离子浓度；$\alpha_a$ 为阳极对称系数；$\alpha_c$ 为阴极对称系数；$z$ 为速率限制步骤中传输电子的数量（典型为 1）；$F$ 为法拉第常数；$R$ 为气体常数；$T$ 为绝对温度；$\eta$ 为过电势。

参数（平衡交换电流密度、阴阳极对称系数及温度等）将在下节中详尽给出。

因为阴极产物锡为固态，对阴极而言 $\dfrac{C_{R, S}}{C_{R, B}}$ 的值为 1，阴极 $\dfrac{C_{O, S}}{C_{O, B}}$ 表达式为 $\dfrac{C_{Sn^{2+}}}{C_{初始Sn^{2+}}}$；阳极 $\dfrac{C_{R, S}}{C_{R, B}}$ 表达式为 $\dfrac{C_{Sn^{2+}}}{C_{初始Sn^{2+}}}$，$\dfrac{C_{O, S}}{C_{O, B}}$ 表达式为 $\dfrac{C_{Sn^{4+}}}{C_{初始Sn^{4+}}}$。其中，$C_{Sn^{2+}}$、$C_{Sn^{4+}}$ 分别为随时间变化的电极界面局部 $Sn^{2+}$、$Sn^{4+}$ 离子浓度，$C_{初始Sn^{2+}}$、$C_{初始Sn^{4+}}$ 分别为初始 $Sn^{2+}$、$Sn^{4+}$ 离子浓度，认为与本体浓度相同。

除了在电极与电解液中，电流也在电极-电解液的界面上存在。在该模型中，电流在电极-电解液界面上以电化学反应的形式流动（法拉第电流）。因此，电极附近电解液的电流密度与巴特勒-福尔摩局部电流密度有如下关系：

$$i_1 \cdot n = i_{loc} \tag{2-51}$$

其中，$i_1$ 为电极附近电解液的电流密度；$n$ 为电极表面单位法向量；$i_{loc}$ 为局部电流密度。

三次电流分布模型中设置阴极平均电流密度作为边界条件，又因为电流平衡（阳极流出电流等于阴极流入电流），电极附近电流密度满足如下积分方程：

$$\int_{\text{anode surface}} i_1 \cdot n \, \mathrm{d}S = \int_{\text{cathode surface}} i_1 \cdot n \, \mathrm{d}S = i_{average} \int_{\text{cathode surface}} \mathrm{d}S \tag{2-52}$$

其中，$i_1$ 为电极附近电解液电流密度；$n$ 为电极表面单位法向量；$i_{average}$ 为应用阴极平均电流密度。

阴离子交换膜区域，用二次能斯特-普朗克电流分布接口来求解膜电势（$\Phi_1$）。认为阴离子交换膜中电荷载体的浓度是恒定的，且可以进入电解液中自由移动。为了在离子交换膜和电解液的边界上保持电化学电势的连续性，如果两个区域的离子浓度不同，可能会出现电解质电势的不连续。离子膜边界由唐南平衡来描述，界面上的唐南电位偏移根据界面两侧载体离子的浓度自动计算：

$$\Delta\Phi = \Phi_1 - \Phi_m = \frac{RT}{z_1 F}\ln\left(\frac{c_1}{c_m}\right) \tag{2-53}$$

其中，$\Delta\Phi$ 为唐南电势；$\Phi_1$ 为隔膜-电解液界面处电解液电势；$\Phi_m$ 为隔膜-电解液界面处隔膜电势；$z_1$ 为电荷载体带电荷数，该模型载体为 $Cl^-$，核电荷数为 $-1$；$F$ 为法拉第常数；$R$ 为气体常数；$T$ 为绝对温度；$c_1$ 为隔膜-电解液界面处电解液中电荷载体的浓度，该模型为 $Cl^-$ 浓度 $c_{Cl}$；$c_m$ 为隔膜-电解液界面处隔膜中电荷载体的浓度。

电流密度 $i_1$ 和 $i_m$ 在边界两侧的正方向 $n$ 上是相等的，因此电流密度在界面上

是连续的:

$$n \cdot i_1 = n \cdot i_m \tag{2-54}$$

电荷载体离子($Cl^-$)的质量通量符合法拉第定律:

$$n \cdot N_1 = \frac{n \cdot i_1}{z_1 F} \tag{2-55}$$

对其他粒子而言,离子交换膜不允许通过,界面上质量通量为 0。

对阴离子交换膜而言,电势分布符合欧姆定律:

$$i_m = - \sigma_m \cdot \nabla \Phi_1 \tag{2-56}$$

在该模型中,电解液中电流密度 $i_1$、电解质电位 $\Phi_1$ 由方程(2-45)、方程(2-48)控制,电极-电解液界面上电解质电流密度 $i_1$、电解质电位 $\Phi_1$ 由方程(2-49)~方程(2-60)控制,电极上电势 $\Phi_s$、电流密度 $i_s$ 由方程(2-46)、方程(2-48)控制,电极-电解液界面上遵循方程(2-50)。巴特勒-福尔摩方程通过过电势 $\eta$ 与局部电流密度 $i_{loc}$ 将界面上的电极和电解液参数建立联系。离子浓度 $c_i$ 可以通过方程(2-43)求解。阴离子膜及膜-液界面由方程(2-53)~方程(2-56)控制。方程(2-42)中的速度变量 $v$ 将电流分布和流场结合在一起。也就是说给出一定的参数(如离子扩散系数 $D_i$、迁移率 $u_i$、膜电导率 $\sigma_m$ 等)及边界条件(如平均电流密度 $i_{average}$),运用方程(2-42)~方程(2-56),可以求解出电流分布,各个离子的浓度等。

该研究选择层流接口建立流体力学模型,与电流分布模型相耦合。选择层流模型而不考虑湍流是因为进液管及电解槽的规模较小,且强制对流及自然对流速度也比较小。因此,在管道中流动的雷诺数(流速 0.0980 m/s 的雷诺数约为 588)和在电解槽(最大流速时雷诺数为 172.8)的雷诺数很小(≪2000)。在仿真计算中,流场和电流分布在 100 s 后几乎可以达到稳定状态,该模型计算到 1000 s,并认为该时刻为准稳态。

由于电解过程中的 Sn 离子浓度、$Cl^-$、$[H^+]$ 的变化会引起密度的变化,这种密度差会产生自然对流。这种对流由以下连续动量方程控制:

$$\frac{\partial \rho}{\partial t} + \nabla \cdot (\rho v) = 0 \tag{2-57}$$

$$\rho \frac{\partial v}{\partial t} + \rho v \cdot \nabla v = - \nabla p + \nabla \cdot \left[ \mu [\nabla v + (\nabla v)^{\mathrm{T}}] - \frac{2}{3} \mu (\nabla \cdot v) I \right] + F \tag{2-58}$$

其中,$\rho$ 为流体密度;$v$ 为流体速度向量;$p$ 为压力;$\mu$ 为动力黏度;$I$ 为特性张量;$F$ 为作用于流体的力矢量(单位体积)。

流体力学模型与电流分布模型相耦合可以求解出在流场存在条件下,电流分布、各个离子的浓度等。

（3）边界条件建立

该模型中，电极反应为：

阳极反应：

$$Sn^{2+}_{(aq)} + 2e^- \longrightarrow Sn(s) \qquad (2-59)$$

$$\varphi_a = 0.15 + RT/nF\ln(c_{Sn^{2+}}/c_{ref}) \qquad (2-60)$$

阴极反应：

$$Sn^{2+}_{(aq)} \longrightarrow Sn^{4+}_{(aq)} + 2e^- \qquad (2-61)$$

$$\varphi_c = -0.1375 + RT/nF\ln(c_{Sn^{4+}}/c_{Sn^{2+}}) \qquad (2-62)$$

根据巴特勒-福尔摩方程：

$$i_c = nFK_cC_0\exp\left(-\frac{\alpha_c nF\Delta\varphi}{RT}\right) \qquad (2-63)$$

$$i_a = nFK_aC_R\exp\left(\frac{\alpha_a nF\Delta\varphi}{RT}\right) \qquad (2-64)$$

在平衡电位，阳极反应、阴极反应速度相等，即 $\Delta\varphi=0$、$i_a=i_c$，此时的阴阳极反应电流密度即交换电流密度 $i_0$。

$$i_0 = nFK_cC_0 = nFK_aC_R \qquad (2-65)$$

当极化较大时，发生阳极极化的还原反应电流密度可以忽略，阴极极化的氧化反应电流密度可以忽略。

阳极极化：

$$i = i_a = i_0\exp\left(\frac{\alpha_a nF\Delta\varphi}{RT}\right) \qquad (2-66)$$

取对数：

$$\varphi - \varphi_{平} = \frac{2.303RT}{\alpha_a nF}\lg i_a - \frac{2.303RT}{\alpha_a nF}\lg i_0 \qquad (2-67)$$

阴极极化：

$$i = i_c = i_0\exp\left(-\frac{\alpha_c nF\Delta\varphi}{RT}\right) \qquad (2-68)$$

取对数：

$$\varphi - \varphi_{平} = \frac{2.303RT}{\alpha_c nF}\lg i_c - \frac{2.303RT}{\alpha_c nF}\lg i_0 \qquad (2-69)$$

由式（2-67）、式（2-69）可得电荷转移系数为：

$$\alpha_c = -\left(\frac{2.303RT}{nF}\right)\left[\frac{\partial\lg(|i_c|)}{\partial\varphi}\right] \qquad (2-70)$$

$$\alpha_a = \left(\frac{2.303RT}{nF}\right)\left[\frac{\partial\lg(|i_a|)}{\partial\varphi}\right] \qquad (2-71)$$

可知，电极反应交换电流密度，电荷转移系数均可以通过塔菲尔曲线得到。阴阳极塔菲尔曲线通过实验测得，见图 2-47。由塔菲尔曲线得到阴极交换电流密度 $i_{0c}$ = 0. 456 A/m$^2$，$\alpha_c$ = 0. 201，$\alpha_a$ = 1. 076；阳极交换电流密度 $i_{0a}$ = 0. 193 A/m$^2$，$\alpha_c$ = 0. 729，$\alpha_a$ = 0. 303。

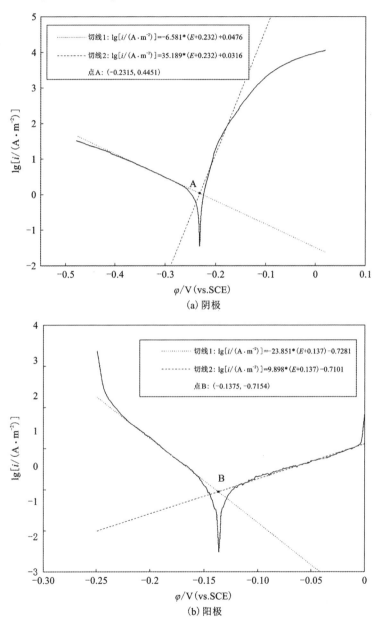

（a）阴极

（b）阳极

（注：温度为 35℃、阴极液 HCl 物质的量浓度为 3.5 mol/L、Sn$^{2+}$ 质量浓度为 80 g/L）。

**图 2-47　塔菲尔曲线**

除了阴阳极电极表面两个面之外的其他面，设置为绝缘：

$$- n \cdot i = 0 \qquad (2-72)$$

其中，$n$ 为面上的单位法向量；$I$ 为电流密度。

除了两个电极面、入口面和出口面之外的其他面，设定边界条件为没有通量：

$$- n \cdot N_i = 0 \qquad (2-73)$$

其中，$n$ 为面上的单位法向量；$N_i$ 为物种 $i$ 的通量密度。

溶液的电导率由以下方程计算：

$$\sigma = F^2 \sum_{i=1}^{n} z_i^2 u_i c_i \qquad (2-74)$$

其中，$\sigma$ 为溶液电导率；$F$ 为法拉第常数；$z_i$，$u_i$，$c_i$ 分别为物种 $i$ 带电荷数、迁移率、浓度。

$Sn^{2+}$ 扩散系数 2.3.3.3 节计算给出 $D_{Sn} = 1.3 \times 10^{-9}$ $m^2/s$。$Cl^-$、$H^+$ 扩散系数分别为 $D_{Cl} = 2.8 \times 10^{-9}$ $m^2/s$、$D_H = 7.79 \times 10^{-9}$ $m^2/s$。

迁移率由以下关系式计算得到：

$$u_i = \frac{D_i}{RT} \qquad (2-75)$$

其中，$u_i$、$D_i$ 分别为物种 $i$ 的迁移率与扩散系数；$R$ 为气体常数；$T$ 为绝对温度。

电解质密度通过实验测定，用 Matlab 对得到的实验数据进行拟合，拟合图见图 2-48，得到了以下拟合方程式（拟合系数为 0.9998）：

$$\rho = 994.9314 + 1.1967 c_{Sn} + 0.4533 c_{HCl} \qquad (2-76)$$

其中，$\rho$ 为流体密度，$kg/m^3$；$c_{Sn}$ 为 Sn 离子（$Sn^{2+}$、$Sn^{4+}$）浓度，$g/L$；$c_{HCl}$ 为 HCl 浓度，$g/L$。

流体的体积力是由密度[式(2-76)]与重力常数决定的，只作用于 $z$ 方向：

$$F_z = - \rho g = - g(994.9314 + 1.1967 c_{Sn} + 0.4533 c_{HCl}) \qquad (2-77)$$

其中，$F_z$ 为 $z$ 方向的体积力；$\rho$ 为流体密度；$g$ 为重力常数。

电解质的动力黏度通过实验测定，用 Matlab 对得到的实验数据进行拟合，拟合图见图 2-49，得到了以下拟合方程式（拟合系数为 0.9972）：

$$\mu = 0.776146 + 0.000720068 c_{Sn} + 0.00152318 c_{HCl} \qquad (2-78)$$

其中，$\mu$ 为动力黏度，$10^{-3}$ $Pa/s$；$c_{Sn}$ 为 Sn 离子（$Sn^{2+}$、$Sn^{4+}$）浓度，$g/L$；$c_{HCl}$ 为 HCl 浓度，$g/L$。

由于电解槽上部没有墙，电解液上部的面设置边界条件为滑动墙：

$$v \cdot n = 0 \qquad (2-79)$$

$$\mu [\nabla v + (\nabla v)^T] n - \{\mu [\nabla v + (\nabla v)^T] n \cdot n\} n = 0 \qquad (2-80)$$

其他面设置边界条件为无滑动墙：

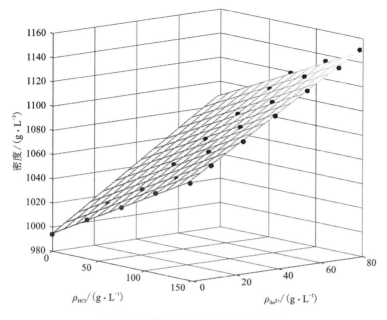

图 2-48　电解质密度 Matlab 拟合图

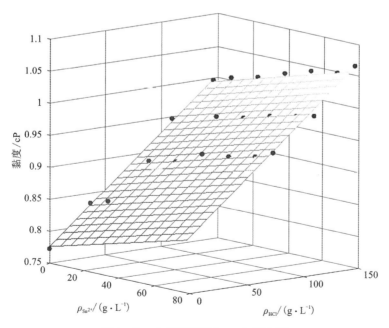

图 2-49　电解质黏度 Matlab 拟合图

$$v = 0 \tag{2-81}$$

其中，$v$ 为流体速度向量；$n$ 为顶部面上的单位法向量；$\mu$ 为动力黏度。

入口面设置边界条件为设计好的入口速度（见表 2-23），流入电解液设置各个离子的初始浓度值。出口面边界条件设置为压力不变。

$$\left\{ M\left[ \nabla v + (\nabla v)^{\mathrm{T}} \right] - \frac{2}{3}\mu(\nabla \cdot v)I \right\} n = 0 \tag{2-82}$$

$$p = p_{\mathrm{o}} \tag{2-83}$$

其中，$\mu$ 为动力黏度；$v$ 为流体速度向量；$n$ 为顶部面上的单位法向量；$p_{\mathrm{o}}$ 为出口处压力。

在四种不同的边界条件下模拟电沉积过程，研究进口速度、电流密度、电解液 $Sn^{2+}$ 浓度和盐酸浓度等条件对沉积锡过程电化学行为的影响。表 2-23 显示了设置的四个边界条件，模型的主要参数见表 2-24，包括电沉积、流场，以及阴离子交换膜的主要参数。

表 2-23　仿真边界条件

| 入口速度/($\mathrm{m \cdot s^{-1}}$) | 电流密度/($\mathrm{A \cdot m^{-2}}$) | 酸度/($\mathrm{mol \cdot L^{-1}}$) |
|---|---|---|
| 0.0196 | 200 | 3.5 |
| 0.0196 | 300 | 3.5 |
| 0.0980 | 200 | 3.5 |
| 0.0196 | 200 | 1.5 |

表 2-24　模型的主要参数

| 参数符号 | 数值 | 含义 |
|---|---|---|
| $T$ | 308.15 K | 温度 |
| $i_{0c}$ | 0.456 A/m$^2$ | 阴极反应交换电流密度 |
| $\alpha_{\mathrm{c}}$ | 0.201 | 阴极反应阴极传递系数 |
| $\alpha_{\mathrm{a}}$ | 1.076 | 阴极反应阳极传递系数 |
| $i_{0a}$ | 0.193 A/m$^2$ | 阳极反应交换电流密度 |
| $\alpha_{\mathrm{c}}$ | 0.729 | 阳极反应阴极传递系数 |
| $\alpha_{\mathrm{a}}$ | 0.303 | 阳极反应阳极传递系数 |
| $i_{\mathrm{average}}$ | 200 A/m$^2$/300 A/m$^2$ | 平均阴极电流密度 |

续表2-24

| 参数符号 | 数值 | 含义 |
|---|---|---|
| $c_{Sn^{2+}}$ | 80 g/L | 初始 $Sn^{2+}$ 浓度 |
| $c_{H^+}$ | 3.5 mol/L | 初始 [$H^+$] |
| $D_{Sn}$ | $1.3×10^{-9}$ $m^2/s$ | Sn 离子扩散系数 |
| $D_{Cl}$ | $2.8×10^{-9}$ $m^2/s$ | $Cl^+$ 离子扩散系数 |
| $D_H$ | $7.79×10^{-9}$ $m^2/s$ | $H^-$ 离子扩散系数 |
| $v_{inlet}$ | 0.0098 m/s/0.0196 m/s/0.0980 m/s | 入口流速 |
| $\sigma_m$ | 0.4 S/m | 离子膜电导率 |
| $c_{Cl_m^-}$ | 2 mol/L | 离子膜载体 $Cl^-$ 浓度 |

(4)网格划分

该模型被离散化成四面体网格元素。最大网格尺寸为 0.00766 m×0.00766 m，最小网格尺寸为 0.00233 m×0.00233 m，最大网格增长速率为 1.2。由于该电沉积模型中阴极板、阳极板及阴离子交换膜附近区域作为重点研究区域，需更精细的网格结构划分。在这四个面上分别设置四个边界层结构，边界层拉伸系数为 1.2(下一层厚度为前一层的 1.2 倍)，第一层厚度为 0.0012 m。这些较为精细的边界层网格被集成到四面体网格元中。网格划分见图 2-50。阳极、阴极和隔膜表面边界层网格见图 2-51。

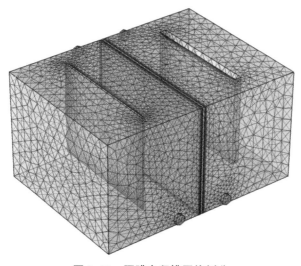

图 2-50　隔膜电积槽网格划分

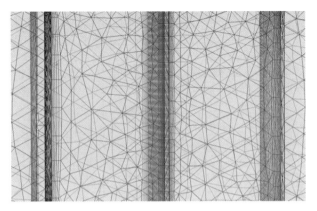

图 2-51　隔膜电积槽阳极、阴极和隔膜表面边界层网格

几何边界被离散成三角形元素,在模型中所有的边界网格中,最大网格尺寸为 0.0052 m,最小网格尺寸为 0.00155 m,最大网格增长速率为 1.15。几何图形中的边和顶点分别被离散化到边缘元素和顶点元素。

网格的性质决定了计算的收敛性、准确性。因此,划分网格时力求在保证计算结果较为准确的条件下,同时控制计算量。这种网格划分形式是在不断进行网格划分与模拟计算调试中得到的。

2. 结果与讨论

在 COMSOL 模型中模拟了锡隔膜电沉积过程,经过后处理以线图、二维图和三维图的形式得到了相应的结果并进行分析。用时间依赖型模型方法求解 0~1000 s 发现,60 s 后电场、流场变化较小,因此近似认为 $t=1000$ s 时即为稳态解。该研究在不同边界条件下对流动电解质中隔膜电沉积进行了 0~1000 s 的时间依赖型求解模拟,并对结果进行了分析。

(1)离子浓度分布

首先对电解槽中的离子传质进行研究,选择入口流速 0.0196 m/s,200 A/m²,3.5 mol/L HCl 边界条件,1000 s 时电解槽中各 $Sn^{2+}$、$Sn^{4+}$ 浓度分布作为示例列于图 2-52。从图 2-52(a)可以看出,在阴极表面、阳极表面附近,$Sn^{2+}$ 浓度水平明显低于平均 $Sn^{2+}$ 浓度水平,这是 $Sn^{2+}$ 离子在电极表面消耗的结果。阴极发生还原反应,消耗 $Sn^{2+}$ 生成 Sn,阳极发生氧化反应,消耗 $Sn^{2+}$ 生成 $Sn^{4+}$。但是扩散速率不够高,不足以将 $Sn^{2+}$ 从溶液本体通过扩散层转移到电极表面。因此,$Sn^{2+}$ 将在电极附近耗尽,导致出现浓度差异。对比阴阳极附近 $Sn^{2+}$ 浓度也可以明显看出,阳极附近变化较阴极更明显,这是由于阳离子在电场作用下发生趋近阴极、远离阳极的电迁移现象,阴极附近的 $Sn^{2+}$ 更容易由溶液本体补充,阳反之。图 2-52(b)为 $Sn^{4+}$ 浓度分布, $Sn^{4+}$ 初始浓度为 0, 阳极生成的 $Sn^{4+}$ 不足以从扩散层转移到溶液本体, 在阳极表面聚集导致浓度升高。

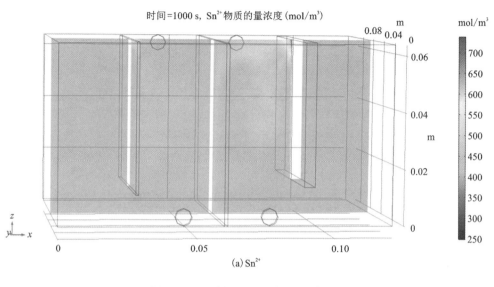

(a) $Sn^{2+}$

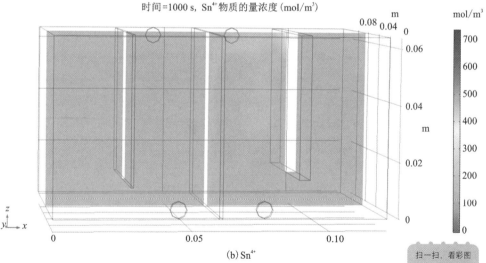

(b) $Sn^{4+}$

图 2-52 锡隔膜电沉积离子浓度分布剖面图

阴极表面浓度与电沉积反应及其控制有重要关系, 对四组边界条件下阴极表面 $Sn^{2+}$ 浓度最小值随时间的变化关系作图, 见图 2-53。由图 2-53 可以看出, 随着电沉积的开始, 阴极表面 $Sn^{2+}$ 消耗, 致使其浓度迅速降低, 同时由于扩散、对流的存在, $Sn^{2+}$ 由溶液本体向电极表面补充, 60 s 后消耗和补充基本达到了平衡,浓度随时间变化不大。0.0196 m/s、300 A/m²、3.5 mol/L HCl 边界条件下,20 s 时,阴极表面浓度出现了一个极低的值,这是因为电流密度过大,20 s 之后由于本体和表面存在大的浓度梯度,通过扩散进行补充,浓度回升并保持稳定。比较四组边界条件,0.0196 m/s、200 A/m²、1.5 mol/L HCl, 0.0980 m/s、200 A/m²、3.5 mol/L HCl 两组 60 s 后浓度更稳定。

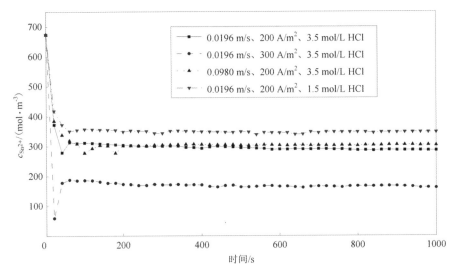

图 2-53 阴极表面 $c_{Sn^{2+}}$ 最小值随时间的变化

1000 s,四组边界条件下的 $Sn^{2+}$ 浓度最小值的对比见图 2-54。由图 2-54 可知,在四组边界条件中所得的 $Sn^{2+}$ 浓度存在一些差异。在 0.0196 m/s、300 A/m²、1.5 mol/L HCl 条件下 $Sn^{2+}$ 浓度最低,显然这是电极反应消耗速度快造成的,电流密度越高,表面 $Sn^{2+}$ 浓度越低。其次是 0.0196 m/s、200 A/m²、3.5 mol/L HCl,0.0980 m/s、200 A/m²、3.5 mol/L HCl,0.0196 m/s、200 A/m²、1.5 mol/L HCl 条件下 $Sn^{2+}$ 浓度最高。当入口流速从 0.0196 m/s 增加到 0.0980 m/s 时,电极之间的对流增大,导致浓度降低更少。当 HCl 物质的量浓度由 3.5 mol/L 降低到 1.5 mol/L 时,带电离子的减少使得 $Sn^{2+}$ 承担了更多的电解液的电荷转移,在电迁移作用下,更快地向阴极补充。

$Cl^-$、$H^+$ 不参与电极反应,局部浓度变化不大,为了更直观地研究 $H^+$、$Cl^-$ 的变化规律,以 0.0196 m/s,200 A/m²,3.5 mol/L HCl 边界条件为例,对 $y = 0.5$ m,$z = 0.015$ m、0.035 m、0.060 m 位置处,电极板之间的 $Cl^-$、$[H^+]$ 作图,见图 2-55 所示。

从图 2-55(a) $Cl^-$ 离子分布曲线可以看出,除阴极表面( $x = 0$ m)、阳极表面

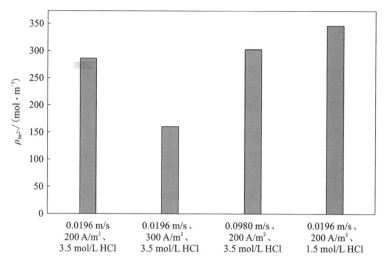

图 2-54　1000 s 时不同边界条件下阴极表面最低 $\rho_{Sn^{2+}}$

($x=0.0612$ m)、隔膜($x=0.030\sim0.0312$ m)表面处外，Cl$^-$浓度受流场影响略有波动。在电场作用下，Cl$^-$从阴极向阳极迁移，阴极表面附近 Cl$^-$浓度远低于本体浓度，阳极表面附近 Cl$^-$浓度远高于本体浓度。在阴离子隔膜附近，Cl$^-$作为阴离子隔膜的载体，从隔膜左侧向右侧迁移，左侧离子浓度降低，右侧离子浓度升高，因此在隔膜两侧出现了较大的浓度差。图 2-55(b)为[H$^+$]曲线，正电荷的 H$^+$在电场作用下由阳极向阴极移动，阳极扩散层[H$^+$]降低，阴极扩散层[H$^+$]升高。H$^+$由右向左从阳极向阴极方向移动，由于 H$^+$不能通过隔膜在隔膜右侧累积浓度升高，左侧向左迁移得不到补充浓度降低。

(2)流体密度分布

电解槽中的流体密度分布直接由各离子浓度分布确定，作出距离阴极前表面密度分布图，在锡隔膜电沉积研究中是非常重要的。阴极前面的密度分布可以显著影响阴极前表面附近的流体流动，这会影响阴极表面的 Sn$^{2+}$供给，甚至电化学反应。在入口流速 0.0196 m/s、200 A/m$^2$、HCl 3.5 mol/L 边界条件下，1000 s 时的稳态流体密度分布见图 2-56。图 2-56(a)中阴极板以外的区域(即阴极与电解槽左侧，右侧和底部的壁之间存在间隙)几乎呈同一种颜色，认为为溶液本体密度；极板中间大部分区域由于 Sn$^{2+}$消耗，密度较低；极板边缘虽然也有消耗，但能够从各个方向得到补充，密度较中心区域高；顶部出现了小区域的密度升高，可能与 H$^+$的聚集有关。图 2-56(b)绘制了阴极底部($z=0.010$ m)、中部($z=0.035$ m)和顶部($z=0.060$ m)处阴极板左右边缘之间的左、右边缘间的量化流体密度分布曲线，更直观地反映了极板边缘与中部的密度差异。另外，三条曲线的

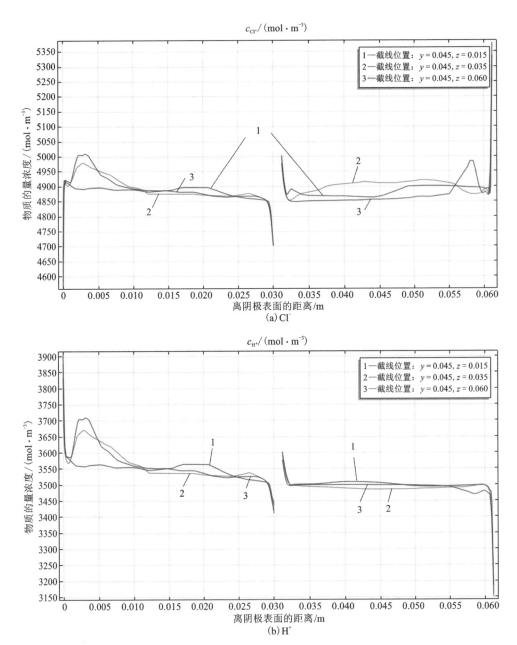

图 2-55　锡隔膜电沉积阴极(左侧)与阳极(右侧)之间离子浓度分布曲线

主要部分位置不同，也就是说电极表面 $z$ 方向也存在密度梯度。

电极表面与电解质本体溶液之间主要存在密度梯度，它是驱动电解槽内流的

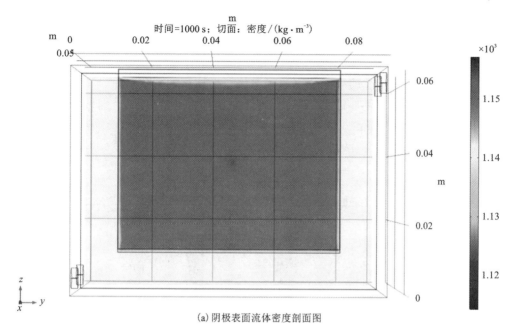

(a) 阴极表面流体密度剖面图

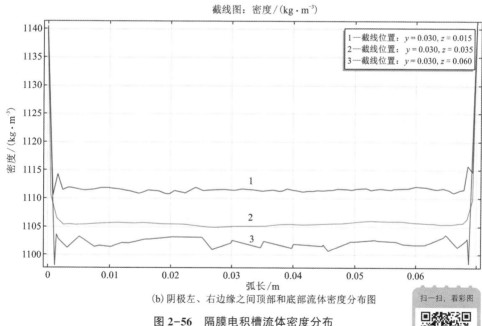

(b) 阴极左、右边缘之间顶部和底部流体密度分布图

图 2-56　隔膜电积槽流体密度分布

主要原因之一，也可从电解质浓度分布推断出来。同时，阴极顶部的密度梯度大于阴极边缘的密度梯度，意味着顶部由密度梯度驱动的电极之间的环流速度很可能比电极的两侧更快。

    1000 s 时不同边界条件下阴极表面平均电解质密度见图 2-57。密度分布在四组不同的边界条件中略有不同。边界条件 0.0196 m/s, 200 A/m², HCl 3.5 mol/L 与 0.0980 m/s, 200 A/m², HCl 3.5 mol/L 阴极表面密度的差异不大，说明较高的流速对密度的影响较小。当电流密度增加到 300 A/m² 时，密度下降较快，这主要是由于增加电流密度扩散层需要消耗的锡量增多。当 HCl 物质的量浓度由 3.5 mol/L 下降至 1.5 mol/L 时，密度的变化值有所减小，如之前所讨论的，较低的 HCl 浓度将有助于 $Sn^{2+}$ 的电迁移，减少浓度差异，导致出现较小的密度梯度。

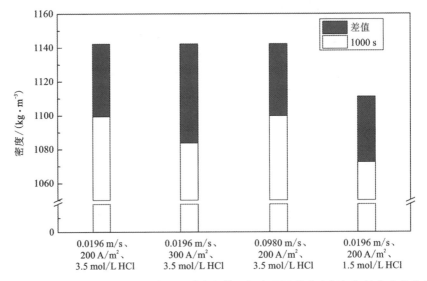

图 2-57　1000 s 时四组边界条件下隔膜电积槽阴极表面平均密度及与初始密度的差值

（3）流体速度分布

    电解槽中的流体速度场是由进液口流入速度和电解液的密度梯度共同驱动的。在入口流速 0.0196 m/s, 200 A/m², HCl 3.5 mol/L 边界条件下，1000 s 时整个电解槽内的稳态流体速度场见图 2-58。从图 2-58(a)整体流场分布三维图可以看出，流体以设定的速度从入口进入电解槽分散开来，一部分沿着 y 方向流动，另一部分受到电解质密度的影响改变方向与电解槽内自发形成的对流混为一体难以区分。相比流体流入带来的对流，由密度梯度驱动的速度方向主要沿 z 方向。以阴极区域为例，根据离子浓度、密度的分布规律可知，阴极表面即隔膜左侧由于密度低皆受到向上浮力，流体上升，到达电解槽顶部后，一部分流体随后又从极板和隔膜中间的位置下降，形成环路，另一部分从出口流出。阳极区域由于阳极表面密度变化较小，没有明显规律的对流路径。以上是较为显著的流体流动路

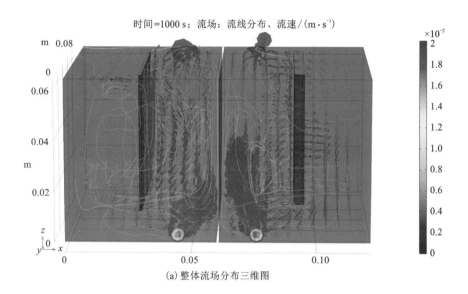

（a）整体流场分布三维图

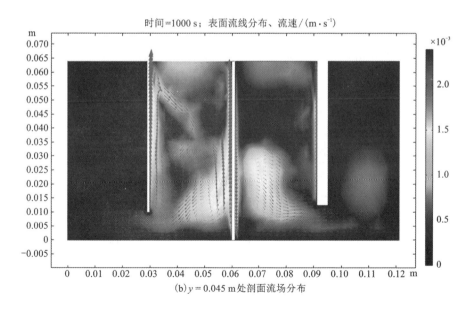

（b）$y = 0.045$ m 处剖面流场分布

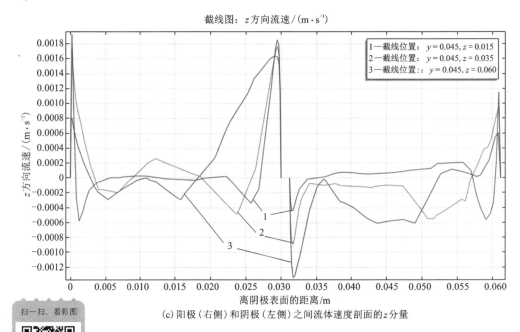

截线图：z方向流速/(m·s⁻¹)

（c）阳极（右侧）和阴极（左侧）之间流体速度剖面的z分量

（注：颜色表示流体速度的大小，红色箭头表示速度矢量，白色曲线为流线）

**图 2-58  电解槽流体流速场分布**

径，整体流动受多种因素共同作用，更加复杂。图 2-58（b）为 $y = 0.045$ m 处流场分布剖面二维图，能够更为明确地观察到该剖面处流场分布及阴极表面、隔膜附近的流通路径。隔膜附近，由于阴离子隔膜的作用，$Cl^-$、$H^+$ 等离子在右侧累积，左侧消耗，因此在密度的作用下隔膜右侧流体速度向下，左侧向上。阳极（右侧）和阴极（左侧）之间流体速度 z 分量曲线［见图 2-58（c）］量化了这种变化，除此之外可以发现，随着 z 的增加（位置的升高），阴极表面 $v_z$ 也呈现出增加的趋势。

图 2-58 显示了电解槽中电解液的总体流动模式，阴极附近的流速场未详细示出，作为补充，在入口流速为 0.0196 m/s、电流密度为 200 A/m² 、HCl 物质的量浓度为 3.5 mol/L 的边界条件下，1000 s 时阴极表面 100 μm 处的速度场剖面见图 2-59，对电沉积过程离子行为意义很大。从图 2-59 中可以看出，在这个剖面中阴极的左侧、右侧和底部与电解槽壁之间的间隙处，流体速度相对较小，且尤其是底部方向各异。而在阴极板前面，大多数流体速度向量几乎是垂直的，它们几乎沿着 z 正方向并且没有 x 分量和 y 分量，并且在阴极边缘附近流速大小大于阴极的中间部分附近，显然这应该是两个区域之间的密度梯度差异引起的。此外，与图 2-58（c）的分析相同，流体速度的 z 分量沿 z 正方向逐渐变大，这可能与流速方向末端流体受到更多作用力有关。

四组边界条件中阴极表面 100 μm 处的平均流体速度大小见图 2-60。由

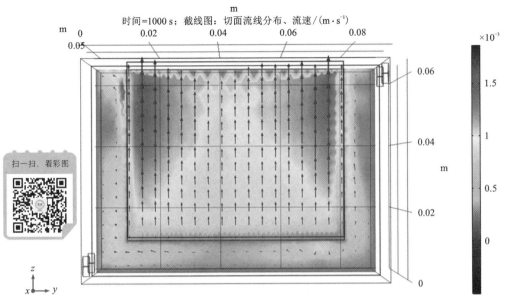

（注：颜色表示流体速度的大小，红色箭头表示速度矢量）。

**图 2-59  阴极表面 100 μm 处的流体流速剖面图**

图 2-60 可知，在入口流速为 0.0196 m/s、电流密度为 200 A/m²、HCl 物质的量浓度为 3.5 mol/L 的边界条件下，阴极表面的平均流速最小。入口流速增加到 0.0980 m/s，由于流动的强化，阴极表面流速增加。当 HCl 物质的量浓度从 3.5 mol/L 降到 1.5 mol/L 时，由于电解液黏度降低，阴极表面流速增加。当电流密度从 200 A/m² 提高到 300 A/m² 时，由于密度梯度较大，流速继续增加，程度最大且在变化，也可以得到电流密度对阴极表面流速影响最大的结论。

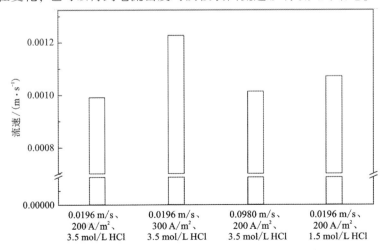

**图 2-60  四组边界条件下阴极表面 100 μm 处的平均流体速度**

（4）电流密度分布

电流密度分布决定了电解质中离子受到的电场力大小和方向，阴极表面电流密度分布也决定了阴极沉积物的量。在入口流速为 0.0196 m/s、电流密度为 200 A/m$^2$、HCl 物质的量浓度为 3.5 mol/L 的边界条件下，1000 s 时 $y = 0.045$ m 处的电流密度分布剖面图见图 2-61。由图 2-61 可以看出，在电解槽上部分，极板电流密度分布均匀，方向与阴阳极表面垂直。但在极板的边缘处出现了一个电流密度极大的区域，附近的电流方向也呈现了弧度。这与电解经验相符合。

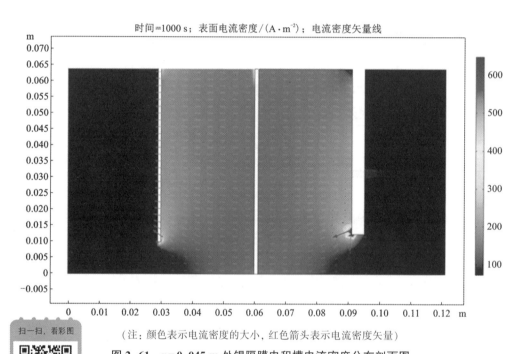

（注：颜色表示电流密度的大小，红色箭头表示电流密度矢量）

**图 2-61　$y = 0.045$ m 处锡隔膜电积槽电流密度分布剖面图**

阴极表面电流密度的大小也决定了阴极沉积物的量。对阴极表面 $x$、$y$、$z$ 方向电流 $i_x$、$i_y$、$i_z$ 分量及总电流大小 $i_{tot}$ 进行作图，结果见图 2-62。由图 2-62 可以看出，由于电流在边缘的集中，电极下边缘具有较大的 $i_x$ 值。由于电力线在周围呈弧形，极板两侧具有较大的 $i_y$ 值，下边缘具有较大的 $i_z$ 值，因此阴极表面电流出现边缘大、中部较为均匀的现象。总电流大小见图 2-62(d)。

（5）阴极产物

在仅考虑阴极沉积物与电流密度的关系，不考虑锡的成核与长大过程的假想前提下，阴极表面沉积物厚度由下式计算：

$$\delta = \frac{K}{\rho}\int i_{tot}\mathrm{d}t \tag{2-84}$$

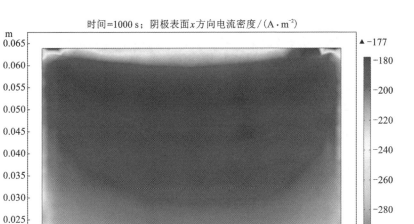

(a) $x$ 方向分量 $i_x$

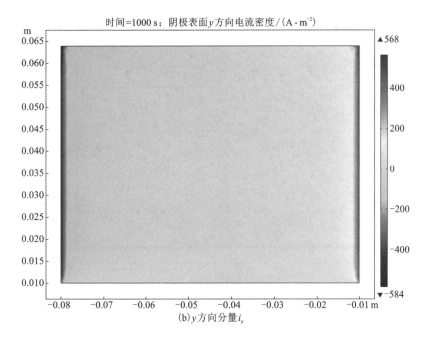

(b) $y$ 方向分量 $i_y$

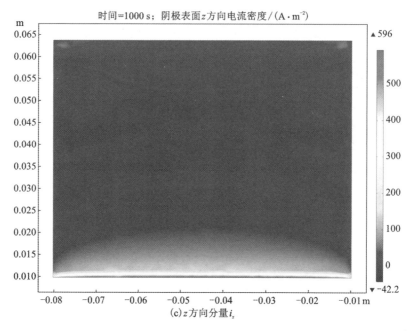

(c) $z$ 方向分量 $i_z$

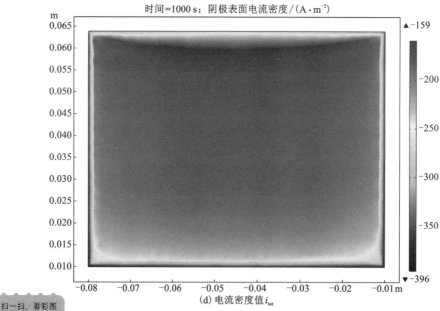

(d) 电流密度值 $i_{tot}$

（注：颜色代表电流密度数值）

**图 2-62 锡隔膜电积槽阴极表面电流密度分布**

式中：$\delta$ 为沉积层厚度；$K$ 为电化当量；$\rho$ 为锡的密度。

在入口流速为 0.0196 m/s、电流密度为 200 A/m$^2$、HCl 物质的量浓度为 3.5 mol/L 的边界条件下，1000 s 时阴极产物图见图 2-63，颜色代表厚度，可以看出产物与电流密度呈现出相同的规律。

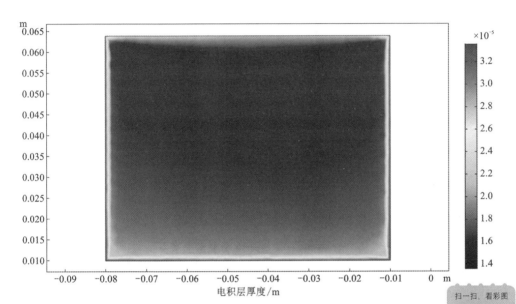

**图 2-63　阴极沉积物厚度**

为了验证 COMSOL 的模拟结果，进行实际电沉积实验。由于 1000 s 沉积层厚度为 10$^{-5}$ 数量级，在实验中不容易观察到，电沉积在同等条件下进行实验，时间延长至 8 h 以放大规律，得到的阴极产品，见图 2-64。可以看出中部区域电沉积厚度比较均匀，厚度约为 0.0008 m。左右两侧及下边缘厚度较大，同时出现了结瘤的现象，沉积物左右边缘距离极板宽度分别为 0.070 m 及 0.004 m，这是由于实际实验中边缘产物晶核成核与生长不会严格按照 $x$ 方向。

**图 2-64　同等电解条件下电解 8 h 的阴极沉积物**

1000 s 时四组边界条件下的阴极沉积层厚度对比图见图 2-65。由图 2-65 可以看出，在入口流速为 0.0196 m/s、电流密度为 300 A/m²、HCl 物质的量浓度为 3.5 mol/L 的边界条件下，阴极沉积层厚度的最大值和最小值均为四组最大，且最大值与最小值的差值也相较其他组大得多，其余三组阴极沉积层厚度略有差别，但是差别不大。在只考虑电流密度分布情况下，阴极产品厚度主要受平均电流密度影响，电流密度过大阴极表面趋于不平整。而入口处流速、HCl 浓度对阴极沉积层影响较小。

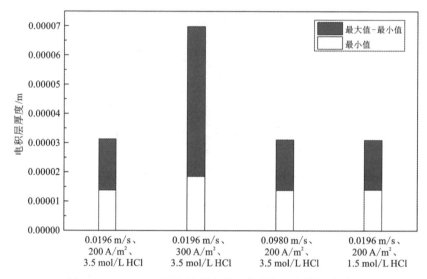

图 2-65　1000 s 时四组边界条件下的阴极沉积物厚度对比

## 2.3.4　实验结果与讨论

### 2.3.4.1　退锡过程研究

1. 单因素条件优化实验

（1）退锡温度的影响

在超声波频率为 40 kHz、超声功率为 100 W、Sn⁴⁺ 质量浓度为 50 g/L、HCl 物质的量浓度为 4 mol/L 的条件下，研究反应温度为 20℃、30℃、40℃ 和 50℃ 时废线路板焊锡脱除的效果，试验结果见图 2-66。

由图 2-66 可知，反应温度对废线路板上焊锡的溶解具有显著的促进作用。随着反应温度的升高废线路板焊锡的溶解速度加快，焊锡退除效果逐渐增强，在温度 50℃ 时达到最大。这说明反应温度升高，致使反应分子运动加剧，加快了反应物之间的反应速率，从而强化了焊锡在 HCl-SnCl₄ 溶液中的溶解。但实验中发现，温度超过 50℃ 后，HCl 酸雾挥发加剧。综合考虑，最佳退锡温度取 50℃。

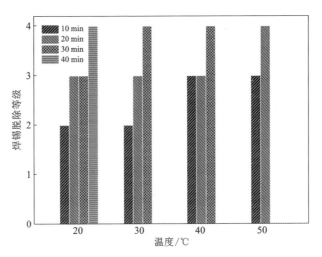

图 2-66　反应温度对废线路板上焊锡脱除的影响

（2）盐酸浓度的影响

为更好地通过实验研究盐酸浓度对退锡效果的影响，在开展本因素实验时未选择上述获得的最佳温度 50℃，而是选择 20℃，并在超声波频率为 40 kHz、超声功率为 100 W、$Sn^{4+}$ 质量浓度为 50 g/L 的条件下，研究 HCl 物质的量浓度分别为 3.0 mol/L、3.5 mol/L、4.0 mol/L、4.5 mol/L 和 5.0 mol/L 时废线路板焊锡脱除的效果，实验结果见图 2-67。

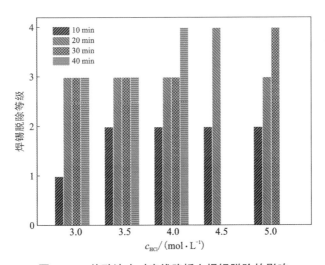

图 2-67　盐酸浓度对废线路板上焊锡脱除的影响

由图 2-67 可知，盐酸浓度对废线路板焊锡的脱除呈正相关关系。废线路板上焊锡的脱除效果随盐酸浓度的增加而逐渐增强，并在 HCl 物质的量浓度为 4.5 mol/L 时达到最大，在此浓度下，在 $SnCl_4$-HCl 体系中反应 10 min 可实现线路板上部分焊锡的脱除，继续反应到 20 min，可实现全部焊锡的脱除。这说明盐酸浓度的增加有利于强化焊锡的溶解，增加反应的盐酸用量有利于退锡反应的进行，但是过高的盐酸会恶化生产环境。因此，综合考虑，本研究最佳 HCl 物质的量浓度取 4 mol/L。

（3）超声波功率的影响

在 $Sn^{4+}$ 质量浓度为 50 g/L、HCl 物质的量浓度为 4 mol/L、温度为 20℃、超声波频率为 40 kHz 的条件下，研究超声波功率为 0 W、20 W、50 W、80 W 和 100 W 时对废线路板焊锡脱除的影响，实验结果见图 2-68。

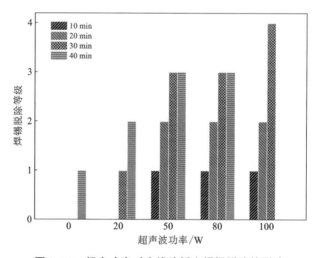

图 2-68 超声功率对废线路板上焊锡脱除的影响

实验结果表明，超声波对废线路板的退锡影响非常显著。在没有施加超声波的条件下，反应 40 min 只有个别焊锡脱出，随着超声波功率的增加，"超声空化效应"增强，废线路板上焊锡的脱除效果明显增强，在超声波功率最大值下，30 min 可实现废线路板焊锡的全部退除。本研究中，限于所用的超声波发生器的最大功率为 100 W，且实验中发现，随着超声波功率的增加及超声波退锡时间的延长，测试回收的电容及电感等元器件，其损耗率有所增加。综上所述，本研究中最佳超声波功率取 100 W。

（4）$Sn^{4+}$ 浓度的影响

在超声波频率为 40 kHz、超声波功率为 100 W、HCl 物质的量浓度为 4 mol/L、温度为 20℃的条件下，研究 $Sn^{4+}$ 质量浓度分别为 20 g/L、30 g/L、40 g/L、50 g/L 和 70 g/L 时废线路板上焊锡脱除的效果，实验结果见图 2-69。

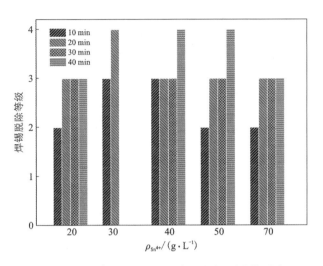

**图 2-69　$Sn^{4+}$ 浓度对废线路板上焊锡脱除的影响**

　　由图 2-69 可知，$Sn^{4+}$ 浓度对废线路板的退锡影响显著，当 $Sn^{4+}$ 质量浓度为 20 g/L 时，随着溶解时间的延长，废线路板上焊锡由部分脱落达到大部分脱落，当 $SnCl_4$ 溶液浓度升至 30 g/L 时，废线路板上的焊锡在浸泡溶解 20 min 时就可实现全部脱除，之后随着 $Sn^{4+}$ 质量浓度继续升高至 70 g/L，线路板上的焊锡全部退除反而需要的时间有所延长。分析其原因，主要是由于随着溶液中锡离子浓度增加，溶液黏度相应增大，而溶液的黏度增大，由"超声空化效应"空化泡崩溃时释放出的冲击波强度也就越弱。而本研究中超声"空化效应"对线路板退锡效果影响显著，实验发现当 $Sn^{4+}$ 质量浓度为 30 g/L 时退锡效果最佳，因此本研究选择此浓度值为退锡液中最佳 $Sn^{4+}$ 浓度。

　　**2. 综合条件实验**

　　值得指出的是，由于实验原料中 $w(Sn)$ 约 7%。通过上述超声辅助退锡后，所得的退锡液中 $Sn^{2+}$ 质量浓度约 10 g/L，尚有浓度为 20 g/L 的 $Sn^{4+}$ 未还原完毕。为此将该退锡后液进行多次循环退锡以提高浸出液中的 $Sn^{2+}$ 浓度，同时通过循环退锡，也可将溶液中少量的 $Cu^{2+}$ 置换分离。经多次循环退锡并加入少量锡粉净化后，所得退锡液主要元素经 ICP-AES 分析，结果见表 2-25。

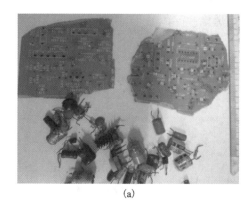

(a)

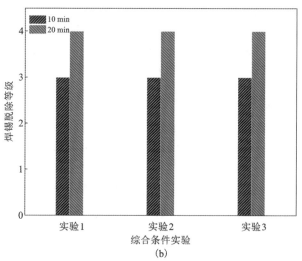

(b)

图 2-70 综合条件实验结果

表 2-25　循环退锡液主要化学成分 ( 质量浓度 )　　　　单位 : g/L

| Sn | Pb | Cu | Fe | H⁺ |
|---|---|---|---|---|
| 63.32 | 0.03 | 0.01 | 1.17 | 3.9 |

### 2.3.4.2　脉冲隔膜电积锡实验

脉冲隔膜电沉积是在隔膜电沉积的基础上，将直流电流改为脉冲电流的一种特殊的电沉积方式。通常一个脉冲周期可分为脉冲导通和脉冲关断两个部分，脉冲导通期间，阴极附近的金属离子浓度降低，而脉冲关断期间溶液内部的离子扩散至阴极附近。故采用脉冲电沉积可有效降低阴极极化现象和析氢反应的发生，提高阴极质量。

脉冲隔膜电沉积实验在一个用阴离子交换膜隔开的电解槽中进行，电解液为净化液和分析纯 $SnCl_2 \cdot 2H_2O$ 配制的 $Sn^{2+}$ 离子浓度为 80 g/L $SnCl_2$ 盐酸溶液，为避免 $Sn^{4+}$、$Sn^{2+}$ 离子水解，综合考虑到之前浸出过程酸浓度，电沉积实验中电解质 HCl 物质的量浓度选用 3.5 mol/L。实验过程中采取了一些气氛保护措施(封闭电解槽并通入氮气)防止 $Sn^{2+}$ 氧化。

锡的脉冲电沉积实验研究了脉冲频率、工作周期、阴极电流密度和温度等实验参数对电解槽的主要性能参数(如阴极电流效率和槽电压等)的影响，通过比较阴极沉积锡板的质量，得到最优的脉冲电沉积参数。

1. 单因素条件优化实验

(1) 阴极电流密度的影响

在温度为 35℃、脉冲频率为 1000 Hz、占空比为 50% 的条件下进行实验，研究电流密度为 200 A/m²、300 A/m²、400 A/m² 和 500 A/m² 时对锡脉冲电沉积的影响，结果见表 2-26 和图 2-71。

表 2-26　不同阴极电流密度对电解槽性能及阴极锡产品质量的影响

| 阴极电流密度/($A \cdot m^{-2}$) | 阴极表面 | 电流效率/% | 槽电压/V |
| --- | --- | --- | --- |
| 200 | 平整 | 89.66 | 1.56 |
| 300 | 平整 | 88.64 | 1.77 |
| 400 | 平整 | 90.94 | 2.36 |
| 500 | 粗糙 | 90.33 | 2.55 |

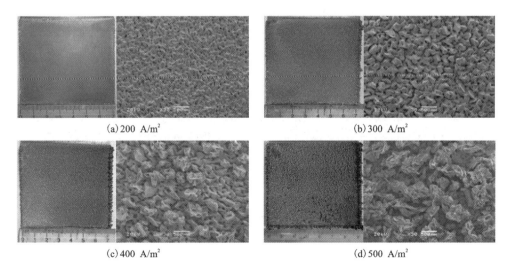

(a) 200 A/m²　　　　　　　　　(b) 300 A/m²

(c) 400 A/m²　　　　　　　　　(d) 500 A/m²

图 2-71　不同电流密度下得到的阴极锡板照片及 SEM 图

由表 2-26 可以看出，电流效率稳定在 90% 左右，槽电压随电流密度的增加而增加。同时，图 2-71 表明在阴极电流密度低的情况下 [图 2-71(a)~(c)] 阴极表面长势较好，平整光滑。随着电流密度增加到 500 A/m²，阴极表面开始变得粗糙，部分区域长成松散的粉状，容易脱落 [见图 2-71(d)]。这是由于过高的电流密度导致阴极浓差极化变大，致使析氢反应更容易发生，氢气的析出导致阴极锡疏松多孔，枝晶众多。综合考虑阴极电流密度及生产效率，选取 400 A/m² 为最优电流密度。

（2）脉冲频率的影响

在温度为 35℃、电流密度为 400 A/m²、占空比为 50% 的条件下，研究脉冲频率为 500 Hz、1000 Hz、2500 Hz 和 5000 Hz 时对锡脉冲电沉积的影响，结果见表 2-27 和图 2-72。

表 2-27　不同脉冲频率对电解槽性能及阴极锡产品质量的影响

| 脉冲频率/Hz | 阴极表面 | 电流效率/% | 槽电压/V |
|---|---|---|---|
| 500 | 平整 | 94.57 | 2.37 |
| 1000 | 平整 | 90.94 | 2.36 |
| 2500 | 平整 | 91.61 | 2.32 |
| 5000 | 平整 | 91.77 | 2.40 |

(a) 500 Hz　　　　　　　　　　　　(b) 1000 Hz

(c) 2500 Hz　　　　　　　　　　　　(d) 5000 Hz

图 2-72　不同脉冲频率下得到的阴极锡板照片及 SEM 图

由表 2-27 及图 2-72 可知,槽电压几乎不随脉冲频率变化,脉冲频率较低时,电流效率较大。脉冲频率 1000 Hz 时电锡表面更光滑致密有金属光泽,而在 500 Hz 和 5000 Hz 条件下颗粒较大。这可能是因为低脉冲频率接近恒定电流,不能达到脉冲效果。脉冲频率过高时脉冲波形受双电层充放电的影响过大,阴极过电位下降,导致沉积颗粒尺寸增大。考虑阴极表面锡的质量,选择 1000 Hz 为最佳脉冲频率。

（3）占空比的影响

在温度为 35℃、电流密度为 400 A/m² 、脉冲频率为 1000 Hz 的条件下,研究脉冲占空比为 20%、40%、50% 和 80% 时对锡脉冲电沉积的影响,结果见表 2-28 和图 2-73。

表 2-28　不同脉冲占空比对电解槽性能及阴极锡产品质量的影响

| 占空比/% | 阴极表面 | 电流效率/% | 槽电压/V |
|---|---|---|---|
| 20 | 平整 | 88.29 | 2.08 |
| 40 | 平整 | 89.37 | 2.10 |
| 50 | 平整 | 90.94 | 2.36 |
| 80 | 粗糙 | 90.53 | 2.50 |

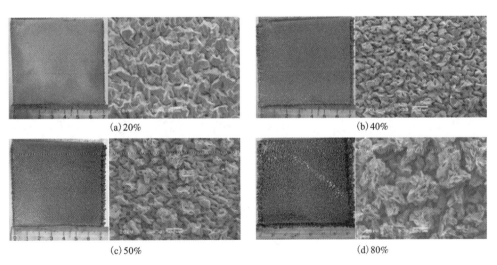

(a) 20%　　　　　　　　　　(b) 40%

(c) 50%　　　　　　　　　　(d) 80%

图 2-73　不同脉冲占空比下得到的阴极锡板照片及 SEM 图

由表 2-28 可知,电流效率随占空比的增加先增加再降低,槽电压则一直增加。这可能是因为过长的脉冲关断时间导致阴极锡沉积层的溶解,过短的脉冲关断时间则导致浓差极化增大，从而导致电流效率降低。从图2-73可以看出，占空比越小，得到的阴极锡产品越光滑、平整、有金属光泽[见图2-73(a)]，但是在占空比达到40%~50%时，阴极表面开始变得粗糙，颗粒变大[见图2-73(b)、(c)]，当占空比为80%时，阴极表面变得非常粗糙、边缘晶须较多[见图2-73(d)]。这是由于在低占空比下，锡还原浓差极化被消除，同时析氢反应受到抑制，进而降低沉积层的孔隙率。但是由于阴极界面双电层的电容效应，占空比过小会降低占空比对平均电流的调制，削弱细化晶粒的作用。此外，从生产的角度来看，太小的占空比，会造成非沉积时间占用，降低生产效率。综合考虑电解槽参数及阴极表面的好坏，选择50%为最佳占空比。

（4）温度的影响

在电流密度为400 A/$m^2$、脉冲频率为1000 Hz，占空比为50%的条件下，研究阴极液温度为25℃、35℃和45℃时对锡脉冲电沉积的影响，结果见表2-29和图2-74。

表2-29 不同阴极液温度对电解槽性能及阴极锡产品质量的影响

| 温度/℃ | 阴极表面 | 电流效率/% | 槽电压/V |
|---|---|---|---|
| 25 | 平整 | 92.08 | 2.25 |
| 35 | 平整 | 90.94 | 2.36 |
| 45 | 粗糙 | 85.23 | 1.96 |

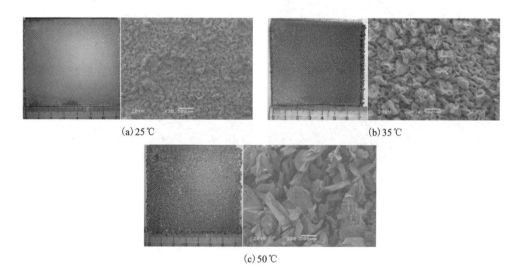

(a) 25℃    (b) 35℃

(c) 50℃

图2-74 不同阴极液温度下得到的阴极锡板照片及SEM图

由表 2-29 可知，电流效率随着阴极液温度增加而不断降低。同时由图 2-74 可看出，当温度为 25℃时，阴极锡产品质量最好，平整光滑有金属光泽［见图 2-74(a)］。当温度继续升高时，锡板表面越容易粗糙，边缘晶须也越容易生长［见图 2-74(c)］。以上结果表明，在阴极液温度较低的条件下能取得较高的电流效率和较好的沉积质量，这可能是由于阴极液低温下黏度小，致使锡离子的流动性好和析氢过电位高。此外，温度的升高也会导致水和盐酸挥发，因此为获得良好形态的锡板，选择 25℃为阴极液最佳实验温度。

2. 验证实验

基于上述研究结果，得到脉冲隔膜电沉积锡的最优实验条件如下：阴极液温度为 25℃、阴极电流密度为 400 A/m²、脉冲频率为 1000 Hz、占空比为 50%。退锡液首先经过净化，再根据上述最优脉冲电沉积条件，进行 24 h 验证实验，阴极产品锡板的成分、光学照片、SEM 图和 XRD 图分别见表 2-30 和图 2-75。结果表明，在最优条件下进行隔膜电积实验，能够得到较优质的锡板，阴极电流效率为 90.01%，所得阴极电锡的纯度达 99.9%。但同时可以看出在长时间电解的情况下，阴极表面颗粒相较短时间电沉积颗粒更大。

表 2-30　阴极锡板主要成分分析

| 成分 | Sn | Zn | Pb | Ti | Fe | Al | Cu | Si | S | Zr | Ca |
|---|---|---|---|---|---|---|---|---|---|---|---|
| 质量分数/‰ | 99.9% | 0.31 | 0.50 | 0.01 | 1.20 | 0.19 | 0.28 | 0.51 | 0.50 | 0 | 1.9 |

 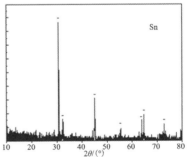

图 2-75　验证实验阴极沉积物的光学照片、SEM 图和 XRD 图

3. 经济技术指标分析

本工艺的直接经济成本估算见表 2-31，工艺成本估算结果表明，采用超声波辅助下 SnCl₄-HCl 体系分离废弃线路板元器件并回收锡工艺具有很好的成本优势，锡回收成本估算为 3580 元/t。

表 2-31　每吨锡回收成本估算

| 成本项目 | 数值 | 单价/元 | 花费/元 |
| --- | --- | --- | --- |
| 电耗 | 3200 kW·h | 1 | 3200 |
| 酸耗 | 300 kg | 0.6 | 180 |
| 其他 | — | — | 200 |
| 合计 | — | — | 3580 |

本工艺以废弃线路板为原料，$SnCl_4$ 和 HCl 为退锡剂，退锡后得到的电子元器件及"光板"可作为二次资源出售，不存在固废问题；而隔膜电积提锡过程溶液闭路循环，可实现工艺废水的近零排放；常温下退锡及电锡中少量挥发的酸雾，可通过负压抽离、冷凝回用或碱吸方式进行处理。因此，本工艺实施过程不存在"三废"污染问题。

## 2.3.5　小结

（1）废弃线路板元器件分离实验得到的焊锡脱除最优条件为：反应温度为 50℃、$Sn^{2+}$ 质量浓度为 30 g/L、促进剂浓度 10 g/L、HCl 物质的量浓度为 4 mol/L。在此条件下对废线路板进行浸出，10 min 即可脱除全部焊锡。多次循环浸出得到 $SnCl_2$ 富集溶液：$Sn^{2+}$ 质量浓度为 52.12 g/L、$Pb^{2+}$ 质量浓度为 5.09 g/L、$Cu^{2+}$ 质量浓度为 2.28 g/L。

（2）脉冲电流电沉积实验得到的最佳实验条件为：温度为 25℃，阴极电流密度为 400 A/m²，脉冲频率为 1000 Hz，占空比为 50%。在上述最优脉冲电沉积条件下，进行 24 h 验证实验，得到较好的阴极产品，阴极电流效率为 92.08%，槽压约 2.25 V。超声波耦合电沉积对照实验结果表明超声波对电流效率及沉积物形貌改善效果明显。超声耦合场的施加使得溶液浓差极化降低，抑制了阴极的氢析出反应及氢原子的表面吸附，阴极表面金属锡的析出由高择优取向逐渐趋于无择优取向，锡晶须现象得到抑制，晶粒生长致密，防止了电积过程中产生气泡等不良现象。

（3）脉冲电沉积理论分析认为由于脉冲电流的导通、关断周期性变化，使得脉冲电沉积过程呈现液相传质过程、吸附和脱附过程及双电层充放电三个过程。使得在脉冲电流电沉积时扩散层及时消除，析氢减少，得到光滑致密的阴极沉积物。脉冲电沉积过程阴极过程动力学分析表明，占空比越小，晶粒生长的时间相对较短，晶粒越能得到细化。但考虑双电层的影响和沉积效率，占空比不宜过低。

（4）超声波耦合氯盐体系脉冲电沉积锡电化学测试表明，超声波条件下，锡的还原过程是一个不可逆的过程,且一步完成双电子转移;超声波的施加使得锡隔膜电沉积反应控制步骤由扩散控制逐步转变为电化学控制;增加超声波功率有利于加快反应扩散,也有利于反应由扩散控制转变为电化学反应控制,提高温度及增加酸度能加快反应的进行;超声波施加对细化晶粒有显著效果,锡初始电积遵循扩散控制的三维半球型成核和晶粒长大机制,但由于存在超声波及析氢反应,使得成核不明确,更接近于顺时成核。

(5)计算机仿真结果表明,由于电极反应的消耗,$Sn^{2+}$ 浓度在阳极和阴极表面明显降低,且阳极降低程度更大,$Sn^{4+}$ 在阳极表面生成、堆积。阴极表面 $Sn^{2+}$ 浓度随时间的变化发现,60 s 基本达到了传质与电极反应消耗的平衡,在进液口流速更高、HCl 浓度更低条件下更稳定。由于电迁移的作用,$H^+$、$Cl^-$ 浓度分别在阴极、阳极升高,阳极、阴极降低。由于阴离子隔膜的传输特性,$H^+$、$Cl^-$ 浓度在隔膜右侧升高,左侧降低。流体密度分布由各离子浓度分布决定,与离子分布呈现类似的规律。流速场整体受各种因素的影响,呈现复杂的规律,阴阳极表面及隔膜附近受密度(离子浓度)分布的影响较大,与密度分布呈现相似的规律。由于电解液中电流密度边缘呈现弧形,阴极表面边缘电流密度较大,并直接影响了阴极产物层,产物层边缘较厚,中间部分分布均匀,与实验结果相吻合。

比较 1000 s 时四组边界条件实验发现,电流密度的增加,能够降低阴极表面 $Sn^{2+}$ 最低浓度、阴极表面电解液平均密度,增加阴极表面平均流速,并使得阴极产物厚度更加不均匀,恶化阴极产品,且影响程度最大;增加进液速度能够增加阴极表面 $Sn^{2+}$ 最低浓度,略微增加电解液平均密度,阴极表面平均流速、对阴极产物质量影响不明显;降低 HCl 浓度,能够增加阴极表面 $Sn^{2+}$ 最低浓度,增加电解液平均密度相对值,增加阴极表面平均流速对阴极产物质量影响不明显。

(6)基于超声辅助下 $SnCl_4$-HCl 体系退除废线路板上锡并分离元器件的新工艺,以 $SnCl_4$ 和 HCl 为退锡剂,在超声波强化作用下,加速对废弃线路板中锡的选择性浸出,同时又不损坏元器件的性能。退锡后液分别泵入隔膜电积阴、阳极室,隔膜电积后在阴极得到电积锡,在阳极室则得到 $SnCl_4$,可作为退锡剂返回退锡使用,实现了溶液的闭路循环。

(7)采用单因素试验法,研究了反应温度、$Sn^{4+}$ 浓度、盐酸浓度、超声波功率对线路板上焊锡退除效果的影响,获得最优退锡条件:反应温度为 50℃、超声波频率为 40 kHz、超声波功率为 100 W、$Sn^{4+}$ 质量浓度为 30 g/L、HCl 物质的量浓度为 4 mol/L。在此条件下对废线路板进行退锡,10 min 后可实现废线路板上大部分焊锡的脱除,20 min 可脱除全部焊锡,实现线路板上元器件的高效分离。

(8)循环退锡液通过隔膜电积处理,阴极可以得到形貌致密平整的电锡,电锡纯度达 99.9%,电流效率为 97.3%;在阳极室可以再生出 $Sn^{4+}$ 质量浓度为 56.4 g/L 的阳极液,阳极电流效率为 88.8%,所得阳极液可作为退锡剂返回用于废线路板退锡分离元器件使用。

## 2.4 氯盐体系 PCB 镀锡-退锡-隔膜电积回收锡

### 2.4.1 前言

印刷线路板图形转移制作工序中,为了防止线路涂层被腐蚀,通常需要在其表面镀上一层锡层,待非线路部分的铜层被蚀刻去除后,须用退锡水将电镀锡层脱除,以使铜线路显现出来。

目前在镀锡阶段中,碱性镀锡体系的能耗高,镀锡效率低;酸性镀锡体系速度快、效率高,但存在镀液稳定性较差、环境污染等问题。由于 PCB 板镀锡层不是永久镀层,仅用于后续蚀刻时保护基底铜线路,蚀刻后即需退除。从此角度而言,仅需镀层结构致密能保护基底铜层即可,此外镀锡效率、速度、环境等方面的因素也比较重要。退锡阶段普遍采用的是硝酸或硝酸-烷基磺酸型退锡体系,存在氮氧废气污染等问题,同时退锡液底部容易产生污泥,当退锡液多次使用后退锡速度将会降低,难以满足生产要求,需用新退锡液置换出来,被置换的退锡废液中含有部分硝酸残酸及铜、锡等有价金属。处理废弃退锡液的方法通常有沉淀法、蒸馏法、电解法等,但存在污泥量大、氨氮废弃难处理等问题,因此需要探寻一种清洁、退锡液可重复高效利用的退锡方式。

针对现今 PCB 图形转移工艺中镀锡-退锡过程出现的问题及不足,作者提出了 $SnCl_2$-HCl 溶液体系镀锡结合 $SnCl_4$-HCl 体系退锡新工艺。$SnCl_2$-HCl 溶液体系镀锡解决了现有的镀液分散性能差、稳定性小、试剂使用量大等问题;$SnCl_4$-HCl 体系退锡从源头上杜绝现行硝酸体系退锡存在氨氮废气、废液污染环境问题,且退锡后液中 $Sn^{2+}$ 经过隔膜电积能在阳极槽氧化为 $Sn^{4+}$ 再生退锡剂,可为退锡阶段使用,同时在阴极槽中 $Sn^{2+}$ 还原为金属锡可作为电镀阶段阳极材料直接使用,整个过程实现了 PCB 镀锡-退锡阶段中主要溶液成分及锡的闭路循环,对于促成 PCB 清洁化生产及资源高效利用具有重要意义。

### 2.4.2 实验材料及仪器

#### 2.4.2.1 实验试剂

实验所需的化学试剂相关规格及生产厂家见表 2-32。

表 2-32　主要试剂的规格及生产厂家

| 试剂名称/代号 | 化学式 | 纯度 | 生产厂家/供应商 |
|---|---|---|---|
| 氯化亚锡二水合物 | $SnCl_2 \cdot 2H_2O$ | 分析纯 | 上海阿拉丁生化科技股份有限公司 |
| 结晶四氯化锡 | $SnCl_4 \cdot 5H_2O$ | 分析纯 | 上海阿拉丁生化科技股份有限公司 |
| 乙醇 | $C_2H_5OH$ | 分析纯 | 广东翁江化学试剂有限公司 |
| 盐酸 | HCl | 分析纯 | 衡阳市凯信化工试剂化工股份有限公司 |
| F-44 | — | 工业级 | 上海阿拉丁生化科技股份有限公司 |
| AC-8 | — | 工业级 | 上海阿拉丁生化科技股份有限公司 |
| PD-8 | — | 工业级 | 上海阿拉丁生化科技股份有限公司 |
| PD-7 | — | 工业级 | 上海阿拉丁生化科技股份有限公司 |
| AD-9 | — | 工业级 | 上海阿拉丁生化科技股份有限公司 |
| SW-28 | — | 分析纯 | 上海阿拉丁生化科技股份有限公司 |
| DS-17 | — | 工业级 | 上海阿拉丁生化科技股份有限公司 |
| P-9 | — | 工业级 | 上海阿拉丁生化科技股份有限公司 |
| AR-17 | — | 工业级 | 上海阿拉丁生化科技股份有限公司 |
| DHX | — | 分析纯 | 上海阿拉丁生化科技股份有限公司 |
| SR-12 | — | 工业级 | 上海阿拉丁生化科技股份有限公司 |
| PB-7 | — | 工业级 | 上海阿拉丁生化科技股份有限公司 |
| F-6 | — | 分析纯 | 上海阿拉丁生化科技股份有限公司 |
| W-8 | — | 工业级 | 上海阿拉丁生化科技股份有限公司 |

#### 2.4.2.2　赫尔槽实验

赫尔槽于 1935 年设计，由平板阳极和具有一定倾斜度的平板阴极组成，槽体一般由有机玻璃材料制作而成，俯视图为直角梯形，故也称作梯形槽，其阴阳两极分别垂直放置于梯形的斜边和直角边。故阴阳两极的距离在一定范围内是连续变化的，由于赫尔槽试验所需的溶液较少，能够在一次实验中得到一定电流密度范围内镀层形貌的变化，操作也比较简单，因此广泛应用于电镀工艺的研究，来获得最佳工艺参数，以及解决在工业生产中发生的电镀液问题。

赫尔槽的规格有 250 mL、267 mL、534 mL 和 1000 mL。常用规格为 250 mL 和 267 mL，其实两种规格的标准槽尺寸相同，只是二者高度不同，250 mL 的高度为 45 mm，267 mL 的高度为 48 mm，一般标准槽均有两个刻度，其中 267 mL 为美国常用规格，因为添加 2 g，相当于增加 1 盎司/加仑(美制)浓度，方便计算，本实验则采用 250 mL 的规格,选择标准槽中 250 mL 刻度,即增加 1 g 试剂,相当于浓度增加 4 g/L,赫尔槽装置示意图见图 2-76,其中阳极为锡阳极,规格为 60 mm×70 mm×3 mm,阴极采用规格为 100 mm×65 mm×0.2 mm 的黄铜片,电镀时间为 300 s,施加电流为 1 A。

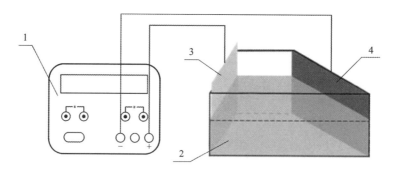

1—直流稳压电源;2—赫尔槽;3—阳极锡板;4—阴极铜试片。

图 2-76 赫尔槽试验装置示意图

阴极试片的质量会随着高度而发生改变,因此试验所选取的镀层评定范围为距离液面 15~25 mm 的区域,见图 2-77(a),为了方便记录选定区域镀层的情况,使用不同的符号表示不同的镀层质量,见图 2-77(b)。

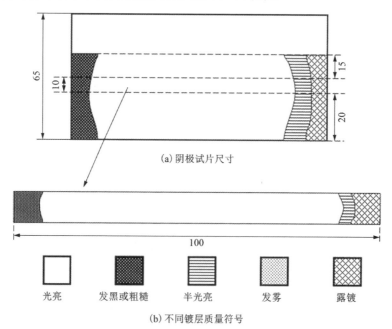

(a)阴极试片尺寸

光亮　　发黑或粗糙　　半光亮　　发雾　　露镀

(b)不同镀层质量符号

图 2-77 阴极试片选取及试片记录标记示意图(单位:mm)

由于赫尔槽阴极和阳极之间的距离不同,因而在阴极与阳极不同距离的电流密度也不同,阴极电流密度计算方法可按如下公式计算:

$$j_k = I(C_1 - C_2 \lg L) \tag{2-85}$$

其中,$j_k$ 为阴极与阳极不同距离电流密度大小,$\text{A/dm}^2$;$I$ 为施加在赫尔槽电流的大小,本研究选用的电流为 1 A;$L$ 为阴极与阳极间的距离,cm;$C_1$ 和 $C_2$ 均为与溶液性质有关的参数,$C_1$ 取值为 5.4488292,$C_2$ 取值为 5.5964268。

## 2.4.3　基本原理

### 2.4.3.1　表面活性剂的筛选及优化

1. 表面活性剂筛选

查阅文献,从环氧丙烷与环氧乙烷聚合物、烷基酚、壬基酚与环氧乙烷缩合物中筛选出 5 种表面活性剂进行赫尔槽试验,其代号分别为 F-44、AC-8、AD-9、PD-8 和 PD-7,在反应时间为 300 s,$Sn^{2+}$ 质量浓度为 30 g/L,电流为 1 A,HCl 物质的量浓度为 3 mol/L 的条件下,添加不同代号的表面活性剂,添加量均为 30 mL/L,研究不同种类表面活性剂对赫尔槽试片的影响,结果见图 2-78。

由图 2-78 所知,在未添加任何添加剂时,高电流密度区发雾,中间和低区均没有锡层;当添加表面活性剂之后,中间区域出现半光亮和光亮区域,高区镀层粗糙发黑,只有低电流密度区域露镀,表明有机表面活性剂的加入能够促进锡在铜片上的沉积,对比光亮区域的大小,AD-9 和 PD-8 能够获得较大的光亮区域,其中 AD-9 的光亮电流密度范围

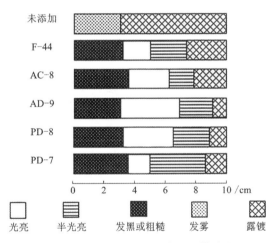

图 2-78　不同表面活性剂种类赫尔槽试验结果

为 0.71~2.72 $\text{A/dm}^2$,PD-8 为 0.87~2.53 $\text{A/dm}^2$。

对表面活性剂的种类进行线性扫描伏安图测试,研究表面活性剂种类对电沉积锡极化曲线的影响(见图 2-79)。设置线性扫描速率为 20 mV/s,反应温度为 25℃,由图 2-79 可知,当阴极电位到-0.48 V 时,出现还原电流,表明此时的锡开始沉积,随着电位继续负扫,在加入表面活性剂的条件下,均在-0.55 至-0.50 V 范围内出现了峰电流,峰电流表明此时的反应受到了扩散控制。由于加入的有机大分子表面活性剂会吸附在电极表面,能够阻碍溶液中的 $Sn^{2+}$ 往阴极

表面扩散，减少锡在阴极的放电，从而有利于抑制晶须的形成，细化晶粒，峰电流越小表示抑制效果越明显。当电位继续负扫，电流还会增加，这时在电极附近能够看到气泡产生，这是因为已经达到了析氢电位，发生了析氢反应。从极化曲线中可以看到 AD-9 和 PD-8 的峰电流都比较小，能够有效抑制晶须的形成，得到细小的晶粒，对应在赫尔槽试验上能够产生更大的光亮区域，与赫尔槽试验相符。此外，从图 2-79 中还可以看到 PD-8 的析氢电位更负，且电流增加缓慢，表明 PD-8 在抑制析氢方面更具有优势，同时考虑到 AD-9 具有优异的添加剂复配性能，能够分散增溶大多数有机难溶添加剂于电镀液中，因此选择 PD-8 和 AD-9 作为表面活性剂。

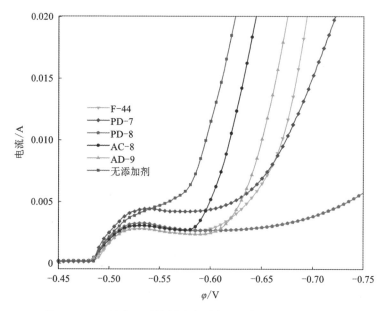

图 2-79　不同表面活性剂种类对电沉积锡极化曲线的影响

2. 表面活性剂的复配

根据文献和公开的专利，在电镀锡添加剂组成成分中，通常采用的是组分单一的表面活性剂，由于 AD-9 的乳化表面活性性能比较好，能够溶解大多数有机添加剂，而 PD-8 能够更好地抑制析氢，故将两种表面活性剂进行复配，在反应时间为 300 s，$Sn^{2+}$ 质量浓度为 30 g/L，盐酸的浓度为 3 mol/L 的条件下，电流为 1 A，表面活性剂的添加量为 30 mL/L，研究两者比例分别为 1:0、1:1、1:2、1:3、1:4、1:5、1:6、1:7 时对赫尔槽阴极试片沉积效果的影响，结果见图 2-80。

由图 2-80(a)可知，随着 PD-8:AD-9 比值减小，镀液中 AD-9 相对含量增

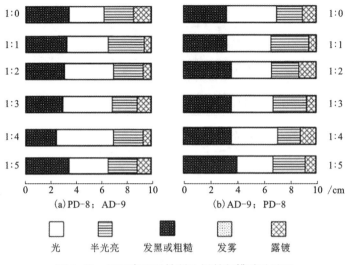

图 2-80　不同表面活性剂比例赫尔槽试验结果

加，高电流密度区粗糙和发黑范围先降低后增加，当比例为 1∶4 时最小，同时在该比例下光亮区域最大，光亮区电流密度范围为 0.70~3.21 A/dm²，由图 2-80(b) 可知，当 AD-9 与 PD-8 比值小于 1 之后，随着 PD-8 相对含量的增加，光亮区域的变化不大，表明此时表面活性剂在阴极表面的吸附已经达到了饱和状态，因此增加 PD-8 对光亮区域影响较小，基于成本的考虑，选择最优表面活性剂添加比例 PD-8∶AD-9＝1∶4。

### 2.4.3.2　光亮剂的筛选及优化

1.主光亮剂的筛选

在光亮镀锡中，添加剂中光亮剂组分起着主要的作用，要获得表面光亮的锡层，光亮剂必须满足两个要求，首先是能够减少锡的尖端放电，细化晶粒，要获得光亮的镀锡，晶粒尺寸不得大于 0.2 μm，如果阴极基底表面粗糙凹凸不平，镀层很难达到光亮，因此光亮剂还需要有整平的能力，使得吸附在粗糙凹凸表面上的光亮剂能减缓凸起部分的沉积，提高凹进去部分锡的沉积速度，从而达到平整光滑的效果。到目前为止尽管光亮剂的种类众多，但是其组成的基本单元为一个烯基和一个酮基相连［—CH＝CH—（C＝O）—］的结构，改变的只是与其相连的取代基。根据公开专利及大量文献，本研究从中筛选出了 4 种常用光亮剂，代号分别为 SW-28、DS-17、P-9 和 AR-17，在反应时间为 300 s、电流为 1 A、Sn²⁺ 质量浓度为 30 g/L、表面活性剂添加量为 30 mL/L、HCl 物质的量浓度为 3 mol/L 的条件下，添加不同代号的光亮剂，光亮剂添加量为 0.2 g/L，研究光亮剂对赫尔槽试片的影响,试验结果见图 2-81。

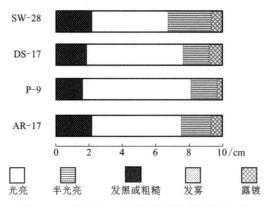

图 2-81  不同主光亮剂种类赫尔槽试验结果

由图 2-81 可知,加入光亮剂能够显著扩宽光亮区域电流密度范围,在试片的高电流密度区域均存在一定程度发黑或粗糙,低电流密度出现露镀,以 SW-28 作为光亮剂,可在电流密度为 $0.79 \sim 3.47$ A/dm² 获得光亮的镀锡层,以 DS-17 作为光亮剂,光亮电流密度区间为 $0.51 \sim 3.88$ A/dm²,以 P-9 作为光亮剂,可以在 0.34 至 4.21 A/dm² 电流密度范围内获得光亮镀层,AR-17 的光亮区间为 $0.53 \sim 3.52$ A/dm²,以 P-9 作为光亮剂的光亮区电流密度最宽,故确定其为镀锡主光亮剂。

对光亮剂种类进行线性扫描伏安图测试,研究不同光亮剂对电沉积锡极化曲线的影响,设置扫描速率为 20 mV/s,反应温度为 25℃。不同光亮剂种类对电沉积锡极化曲线的影响见图 2-82。由图 2-82 可知,对含 SW-28 镀液,当扫描电位为 -0.495 V 时,出现了锡还原电流,负扫到 -0.565 V 出现峰电流,峰电流为 5.267 mA,继续负扫到 -0.618 V 时开始析氢;对添加了 AR-17 的镀液,锡开始还原电位为 -0.495 V,负扫到 -0.566 V 出现峰电流,峰电流为 5.482 mA,继续负扫到 -0.642 V 时开始析氢;添加 P-9 光亮剂的镀液,当扫描电位为 -0.491 V 时,开始沉积锡,当电位负扫到 -0.561 V 出现峰电流,峰电流为 4.253 mA,继续负扫到 -0.692 V 时开始析氢;对含 DS-17 镀液,当扫描电位为 -0.498 V 时,出现了锡还原电流,负扫到 -0.563 V 时出现峰电流,峰电流为 5.072 mA,继续负扫到 -0.682 V 时开始析氢;四种光亮剂中,P-9 的锡还原峰电流最小,析氢电位也更负,表明其能够更好地细化晶粒,抑制析氢反应,获得光亮锡层,对比锡开始沉积电位,DS-17 沉积电位更负,说明加入 DS-17 能够提高阴极极化,这有利于形成光亮的镀层,同时其峰电流也比较小,反映在赫尔槽试验中,DS-17 和

P-9 都能获得较大的光亮宽度，由于 P-9 的光亮区间范围更大，故选择 P-9 为最优光亮剂，线性扫描伏安图测试结果与赫尔槽试验的结果相符。

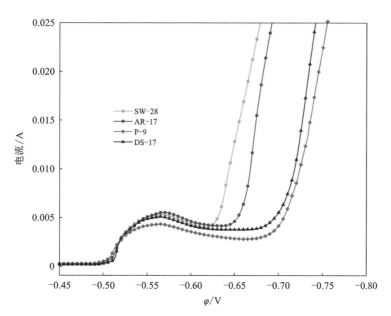

图 2-82　不同光亮剂种类对电沉积锡极化曲线的影响

2. 表面活性剂浓度优化

因为有机光亮剂难溶于镀液中，需要将表面活性剂增溶分散，为了进一步提高添加剂的性能，对光亮剂与表面活性剂浓度比例进行优化，其中表面活性剂为已经优化的复配表面活性剂 PD-8 和 AD-9，两者比例为 1∶4，试验配置 100 mL 溶液，其中光亮剂质量浓度为 50 g/L。分别改变光亮剂与表面活性剂的质量体积比为 1∶3、1∶4、1∶5、1∶6 和 1∶7，考察不同比例下光亮剂的溶解效果，试验结果见图 2-83，由图 2-83 可知，当表面活性剂与光亮剂的比值小于 5 时，溶液呈现浑浊状态，表明光亮剂没有得到很好的分散溶解，当比值达到 5 时溶液变得澄清，为了使溶液更加稳定，同时具有良好的分散性能，选择光亮剂与表面活性剂质量体积比为 1∶6。

图 2-83　主光亮剂与表面活性剂不同质量体积比下的溶解效果

### 3. 主光亮剂浓度优化

通过赫尔槽测试确定光亮剂最优浓度,在反应时间为 300 s、$Sn^{2+}$ 质量浓度为 30 g/L、电流为 1 A、HCl 物质的量浓度为 3 mol/L 的条件下,在主光亮剂质量浓度为 0.05 g/L、0.2 g/L、0.5 g/L、0.8 g/L 和 1.0 g/L 时,研究不同光亮剂浓度对赫尔槽试片的影响,试验结果见图 2-84。

由图 2-84 可知,随着光亮剂浓度的增加,高电流密度发黑或粗糙的区域先减少后增加,当光亮剂质量浓度为 0.2 g/L 时取最小值,当光亮剂质量浓度为 1.0 g/L 时取最大值;当光亮剂质量浓度为 0.05 g/L 时,光亮区电流密度范围为 2.31~3.29 A/dm$^2$,随着浓度增加,光亮区范围扩宽,当光亮剂质量浓度达到 0.2 g/L 时,光亮区范围为 0.48~4.71 A/dm$^2$,达到最大,再增加光亮剂浓度,光亮区范围逐渐减少,同

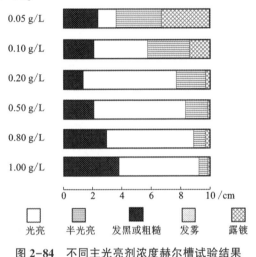

图 2-84 不同主光亮剂浓度赫尔槽试验结果

时光亮区域往低电流密度方向移动,当光亮剂质量浓度增加到 1.0 g/L 时,光亮区范围为 0.01~2.19 A/dm$^2$,为了保证电镀的速度与效率,光亮区优先选择电流密度范围较宽,且光亮范围内电流密度较大的条件,故光亮剂最佳浓度取 0.2 g/L。

对光亮剂浓度进行线性扫描伏安图测试,研究不同光亮剂浓度对电沉积锡极化曲线的影响(见图 2-85)。设置扫描速率为 20 mV/s,反应温度为 25℃。由图 2-85 可知,光亮剂质量浓度为 0.05 g/L 时,锡初始沉积电位为 -0.495 V,随着浓度的提高,锡的初始沉积电位负移,当光亮剂质量浓度达到 1.0 g/L 时,锡的还原初始电位为 -0.514 V,表明光亮剂浓度的提高能够增加阴极极化,有利于获得光亮的锡层;还原峰电流在光亮剂质量浓度为 0.05 g/L 时取最大值,为 4.12 mA,随着光亮剂浓度增加,还原峰电流逐渐降低,当光亮剂质量浓度为 0.2 g/L 时,峰电流最小,为 2.93 mA,随着光亮剂浓度继续增加,峰电流增加,当光亮剂质量浓度为 0.5 g/L 时,峰电流增加到 3.92 mA,峰电流增加表明部分表面活性剂组分超过了饱和状态,形成了水包油,这种结构会造成部分添加剂中部分表面活性剂析出,锡往阴极表面扩散的阻力减小,越容易还原,峰电流增加;光亮剂质量浓度为 0.05 g/L 时,电位负扫到 -0.578 V 时开始发生析氢反应,随着光亮剂浓度的增加,析氢电位逐渐负移,当光亮剂质量浓度达到 1.0 g/L 时,扫描电位在 -0.87 V 时开始析氢,这是由于光亮剂浓度的增加,相对应的表面活

性剂的组分也增加,而表面活性剂中 PD-8 的抑制析氢效果明显,对应水包油现象表明,添加剂析出组分中主要为 AD-9。

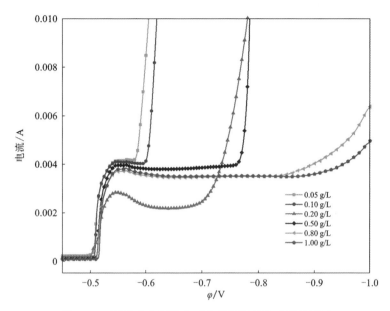

图 2-85　不同光亮剂浓度对电沉积锡极化曲线的影响

### 4. 辅助光亮剂优化

通常在光亮镀锡体系中还需加入辅助光亮剂,辅助光亮剂一般具有加速主光亮剂细化晶粒、整平的效果,同时还能促进光亮剂在阴极表面的吸附,减缓主光亮剂在电镀过程中的消耗,根据公开专利及文献,筛选 5 种辅助光亮剂,其代号分别为 DHX、SR-12、PB-7、F-6 和 W-8,在反应时间为 300 s、$Sn^{2+}$ 质量浓度为 30 g/L、电流为 1 A、主光亮剂质量浓度为 0.2 g/L、HCl 物质的量浓度为 3 mol/L 的条件下,研究不同辅助光亮剂对赫尔槽试片的影响,辅助光亮剂添加量为 0.05 g/L,试验结果见图 2-86。

由图 2-86 可知,以 DHX 作为辅助光亮剂,光亮区电流密度为 0.70 ~ 3.67 A/dm²,范围小于单独使用光亮剂,表明

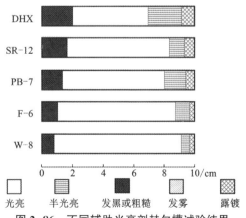

图 2-86　不同辅助光亮剂赫尔槽试验结果

DHX加入反而抑制了主光亮剂的使用；加入SR-12作辅助光亮剂，可以得到光亮区间为$0.26\sim4.09$ A/dm²，与单独加入主光亮剂相比，增加了低电流密度光亮区域，同时也降低了高电流密度光亮区域；添加PB-7辅助光亮剂，光亮区域电流密度为$0.35\sim4.57$ A/dm²，光亮范围比未加入辅助光亮剂时窄，表明PB-7对主光亮剂也有一定的抑制作用；镀液中加入F-6，可以获得光亮电流密度为$0.15\sim5.30$ A/dm²，相比未加入辅助光亮剂，两端均有扩宽，表明F-6协同促进主光亮剂发挥作用；以W-8为辅助光亮剂，光亮区电流密度为$0.04\sim5.80$ A/dm²，光亮区范围最大，W-8对主光亮剂的促进协同效果最好。

对辅助光亮剂进行线性扫描伏安图测试，研究不同辅助光亮剂对电沉积锡极化曲线的影响（见图2-87）。设置扫描速率为20 mV/s，反应温度为25℃。由图2-87可知，W-8和F-6的峰电流比较小，其中W-8为3.41 mA，对应电位为-0.58 V，F-6峰电流为3.75 mA，对应电位为-0.55 V，W-8的峰电流对应的电位更负，但是F-6的析氢电位更负，能够更好地抑制析氢，结合赫尔槽试验，W-8光亮区域更宽，因此选择W-8作为辅助光亮剂。

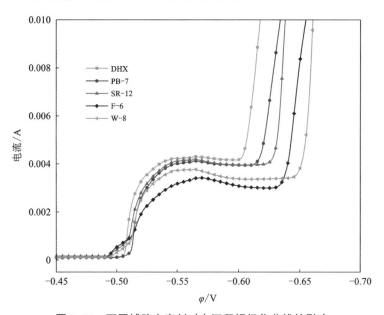

图2-87　不同辅助光亮剂对电沉积锡极化曲线的影响

## 2.4.4　实验结果与讨论

### 2.4.4.1　氯盐镀锡体系工艺条件优化及综合性能测试

1. 单因素优化条件实验

本章主要采用单因素试验法，研究最佳添加剂配方下不同电镀工艺参数对电镀锡的沉积速率、表面形貌、阴极电流效率等的影响。优化电流密度、温度、$Sn^{2+}$浓度、盐酸浓度、施镀时间等电镀工艺参数，获得最佳电镀工艺条件。

（1）温度条件优化试验

在镀液 $Sn^{2+}$ 质量浓度为 40 g/L、阴极电流密度为 2 A/$dm^2$、添加剂质量浓度为 30 mL/L、HCl 物质的量浓度为 3 mol/L、电镀时间为 6 min 的条件下，改变溶液的温度，分别为 25℃、35℃、45℃ 和 55℃，研究镀液在不同温度下对镀层沉积速率、阴极电流效率的影响，见图 2-88。不同温度条件下对镀层形貌的影响见图 2-89。

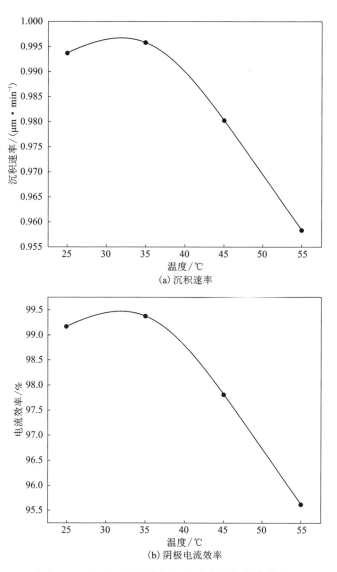

(a) 沉积速率

(b) 阴极电流效率

图 2-88　不同温度下的沉积速度和阴极电流效率

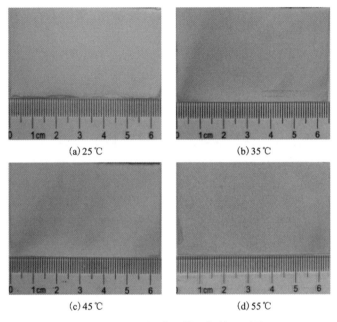

(a) 25 ℃          (b) 35 ℃

(c) 45 ℃          (d) 55 ℃

**图 2-89    不同温度下的阴极镀层形貌**

由图 2-88(a)可知,锡沉积速度受温度的影响呈现先缓慢增加后降低的趋势,当温度从 25℃ 增加至 35℃ 时,锡沉积速率从 0.9938 μm/min 增加到 0.9958 μm/min,达到最大值,继续增加到45℃之后,提高反应温度,沉积速率降低,当温度达到 55℃时,沉积速度降低到 0.9583 μm/min。由图 2-89 可知,反应温度较低时,镀层表面光滑平整,但当温度达到 45℃ 之后,镀层表面开始变得粗糙,当温度达到 55℃时,镀层表面能够明显地观察到金属小颗粒。表明在低温下提高反应温度能够提高锡在铜片的沉积速度,因为温度的增加促进了溶液中离子的传递,有利于还原反应的进行,但当温度过高,超过45℃时,镀液中的盐酸挥发严重,同时也容易造成阴极析氢,导致沉积速度降低、电流效率下降,镀层变得粗糙,故本研究选择电镀最适反应温度为 35℃。

(2)$Sn^{2+}$ 浓度条件优化试验

在温度为 35℃ 、阴极电流密度为 2 A/dm² 、添加剂质量浓度为 30 mL/L、HCl物质的量浓度为 3 mol/L、电镀时间为 6 min 的条件下,改变溶液中 $Sn^{2+}$ 质量浓度,分别为 5 g/L、10 g/L、20 g/L、40 g/L、60 g/L、80 g/L 和 100 g/L 时,研究镀液在不同 $Sn^{2+}$ 浓度下对镀层沉积速率及阴极电流效率的影响,见图 2-90 所示,不同 $Sn^{2+}$ 浓度条件下对镀层形貌的影响见图 2-91。

由图 2-90(a)可知,随着 $Sn^{2+}$ 浓度的增加,锡沉积速度呈现先增加后趋于平

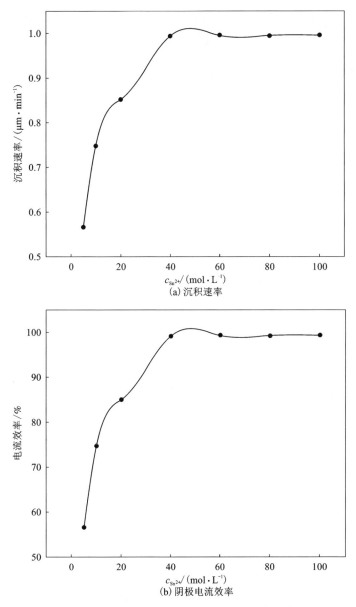

图 2-90　不同 $\rho_{Sn^{2+}}$ 下的沉积速度和阴极电流效率

稳的趋势，当 $Sn^{2+}$ 质量浓度为 5 g/L，锡沉积速度为 0.5662 μm/min，阴极电流效率为 56.6%，当 $Sn^{2+}$ 质量浓度增加至 40 g/L 时，锡沉积速度增加至 0.9938 μm/min，同时阴极电流效率为 99.2%，随着 $Sn^{2+}$ 浓度的持续增加，沉积速度和阴极电流效

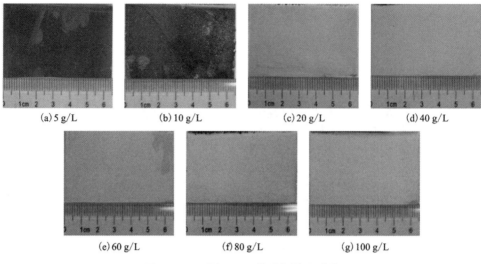

(a) 5 g/L　　　　(b) 10 g/L　　　　(c) 20 g/L　　　　(d) 40 g/L

(e) 60 g/L　　　　(f) 80 g/L　　　　(g) 100 g/L

**图 2-91　不同 $\rho_{Sn^{2+}}$ 下的阴极镀层形貌**

率趋于平稳。由图 2-91 可知,当 $Sn^{2+}$ 质量浓度低于 10 g/L 时,镀层表面粗糙发黑,阴极附近能够观察到有气泡冒出,当 $Sn^{2+}$ 质量浓度至 40 g/L 时,阴极冒气泡现象消失,同时阴极可获得光亮的镀层。因为镀液中 $Sn^{2+}$ 来源为反应前加入的 $Sn^{2+}$ 与反应时阳极溶解的 $Sn^{2+}$,当镀液中初始锡浓度较低时,加上阳极溶解锡难以及时扩散到阴极周围,阴极附近的锡浓度低,导致开始反应时阴极有大量氢气析出,使得镀层发黑粗糙,锡沉积速度慢,效率低,提高初始镀液中锡的浓度,能够有效抑制氢气的析出,并且形成光滑平整的基底,但是当 $Sn^{2+}$ 浓度较高时,$Sn^{2+}$ 更容易氧化水解,镀液的稳定性降低,故本研究选择电镀最适反应 $Sn^{2+}$ 质量浓度为 40 g/L。

(3)电流密度条件优化试验

在温度为 35℃、镀液 $Sn^{2+}$ 质量浓度为 40 g/L、添加剂质量浓度为 30 mL/L、HCl 物质的量浓度为 3 mol/L、电镀时间为 6 min 的条件下,改变电镀阴极电流密度,分别为 0.5 A/dm²、1 A/dm²、2 A/dm²、4 A/dm² 和 6 A/dm² 时,研究在不同阴极电流密度下对镀层沉积速率、阴极和阳极电流效率的影响,见图 2-92。不同阴极电流密度条件下对镀层形貌的影响见图 2-93。

由图 2-92(a)可知,锡沉积速度随着电流密度的增加而持续增加,电流密度为 0.5 A/dm² 时,沉积速度为 0.2486 μm/min,当电流密度达到 6 A/dm² 时,沉积速度增加至 2.1291 μm/min,图 2-92(b)表明电流密度低于 2 A/dm² 时,阴极电流效率稳定在 99% 附近,增加电流密度,阴极电流效率降低,当电流密度为

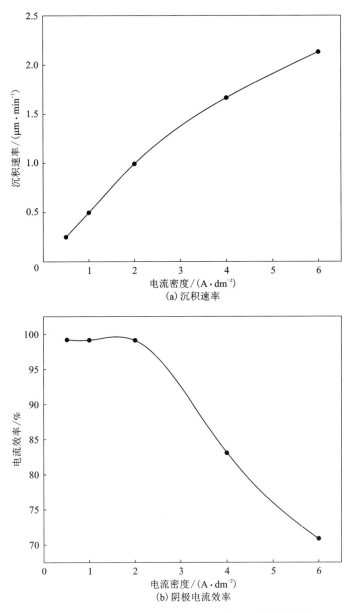

图 2-92　不同电流密度下的沉积速度和阴极电流效率

6 A/dm² 时，电流效率只有 70.8%。由图 2-93 可知，电流密度较小时，镀层表面光亮平整，电流密度增加至 4 A/dm² 时，锡层出现了颗粒与树枝状晶须，电流密度增加至 6 A/dm² 时，阴极附近有氢气析出，同时镀层发黑，表面大量颗粒与枝

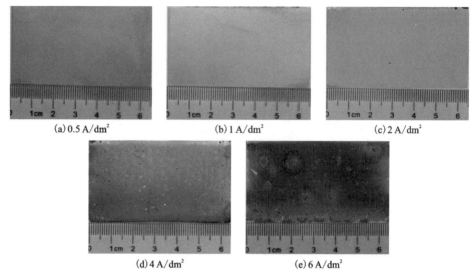

(a) 0.5 A/dm²　　　　　　　(b) 1 A/dm²　　　　　　　(c) 2 A/dm²

(d) 4 A/dm²　　　　　　　(e) 6 A/dm²

图 2-93　不同电流密度下的阴极镀层形貌

状晶须。电流密度较小时，过电位低，成核速度慢。提高阴极电流密度能够增大阴极极化，晶核临界半径变小，同时增加成核位点数密度，提高成核速度，形成的晶粒细致，镀层更加光亮。但是当电流密度过大时，超过 4 A/dm² 时，锡成核速度过快，倾向于形成大颗粒状晶粒，导致镀层表面粗糙，易形成枝状晶须。同时大电流密度下，氢气容易析出，电流效率降低，故本研究选择电镀最适电流密度为 2 A/dm² 进行后续的试验。

（4）盐酸浓度条件优化试验

在温度为 35℃、镀液 $Sn^{2+}$ 质量浓度为 40 g/L、阴极电流密度为 2 A/dm²、添加剂质量浓度为 30 mL/L、电镀时间为 6 min 的条件下，改变溶液中盐酸浓度，分别为 1 mol/L、2 mol/L、3 mol/L、4 mol/L、5 mol/L、6 mol/L 和 7 mol/L 时，研究不同盐酸浓度下对镀层沉积速率、阴极和阳极电流效率的影响，见图 2-94。不同盐酸浓度条件下对镀层形貌的影响见图 2-95。

由图 2-94(a)可知，锡沉积速度随盐酸的浓度增大呈现先增加后降低的趋势，当 HCl 物质的量浓度为 1 mol/L 时，沉积速度为 0.9765 μm/min，HCl 物质的量浓度增加至 3 mol/L 时，锡沉积速度达到最大值，为 0.9938 μm/min。图 2-94(b)表明，当 HCl 物质的量浓度为 3 mol/L 时，阴极电流效率也达到最大，为 99.2%。盐酸提供的氯离子可与溶液中的锡发生配位，防止锡的水解，同时氯离子还可以增加溶液的导电性能，提高锡的沉积速度，但是溶液中的盐酸浓度太高，阴极容易析出氢气，造成镀层粗糙，镀质量变差，同时阴极电流效率降低，高

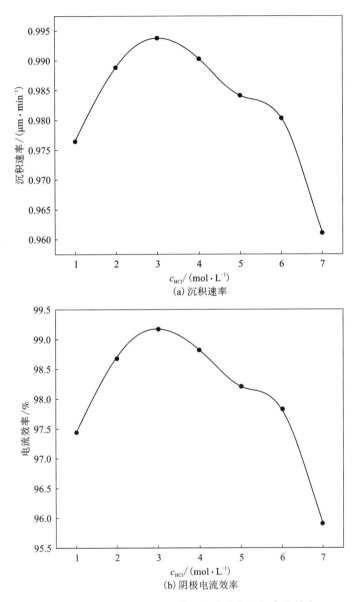

图 2-94　不同盐酸浓度下的沉积速度和阴极电流效率

浓度下盐酸挥发严重，还会导致生产环境恶化，故本研究选择最适 HCl 物质的量浓度为 3 mol/L 进行后续的试验。

（5）电镀时间条件优化试验

阴极电流密度为 2 A/dm²，添加剂质量浓度为 30 mL/L，HCl 物质的量浓度为

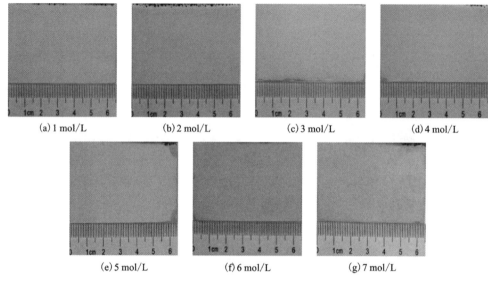

(a) 1 mol/L    (b) 2 mol/L    (c) 3 mol/L    (d) 4 mol/L

(e) 5 mol/L    (f) 6 mol/L    (g) 7 mol/L

**图 2-95　不同盐酸浓度下的阴极镀层形貌**

3 mol/L，改变施镀时间，分别为 2 min、4 min、6 min、8 min、10 min 和 12 min，研究不同电镀时间下对镀层沉积速率、阴极和阳极电流效率的影响，见图 2-96。不同电镀时间条件下对镀层形貌的影响见图 2-97。

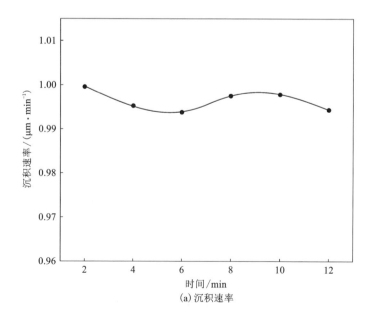

(a) 沉积速率

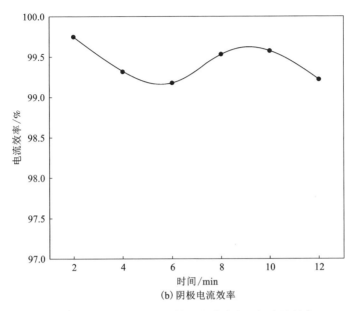

(b) 阴极电流效率

**图 2-96　不同电镀时间下的沉积速度和阴极电流效率**

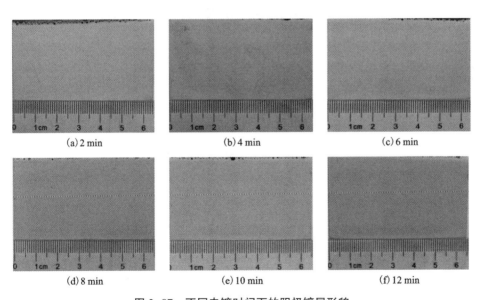

**图 2-97　不同电镀时间下的阴极镀层形貌**

由图 2-96 可知，随着电镀时间的增长，沉积速度一直维持在 0.99～1.00 μm/min，阴极电流效率保持在 99.5% 左右。图 2-97 表明，不同电镀时间下，均可以获得光亮平整的镀层，在 PCB 板的抗腐蚀镀层的要求中，镀层太薄有孔隙容易腐蚀铜基材，镀层太厚，镀锡和退锡时间增加，生产效率降低，生产成本增加，综合考虑，选择电镀最适时间为 4 min。

2. 综合条件试验

(1) 最优电镀条件下镀层形貌表征

通过以上的单因素条件试验获得镀锡工艺最佳条件为：温度为 35℃、$Sn^{2+}$ 质量浓度为 40 g/L、电流密度为 2 A/$dm^2$、HCl 物质的量浓度为 3 mol/L、施镀时间为 4 min。在最优工艺条件下进行电镀试验，得到的阴极锡相关表征见图 2-98。由图 2-98 可知，镀层宏观形貌光亮平整，微观形貌均匀，没有出现漏镀和裂纹，镀层厚度为 3.984 μm，符合 PCB 生产工艺对镀层的要求。

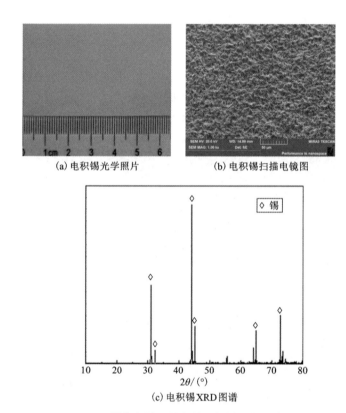

(a) 电积锡光学照片　　(b) 电积锡扫描电镜图

(c) 电积锡 XRD 图谱

图 2-98　最优电镀工艺条件下锡镀层相关表征

(2) 最优电镀条件下锡镀层性能测试

镀层结合力是指镀层与金属基体之间的结合强度，是电镀工艺的一个重要参数，目前对镀层结合力的测试主要采用定性方法，根据 GB/T 5270—2005 现行测试方法，选择弯曲测试法和热震法。

弯曲测试法是用外力让镀件来回弯曲，在外力的作用下镀层和基体受力大小不同，当作用力大于镀层与基体间的结合力时，镀层将发生起皮和剥离等现象，任何剥离、起皮或脱落现象表明镀层和基体间的结合力不好。试验以综合最优条件下获得的镀件进行试验，用钳子快速往一边弯曲，然后又快速弯曲到另一面，直到镀件断开或者时间达到 1 min 为止，通过三组试验均未发现起皮、剥离的现象，弯曲测试表明镀层结合力良好。

热震法是根据镀层和金属基体具有不同的热膨胀系数加热骤冷过程中发生变形差异。通常对镀件升高到一定的温度并保持一段时间再迅速骤冷，观察镀层表面是否出现起泡和剥离现象。本研究以综合最优条件下获得的镀件进行试验，先将镀件加热到 150℃，保持 10 min 后取出，迅速用去离子冷水骤冷，用放大镜观察镀层表面，测试三组均未发现气泡和剥离现象，热震试验表明镀层结合力良好。

### 2.4.4.2　镀锡板 $SnCl_4$-HCl 体系退锡研究

PCB 制作生产过程中，通过在铜基底镀上一层锡作为抗蚀层，以避免在蚀刻工序中腐蚀线路图形，经过蚀刻工序后需要将镀锡层退除掉，露出线路图形。传统方法主要采用的是硝酸一段法工艺，在进行多次退锡后，退锡液退锡速度变慢，需要更换新的退锡液，此时的退锡废液中含有大量的锡、铜等金属，硝酸残留量可达 30%，同时还含有一定量的有机物，若不对其进行有效利用，不仅会造成资源的浪费，还会对环境造成危害，本研究主要采用 $SnCl_4$-HCl 退锡体系，退锡废液可以通过隔膜电积阴极获得锡板，锡板可作为镀锡工序的阳极，阳极再生 $SnCl_4$ 作为退锡剂，实现了清洁循环，减少了环境污染。本章主要研究不同工艺条件：温度、盐酸浓度、$Sn^{4+}$ 浓度、促进剂浓度对退锡速度的影响，以获得最佳退锡工艺条件。同时针对锡隔膜电积长时间电积，槽压升高，隔膜需要浸泡清洗，存在操作烦琐、能耗大等问题，选择了几种不同厂家不同型号的隔膜进行优化试验，研究不同型号隔膜长时间隔膜电积对阴极形貌及槽压的影响。

1. 退锡单因素优化条件试验

（1）温度的影响

在 $Sn^{4+}$ 质量浓度为 60 g/L、HCl 物质的量浓度为 3 mol/L、促进剂添加量为 15 g/L 的条件下，改变温度，分别为 25℃、35℃、45℃、55℃和 65℃，研究不同温度条件下对锡全部退除所需时间及退锡速度的影响，实验结果见图 2-99。

由图 2-99 可知，随着温度的升高，铜片上的锡全部退除时间缩短，当温度达到 25℃时，退锡时间为 180 s，当温度达到 55℃时，退锡时间只需 90 s；退锡速度随着温度的升高而加快，当温度超过 40℃之后，退锡速度斜率明显增加，表明增加温度能够显著加快退锡反应速度，温度升高会加剧分子间的运动，有利于促进

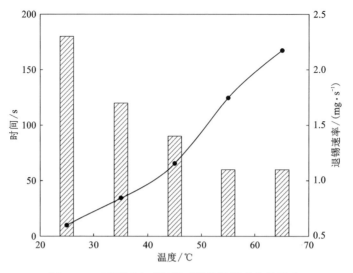

图 2-99　不同温度对退锡时间及退锡速度的影响

反应的进行,但温度太高能耗会增加,因此选择温度为 45℃为最佳反应条件。

(2)盐酸浓度的影响

在试验温度为 45℃、$Sn^{4+}$质量浓度为 60 g/L、促进剂添加量为 15 g/L 的条件下,改变 HCl 物质的量浓度,分别为 1 mol/L、2 mol/L、3 mol/L、4 mol/L、5 mol/L、6 mol/L 和 7 mol/L,研究不同的盐酸浓度条件下对锡全部退除所需时间及退锡速度的影响,试验结果见图 2-100。

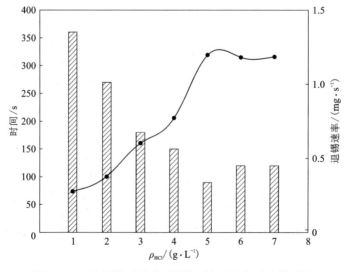

图 2-100　不同盐酸浓度对退锡时间及退锡速度的影响

由图 2-100 可知, 当 HCl 物质的量浓度为 1 mol/L 时, 锡全部退除需要 360 s, 随着盐酸浓度的增加, 退锡所需时间减少, 当 HCl 物质的量浓度达到 5 mol/L 时, 退锡时间减少至 90 s, 再继续增加盐酸浓度, 退锡时间基本维持在 100 s 左右, 退锡速度随着盐酸浓度的增加而加快, 当 HCl 物质的量浓度达到 5 mol/L 之后, 再增加盐酸浓度, 退锡速度没有变化, 表明当 HCl 物质的量浓度低于 5 mol/L 时, 增加盐酸有利于反应进行, 盐酸提供的 $Cl^-$ 能与锡配位, 能够抑制水解, 同时加速反应的进行, 但是当盐酸浓度过高时, 盐酸容易挥发, 同时高酸环境会加剧设备的腐蚀, 恶化生产环境, 综上所述, HCl 物质的量浓度为 5 mol/L 为最佳反应条件。

(3)$Sn^{4+}$ 浓度的影响

在试验温度为 45℃、HCl 物质的量浓度为 5 mol/L、促进剂添加量为 15 g/L 的条件下, 改变 $Sn^{4+}$ 质量浓度, 分别为 20 g/L、40 g/L、60 g/L、80 g/L 和 100 g/L, 研究不同 $Sn^{4+}$ 浓度条件下对锡全部退除所需时间及退锡速度的影响, 实验结果见图 2-101。

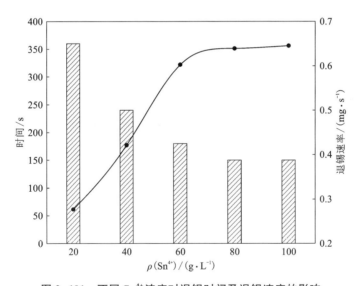

图 2-101 不同 $Sn^{4+}$ 浓度对退锡时间及退锡速度的影响

由图 2-101 可知, 当 $Sn^{4+}$ 质量浓度为 20 g/L 时, 已经达到了退锡试验设置的最大时间, 仍有部分锡没有退除, 增加 $Sn^{4+}$ 质量浓度到 40 g/L, 退锡所需时间显著减少, 在 240 s 时已经可以实现锡全部退除, 再继续增加 $Sn^{4+}$ 质量浓度到 60 g/L, 退锡所用时间为 180 s, 继续增加 $Sn^{4+}$ 浓度, 退锡时间趋于稳定不变状态, 而退锡速度随着 $Sn^{4+}$ 浓度的增加开始增加迅速, 当 $Sn^{4+}$ 质量浓度为 60 g/L 以上时，退锡速度曲线接近水平，表明此时反应的 $Sn^{4+}$ 已经达到饱和状态，再继续增加 $Sn^{4+}$ 浓度对退锡速度的改变不大，反而会增加生产成本，因而 $Sn^{4+}$ 质量浓度最优为 60 g/L。

(4) 促进剂浓度的影响

在试验温度为 45℃、HCl 物质的量浓度为 5 mol/L、$Sn^{4+}$ 质量浓度为 60 g/L 的条件下，改变促进剂浓度，分别为 10 g/L、15 g/L、20 g/L、25 g/L 和 30 g/L，研究不同促进剂浓度对锡全部退除所需时间及退锡速度的影响，实验结果见图 2-102。

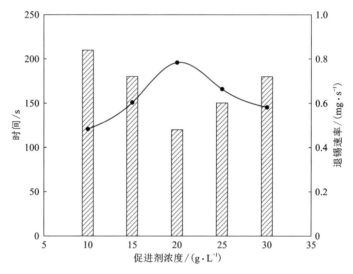

图 2-102　不同促进剂浓度对退锡时间及退锡速度的影响

由图 2-102 可知，促进剂浓度为 10 g/L 时，锡全部退除所需时间需要 210 s，随着促进剂浓度的增加，退锡时间逐渐减少，当促进剂浓度增加到 20 g/L 时，所需时间在 120 s 以内，继续增加促进剂浓度时，退锡时间会增加，而退锡速度随着促进剂浓度的增加呈现先增加后降低的趋势，当促进剂浓度为 20 g/L 时，退锡速度最大，促进剂具有氧化作用，在浓度较低时可以与 $Sn^{4+}$ 协同增加锡层的退除，浓度太高会与溶液中的 $Sn^{4+}$ 形成胶体，导致反应物浓度降低，因此，促进剂的最佳浓度选择 20 g/L。

(5) 综合条件试验

通过以上的单因素条件试验获得退锡工艺最佳条件为：温度为 45℃、$Sn^{4+}$ 质量浓度为 60 g/L、HCl 物质的量浓度为 5 mol/L、促进剂浓度为 20 g/L，试验结果表明锡层在 2 min 内可以退除。

## 2.4.5　小结

（1）$SnCl_2$-HCl 溶液体系镀锡最佳添加剂配方为：主光亮剂为 P-9，添加量为 0.2 g/L，辅助光亮剂为 W-8，添加量为 0.05 g/L，主光亮剂与表面活性剂的质量体积比为 1∶6，其中表面活性剂组成采用 PD-8 与 AD-9 复配方式，且最佳复配比例为 1∶4。最佳添加剂赫尔槽试验可获得最大光亮区电流密度范围为 0.04～5.80 $A/dm^2$。

（2）$SnCl_2$-HCl 溶液体系镀锡最佳工艺条件为：温度为 35℃、$Sn^{2+}$质量浓度为 40 g/L、电流密度为 2 $A/dm^2$、HCl 物质的量浓度为 3 mol/L、施镀时间为 4 min。最佳条件下获得的镀层宏观形貌光亮平整，微观形貌均匀，没有出现漏镀和裂纹，镀层厚度为 3.984 μm，符合 PCB 生产工艺对镀层的要求，弯曲试验法和热震试验等镀层结合力测试均表明镀层和基体之间的结合力良好。

（3）$SnCl_4$-HCl 溶液体系退锡最佳工艺条件为：温度为 45℃、$Sn^{4+}$质量浓度为 60 g/L、HCl 物质的量浓度为 5 mol/L、促进剂浓度为 20 g/L。隔膜电积试验表明采用山东天维均相膜电流效率高、阴极表面形貌更好，同时表明电积获得的阴极锡可作为镀锡阳极，电积后液满足退锡的要求。

# 第 3 章　铋隔膜电积

## 3.1　概　述

　　铋的提取一般根据原料类别、成分不同而采用不同的冶炼方法。氧化矿和氧化铋渣的处理一般采用还原熔炼获得粗铋，再精炼成精铋。硫化矿的处理方法比较复杂，采用传统的火法工艺，如混合熔炼和沉淀熔炼等。复杂低品位铋矿、高硅铋矿及含铋二次资源多采用湿法冶金工艺。最近一些年又研究出了新的火法工艺，如富氧熔池熔炼、低温碱性熔炼等。

　　铋在自然界中的含量极少，且大都与铅、钨和钼共生，一般作为钨、钼、铅、铜、锡冶炼过程中的副产品回收。铋的冶炼方法有湿法及火法两种，高品位铋精矿通常采用火法处理，但从 20 世纪 60 年代后期以来，针对难处理铋矿及含铋物料的湿法冶金新工艺研究日益增多。目前，国内外处理铋矿及低品位含铋物料的湿法冶金方法有很多，主要有三氯化铁浸出-铁粉置换法、三氯化铁浸出-隔膜电积法、三氯化铁浸出-水解沉铋法、氯气选择性浸出法、盐酸-亚硝酸浸出法、氯化水解法等。这些方法大都采用 $FeCl_3$、$Cl_2$、硝酸等作为氧化剂和配位剂氧化浸出铋矿或含铋物料，浸出液采用水解法、铁粉置换法、电积法、还原干馏法等产出氯氧铋、海绵铋及三氯化铋等产品。这些冶金过程各有其优点，但大都存在如下缺点：氧化剂有很强的腐蚀性，对设备材质要求严格，操作困难；溶液中离子浓度高，尤其是 $FeCl_3$ 浓度较高时，溶液黏度较大，液固分离困难；"三废"排放量大；置换法要消耗大量的铁粉，且产出的 $FeCl_2$ 需用 $Cl_2$ 氧化成 $FeCl_3$ 后才能返回浸出；试剂消耗量大，成本高。采用湿法处理含铋物料，铋通常通过水解作用从废液中回收；而采用电解沉积法分离浸出液中的铋报道不多。在之前的研究工作中，对低品位辉铋矿浮选精矿通过浸出、浸出液净化后利用 N235 萃取分离铋，在最优条件下，铋最终回收率为 97% 以上。本研究提出了另一种针对辉铋矿精矿（硫化矿）通过浸出、净化和电沉积法分离回收铋的方法。电积结束后，在阴、阳极室分别得到金属铋和 $NaClO_3$。$NaClO_3$ 可作为氧化剂返回浸出，实现了流程的闭路循环，解决了现有湿法冶金工艺中存在的试剂消耗多、废水排放量大等问题。

## 3.2　辉铋矿隔膜电积回收铋

### 3.2.1　原料与工艺流程

#### 3.2.1.1　试验原料

本试验所用原料为辉铋矿精矿，来自湖南省柿竹园有色金属有限责任公司，采用 ICP-AES 分析方法检测干燥的精矿的化学成分，分析结果见表 3-1。

表 3-1　辉铋矿精矿的化学成分

| 元素 | Bi | Fe | S | Ca | Cu | Mo | Pb | Si |
|---|---|---|---|---|---|---|---|---|
| 质量分数/% | 25.18 | 15.89 | 33.56 | 3.33 | 2.74 | 2.26 | 2.05 | 3.065 |

从辉铋矿精矿的化学成分上看，精矿中的三种主要成分为铋、铁、硫，同时还伴生一定量的铜、钼、铅等有价元素。但伴生的元素品位较低，不利于直接提取，只能富集处理或以副产品回收。

铋精矿的 XRD 分析图谱见图 3-1。

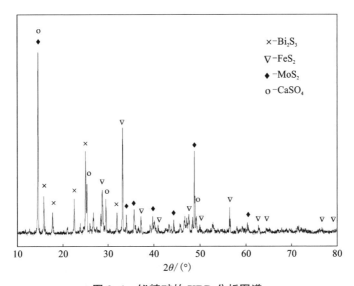

图 3-1　铋精矿的 XRD 分析图谱

从 XRD 分析谱图中可以看出，铋精矿中主要金属以硫化物的形式存在，如有辉铋矿、黄铁矿、辉钼矿等主要物相，其余元素物相的特征峰不明显。

电解用的电解液来自上述铋精矿浸出液。离子交换膜为阳离子交换膜,试验过程中使用的其他试剂均为分析纯。

#### 3.2.1.2　试验工艺流程

辉铋矿浸出-隔膜电积工艺流程见图3-2。本工艺用HCl-NaClO$_3$体系浸出辉铋矿,再对浸出液进行隔膜电积。阴极析出金属铋,阳极室则得到NaClO$_3$溶液,并作为氧化剂返回浸出。

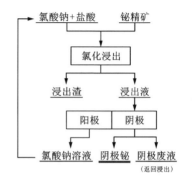

图3-2　辉铋矿浸出-隔膜电积工艺流程图

### 3.2.2　基本原理

#### 3.2.2.1　浸出原理

1.辉铋矿浸出过程的$\varphi$-pH图

氯酸钠作氧化剂浸出辉铋矿是氯化冶金技术的范畴。氯酸钠在浸出反应过程中既是氧化剂,又是氯化剂。由于其氧化和氯化的作用,硫化物中的金属元素以氯化物的形态进入溶液,而元素硫则被氧化成单质硫留在渣中。和一般的湿法冶金浸出过程一样,这种浸出过程的原理可借助$\varphi$-pH图对有关的浸出反应进行热力学分析,研究浸出过程的可行性。利用有关热力学数据绘制常温下Bi$_2$S$_3$-H$_2$O体系和Bi$_2$S$_3$-Cl$^-$-H$_2$O体系的$\varphi$-pH图,分别见图3-3和图3-4。

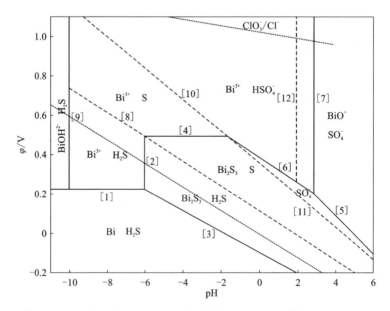

(注:$T$=298 K,[H$_2$S]=0.01 mol/L,[SO$_4^{2-}$]=1 mol/L,[Bi$^{3+}$]$_T$=0.01 mol/L)

图3-3　Bi$_2$S$_3$-H$_2$O体系的$\varphi$-pH图

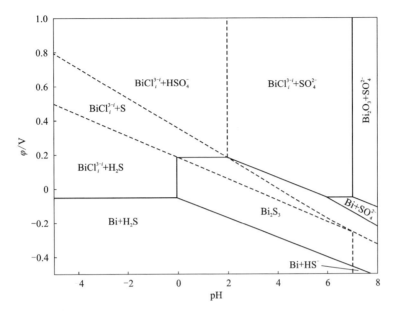

（注：$T = 298$ K，$[H_2S] = 0.01$ mol/L，$[SO_4^{2-}] = 1$ mol/L，$[Bi^{3+}]_T = 0.01$ mol/L，$[Cl^-]_T = 2$ mol/L）

**图 3-4    $Bi_2S_3$-$Cl^-$-$H_2O$ 体系的 $\varphi$-pH 图**

从 $Bi_2S_3$-$H_2O$ 体系的 $\varphi$-pH 图可以看出，辉铋矿有较大的稳定区域，要保证在溶液中铋以离子态存在需要极高的酸度。对比 $Bi_2S_3$-$Cl^-$-$H_2O$ 体系的 $\varphi$-pH 图发现，含 $Cl^-$ 体系中 $Bi_2S_3$ 的稳定区域明显减小，$Bi_2S_3$ 氧化成铋离子和单质硫的电位明显减小，酸度明显降低，所以更加有利于辉铋矿的浸出。

2. HCl-NaClO₃ 体系浸出铋的热力学计算

HCl-NaClO₃ 体系浸出辉铋矿的化学反应式为：

$$Bi_2S_3 + 6HCl + NaClO_3 \longrightarrow 2BiCl_3 + 3H_2O + 3S + NaCl \qquad (3-1)$$

根据热力学方程和表中的热力学数据，计算常温常压（298 K，101.325 kPa）下，化学反应的吉布斯自由能 $\Delta G$ 和平衡常数 $K$。

$$\Delta G_m^{\ominus} = \sum (\nu_B G_m) - \sum (\nu_A G_m) \qquad (3-2)$$

$$\Delta G_m^{\ominus} = -RT\ln K \qquad (3-3)$$

**表 3-2    相关物质的标准生成自由焓**

| 物质 | $Bi_2S_3$ | HCl | NaClO₃ | BiCl₃ | H₂O | S | NaCl |
|---|---|---|---|---|---|---|---|
| $\Delta G_m^{\ominus}/(kJ \cdot mol^{-1})$ | -164.69 | -131.17 | -269.91 | -256.06 | -237.14 | 0.096 | -393.17 |

通过计算得出 $\Delta G_m^{\ominus} = -394.80$ kJ/mol，$K = 1.48 \times 10^{69}$。热力学计算表明，即使在常温下用 $NaClO_3$ 作氧化剂浸出辉铋矿都是可行的。一般情况下，低温有利于反应平衡，但从动力学上来看提高温度有利于缩短反应平衡时间，即便在较高温度下反应的平衡常数依然很大，反应依然能较为彻底地进行。

3. 标准状态下硫化物的氧化次序

一般情况下，硫化物的酸性浸出都要在一定的氧化电位下进行，其一般反应式为：

$$MeS \longrightarrow Me^{2+} + S + 2e^- \tag{3-4}$$

常见硫化物的标准电位见表 3-3。

表 3-3　标准状态下常见硫化物的标准电位

| 物质 | $Bi_2S_3$ | PbS | $Cu_2S$ | $CuFeS_2$ | FeS | $FeS_2$ | $Ag_2S$ |
|---|---|---|---|---|---|---|---|
| $\varphi_{298}^{\ominus}$/V | 0.50 | 0.35 | 0.56 | 0.41 | 0.11 | 0.43 | 1.01 |

各种硫化物的氧化次序为：$FeS \rightarrow PbS \rightarrow CuFeS_2 \rightarrow FeS_2 \rightarrow Bi_2S_3 \rightarrow Cu_2S \rightarrow Ag_2S$。

依据热力学计算的氧化次序可以看出，$Bi_2S_3$ 的氧化在 PbS、$FeS_2$ 和 $Cu_2S$ 之间，因此控制一定的溶液电位可以选择性浸出铋。

### 3.2.2.2　电沉积原理

1. 阴极过程

阴极反应的主要目的是将溶液中的铋在阴极还原析出，并得到较高纯度的阴极铋。

铋的氯化物水溶液中有：$Bi^{3+}$、$BiO^+$、$BiCl^{2+}$、$BiCl_2^+$、$BiCl_3$、$BiCl_4^-$、$BiCl_5^{2-}$、$BiCl_6^{3-}$、$Cl^-$、$H^+$、$OH^-$ 等。溶液中的配位离子平衡包括：

$$Bi^{3+} + Cl^- \longrightarrow BiCl^{2+} \qquad K_1 = [BiCl^{2+}]/([Bi^{3+}][Cl^-]) \tag{3-5}$$

$$Bi^{3+} + 2Cl^- \longrightarrow BiCl_2^+ \qquad K_2 = [BiCl_2^+]/([Bi^{3+}][Cl^-]^2) \tag{3-6}$$

$$Bi^{3+} + 3Cl^- \longrightarrow BiCl_3 \qquad K_3 = [BiCl_3]/([Bi^{3+}][Cl^-]^3) \tag{3-7}$$

$$Bi^{3+} + 4Cl^- \longrightarrow BiCl_4^- \qquad K_4 = [BiCl_4^-]/([Bi^{3+}][Cl^-]^4) \tag{3-8}$$

$$Bi^{3+} + 5Cl^- \longrightarrow BiCl_5^{2-} \qquad K_5 = [BiCl_5^{2-}]/([Bi^{3+}][Cl^-]^5) \tag{3-9}$$

$$Bi^{3+} + 6Cl^- \longrightarrow BiCl_6^{3-} \qquad K_6 = [BiCl_6^{3-}]/([Bi^{3+}][Cl^-]^6) \tag{3-10}$$

水溶液中 $Bi^{3+}$ 与 $Cl^-$ 的六种配合物累积稳定常数 $\lg K$ 见表 3-4。

表 3-4　**$Bi^{3+}$ 与 $Cl^-$ 的配合物累积稳定常数 $lgK$**

| $lgK_1$ | $lgK_2$ | $lgK_3$ | $lgK_4$ | $lgK_5$ | $lgK_6$ |
|---------|---------|---------|---------|---------|---------|
| 2.35 | 4.4 | 5.45 | 6.65 | 7.29 | 7.09 |

绘制各级氯离子配合物的比例与氯离子浓度的关系图, 见图 3-5。从图 3-5 中可以看出, 各级氯离子配合物受到氯离子浓度影响显著。不同的氯离子浓度其可能与形成的金属氯配离子的级数及各级氯配离子之间的分配比例不同。在试验中氯离子浓度较高($>2$ mol/L), 有利于形成高配位的 $BiCl_6^{3-}$ 和 $BiCl_5^{2-}$。

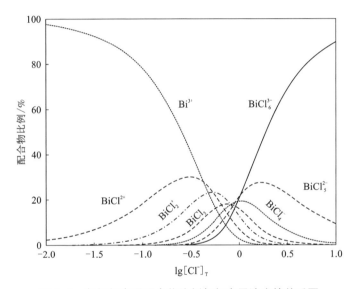

图 3-5　各级氯离子配合物比例与氯离子浓度的关系图

朱建春、李景升研究了 $Bi^{3+}$-$Cl^-$-$H_2O$ 体系热力学平衡关系, 并绘制了这个体系的 $\varphi$-pH 图, 见图 3-6。

从图 3-6 中可以看出, 溶液中铋主要以高配位数的 $BiCl_6^{3-}$ 存在。在较低的电位下, 铋离子会以单质铋的形式沉积出来。单质铋的稳定区域在氢线以上, 先于氢气析出, 说明铋电沉积反应析氢很少。

阴极发生的主要电化学反应如下:

$$Bi^{3+} + 3e^- \longrightarrow Bi \qquad \varphi_{Bi^{3+}/Bi}^{\ominus} = 0.317 \text{ V} \qquad (3-11)$$

$$2H^+ + 2e^- \longrightarrow H_2 \uparrow \qquad (3-12)$$

因为氢离子在阴极上析出氢气有较高的过电位, 所以一般情况下析出氢气是较困难的, 这也是阴极电流效率总是很高的原因。

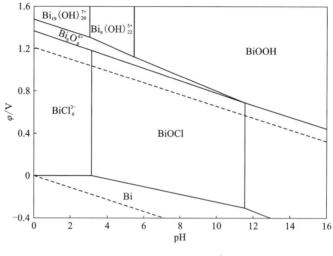

（注：25℃，[Cl⁻]=1 mol/L，lg[Bi³⁺]=-0.2）

**图 3-6  Bi³⁺-Cl⁻-H₂O 体系的 φ-pH 图**

**2. 阳极过程**

氯酸钠的生产一般采用电解法，是在无隔膜的电解槽中电解饱和 NaCl 溶液生成的。一般认为氯酸钠的形成机理与溶液的 pH 有关，在不同的酸度下有不同的生成过程(F. Foerster)。

在阳极上是 Cl⁻ 首先放电：

$$2Cl^- - 2e^- \longrightarrow Cl_2 \uparrow \qquad (3-13)$$

在 25℃时，在电解的饱和中性氯化钠溶液中 OH⁻ 及 Cl⁻ 在阳极上析出电位分别为：$\varphi^{\ominus}_{O_2/OH^-} = 0.82$ V，$\varphi^{\ominus}_{Cl_2/Cl^-} = 1.32$ V。从标准电位看 OH⁻ 先于 Cl⁻ 放电，放出 O₂，但氧的过电位(1.09 V)比氯的过电位(0.25 V)大得多，因此阳极上 Cl⁻ 先行放电。

在电解槽中 Cl₂ 可与电解液中的 OH⁻ 反应生成次氯酸盐：

$$Cl_2 + 2OH^- \longrightarrow ClO^- + Cl^- + H_2O \qquad (3-14)$$

在阳极上 ClO⁻ 可继续放电生成氯酸盐：

$$6ClO^- + 3H_2O - 6e^- \longrightarrow 2ClO_3^- + 6H^+ + 4Cl^- + 1.5O_2 \uparrow \qquad (3-15)$$

从反应式(3-13)、式(3-14)、式(3-15)可以看出，由 Cl⁻ 氧化成 2 mol ClO₃⁻，总共需要消耗 18 mol 的电子，但其中有 6 mol 电子是生成了 O₂。因此，以这种生成途径，在中性溶液中电解的电流效率不超过 12/18，即 66.67%。

若电解液是微酸性的，生成的 Cl₂ 除了按(3-14)反应式进行外，同时还有次氯酸生成：

$$Cl_2 + OH^- \longrightarrow HClO + Cl^- \tag{3-16}$$

次氯酸与次氯酸盐之间可以以化学反应生成氯酸盐，如式（3-17）和式（3-18）所示，这种化学反应不会产生 $O_2$，消耗不必要的电能：

$$2HClO + ClO^- \longrightarrow ClO_3^- + 2Cl^- + 2H^+ \tag{3-17}$$

$$HClO + 2ClO^- \longrightarrow ClO_3^- + 2Cl^- + H^+ \tag{3-18}$$

若溶液呈碱性时，其中 $OH^-$ 的浓度较大，增加了 $OH^-$ 在阳极上氧化生成 $O_2$ 的可能性，消耗了额外的电能，降低了阳极电流效率：

$$4OH^- - 4e^- \longrightarrow 2H_2O + O_2 \uparrow \tag{3-19}$$

$O_2$ 可以与溶液中的 $ClO^-$ 反应，但只少量生成 $ClO_3^-$：

$$ClO^- + O_2 \longrightarrow ClO_3^- \tag{3-20}$$

同时在碱性条件下，溶液中 $ClO^-$ 的浓度较高，增加了其阳极放电的可能，因此主要以电化学反应生成 $ClO_3^-$。

总的看来，电解槽中除了以电化学反应途径生成氯酸钠外，也有按化学反应途径形成氯酸钠的过程存在，而且化学反应比电化学反应更加主要。因此，研究以化学反应为主要途径生成氯酸钠的工艺具有极大的意义。因为若电解反应以化学反应为主生成氯酸钠时，电流没有消耗再析出 $O_2$，理论上的电流效率可以达到 100%。而阳极上还存在析出 $O_2$ 的副反应，特别是在碱性溶液中，$OH^-$ 放电的可能性更大，使电能消耗于 $O_2$ 的析出上，是不利于氯酸钠效率提高的。因此，在实际生产过程中，氯酸钠的形成以化学反应途径为主，这样可提高电流效率。

从上述氯酸钠的形成机理上可以看出：阳极反应是个复杂而综合的过程，既包括电极电化学反应，又有溶液中的化学反应。在试验条件下，氯离子氧化生成的游离氯溶解在溶液中，再通过一系列的化学或电化学方式生成氯酸钠。有关反应如下：

（1）阳极电化学反应

$$2Cl^- \longrightarrow Cl_{2(aq)} + 2e^- \tag{3-21}$$

$$4OH^- \longrightarrow 2H_2O + O_2 \uparrow - 4e^- \tag{3-22}$$

$$6ClO^- + 3H_2O \longrightarrow 2ClO_3^- + 4Cl^- + 6H^+ + 3/2O_2 \uparrow + 6e^- \tag{3-23}$$

（2）溶液中离子相互反应

$$Cl_{2(aq)} + H_2O \longrightarrow HClO + Cl^- + H^+ \tag{3-24}$$

$$HClO \longleftarrow\!\!\!\longrightarrow ClO^- + H^+ \tag{3-25}$$

$$2HClO + ClO^- \longrightarrow ClO_3^- + 2Cl^- + 2H^+ \tag{3-26}$$

最终通过上述反应生成氯酸钠的理想总反应式为：

$$Cl^- + 6OH^- - 6e^- \longrightarrow ClO_3^- + 3H_2O \tag{3-27}$$

3. 电沉积过程电化学研究

在研究电沉积过程电化学行为测试中，采用常用的三电极体系，工作电极为钛电极(有效面积为 7.068 mm$^2$)，辅助对电极为铂片(有效面积为 2.25 cm$^2$)，参比电极选择饱和甘汞电极，用恒温磁力搅拌器控制电沉积系统的温度。在使用电极之前必须用 3500 目的金相砂纸打磨工作电极，并用去离子水清洗干净。

(1)循环伏安法

测试实验得到的循环伏安曲线见图 3-7。在电位向负方向扫描时，在 -0.136 V 开始有阴极电流，在 -0.210 V 时电流达到一个峰值，之后电流继续增加。电位向正方向回扫时，在 -0.011 V 达到氧化电流峰值。还原峰和氧化峰对应的电位值相差约 0.2 V，而且还原峰和氧化峰的峰高和形状都有较大不同，一般可以认为电沉积过程是不可逆反应。

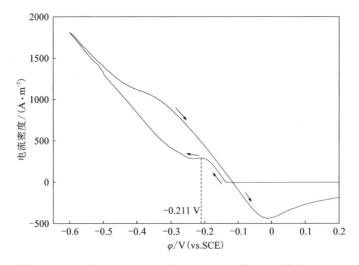

(注：$\rho_{Bi^{3+}}$ 为 30 g/L，$c_{HCl}$ 为 2 mol/L，$\rho_{NaCl}$ 为 200 g/L，pH 为 7.0，温度为 25℃，$v=5$ mV/s)

**图 3-7　循环伏安曲线**

(2)线性扫描伏安法

1)不同初始铋浓度下的阴极极化曲线

对不同初始铋浓度的溶液进行线性扫描伏安图测试，扫描速度为 10 mV/s，得到的阴极极化曲线见图 3-8。

由图 3-8 可知，随着电解液中起始铋离子浓度逐渐增加，阴极电流也相应增大，即电极反应速率增大，开始反应的电位也越正。这是因为铋浓度越高，溶液中离子传质速度越快，浓差极化变小。同时，较低铋浓度的极化曲线会有明显峰值，高浓度时不明显。

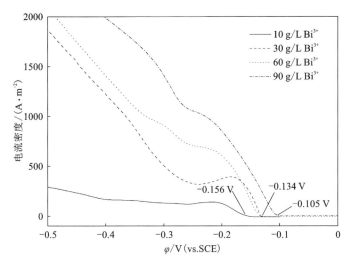

（注：$c_{HCl}$ 为 2 mol/L，$\rho_{NaCl}$ 为 200 g/L，pH 为 7.0，温度为 25℃，$v = 10$ mV/s）

**图 3-8　不同初始铋浓度下的阴极极化曲线**

2）不同酸度下的阴极极化曲线

对不同酸度的溶液进行线性扫描伏安图测试，扫描速度为 10 mV/s，得到的阴极极化曲线见图 3-9。

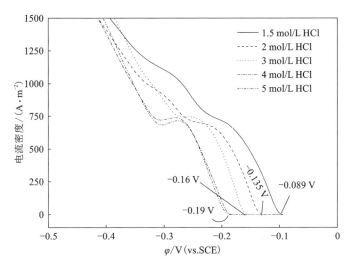

（注：$\rho_{Bi^{3+}}$ 为 60 g/L，$\rho_{NaCl}$ 为 200 g/L，pH 为 7.0，温度为 25℃，$v = 10$ mV/s）

**图 3-9　不同酸度的阴极极化曲线**

由图 3-9 可知，随着酸度逐渐增加，反应速率也相对减小，开始反应的电位
也降低。这是因为酸度越高，溶液中氯离子和氢离子浓度就越高，氯离子过高使
得铋离子中高配位数的配合物比例增大，降低了低配体配合物的浓度，不利于低
配体配合物阴极放电，降低了反应速率。随酸度的增加电极反应过电位增加，析
氢的可能性增强，表现出较强的电化学极化作用，原因是氢离子的离子淌度较铋
离子大很多，大量的氢离子会影响铋离子向电极表面的迁移速率，增加了电极极
化，使得高酸度下曲线会有明显峰值。

3）不同温度下的阴极极化曲线

对不同温度的溶液进行线性扫描伏安图测试，扫描速度为 10 mV/s，得到的
阴极极化曲线见图 3-10。

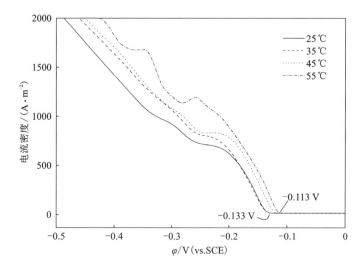

（注：$\rho_{Bi^{3+}}$ 为 60 g/L，$c_{HCl}$ 为 2 mol/L，$\rho_{NaCl}$ 为 200 g/L，pH 为 7.0，$v = 10$ mV/s）

**图 3-10　不同温度下的阴极极化曲线**

由图 3-10 可知，随着温度逐渐增加，反应速率也相对增加，开始反应的电位
也升高。这是因为温度越高，不论离子迁移速率还是电化学反应速率都会增加，
最终使表观反应速率增加。但温度变化对极化曲线的影响没有铋浓度和酸度变化
带来的影响大。同时也可发现，在高温下极化曲线不稳定。

（3）计时电流法

一般利用计时电流法测试在不同阶跃电位下金属的成核方式。不同初始铋浓
度溶液在不同阶跃电位下的电流密度-时间暂态曲线见图 3-11。曲线包括两个区
域：上升段曲线，结晶初期，大量成核和形成新相；下降段曲线，生长中心的消失
和再生。

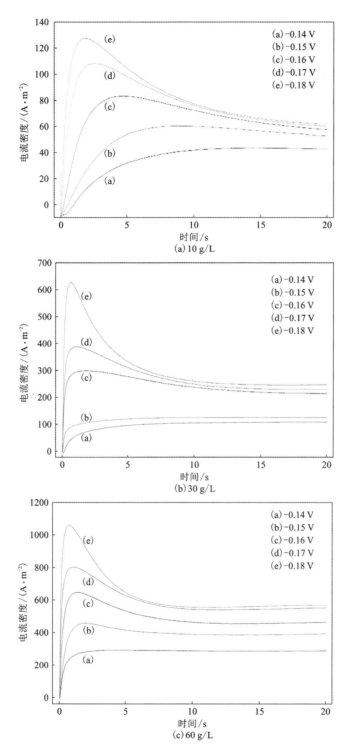

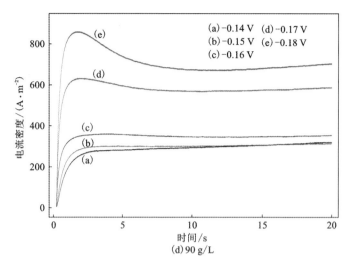

图 3-11　不同初始铋浓度溶液在不同阶跃电位下的电流密度-时间暂态曲线

根据 Scharifker 等依据半球晶核模型推导出的暂态电流与时间的关系：

瞬时成核：

$$i = \frac{zFD^{1/2}c}{\pi^{1/2}t^{1/2}}\left[1 - \exp(-N_0\pi kDt)\right], \quad k = (8\pi cM/\rho)^{1/2} \tag{3-28}$$

连续成核：

$$i = \frac{zFD^{1/2}c}{\pi^{1/2}t^{1/2}}\left[1 - \exp(-A\pi k'Dt^2/2)\right], \quad k' = \frac{4}{3}(8\pi cM/\rho)^{1/2} \tag{3-29}$$

式中：$zF$ 为离子的摩尔电荷数；$D$ 为离子的扩散系数；$c$ 为离子的摩尔浓度；$M$ 为沉积物的摩尔质量；$N_0$ 为晶核密度数；$\rho$ 为沉积物密度，$A$ 为成核速率常数。

对上述两个方程表示的暂态电流求导，得出 $t_m$、$i_m$ 和 $(i/i_m)^2$ 的表达式。

瞬时成核：

$$t_m = \frac{1.2564}{N\pi kD} \tag{3-30}$$

$$i_m = 0.6382zFDc(kN)^{1/2} \tag{3-31}$$

$$\left(\frac{i}{i_m}\right)^2 = 1.9542\left\{1 - \exp\left[-1.2564\left(\frac{t}{t_m}\right)\right]\right\}^2\left(\frac{t}{t_m}\right)^{-1} \tag{3-32}$$

连续成核：

$$t_m = \left(\frac{4.6733}{AN\pi k'D}\right)^{1/2} \tag{3-33}$$

$$i_m = 0.4615zFD^{3/4}c(k'AN)^{1/4} \tag{3-34}$$

$$\left(\frac{i}{i_m}\right)^2 = 1.2254\left\{1 - \exp\left[-2.3367\left(\frac{t}{t_m}\right)^2\right]\right\}^2\left(\frac{t}{t_m}\right)^{-1} \tag{3-35}$$

　　对曲线进行相应的无因次转换, 即可得到不同初始铋浓度溶液在不同阶跃电位下的无因次曲线, 见图 3-12, 并将上述的瞬时成核(实线)和连续成核(虚线)的无因次曲线也绘制于图 3-12 中。对比标准成核曲线与实验测得的曲线, 可以明显发现, 曲线更加趋近于瞬时成核的无因次曲线, 说明体系在早期成核过程中遵循瞬时成核的规律。在不同浓度下也可以发现, 电位越负, 曲线越趋近于瞬时成核的无因次曲线。反之, 就远离瞬时成核的无因次曲线。说明在较低的过电位下, 成核的驱动力不足, 电结晶过程较缓慢。

　　当然, 连续成核与瞬时成核曲线模型是成核速率常数 A 很小或很大时的两种特例, 连续成核的曲线的峰尖锐, 瞬时成核的曲线的峰相对较宽。从图 3-12 中可明显看出, 通过实验测得的曲线的峰很宽, 也说明了铋电沉积的成核速率较大。

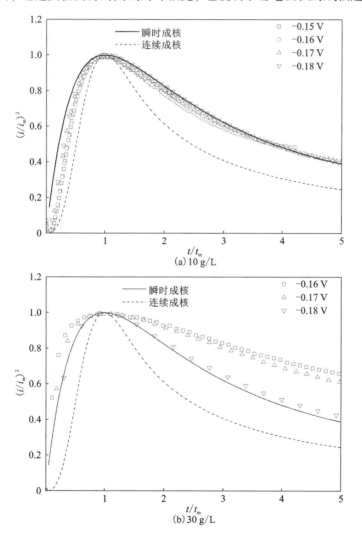

(a) 10 g/L

(b) 30 g/L

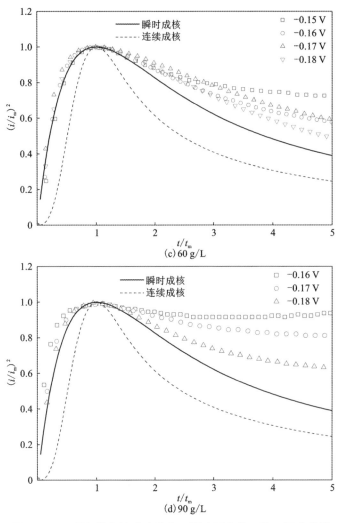

图 3-12　不同初始铋浓度溶液在不同阶跃电位下的无因次曲线

## 3.2.3　实验结果与讨论

### 3.2.3.1　氯酸钠氧化浸出辉铋矿的工艺研究

1. 单因素条件试验

浸出试验以硫化铋精矿为原料，使用氯酸钠为氧化剂，在酸性条件下分别研究反应温度、初始酸度、液固比、氯酸钠用量、浸出时间和氧化剂加入速度对铋精矿中铋和铁的浸出率、渣率和终点酸度的影响。

（1）反应温度的影响

在固定试验酸度 3 mol/L、时间 1.5 h、氧化剂用量系数 1.1、液固比 3∶1 和氧化剂加入速度 0.12 g/min 的试验条件下, 分别研究 30℃、50℃、70℃ 和 90℃ 等不同反应温度对硫化铋精矿浸出效率的影响。试验结果见图 3-13。

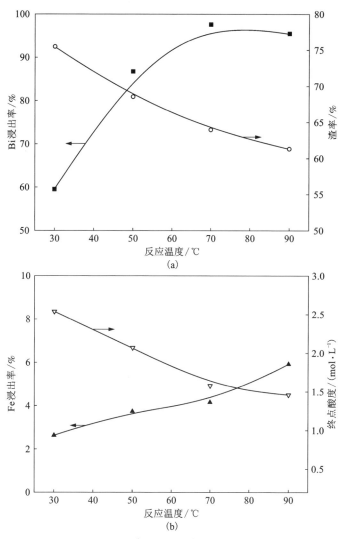

图 3-13　反应温度对铋精矿浸出的影响

从图 3-13 中可以明显看出, 温度对精矿中铋的浸出影响很大。当浸出温度为 70℃ 时, 铋的浸出率最高, 为 97.61%。当浸出温度从 30℃ 提高到 50℃ 后, 铋的浸出率增加了 17%, 这一点从侧面印证了低温下的硫化铋浸出过程受化学反应过程控制。在温度达到 90℃ 后, 铋的浸出率却略有下降, 因为在高温反应体系中的盐酸挥发较快, 降低了溶液的酸度, 最终影响了硫化铋的浸出反应, 这一点从测得的终点酸度可以看出。溶液酸度随着温度的升高而降低，这既是因为浸出反应消耗，也有温度升高而挥发的原因。随着反应温度逐步升高，渣率依次降低。同时，精矿中铁的浸出率随着温度的升高也逐渐增加，这会对后续过程产生不利影响，应该适当控制。综合考虑，确定浸出过程的温度为70℃。

（2）初始酸度的影响

在盐酸作浸出剂的试验中，氯离子和氢离子是成对出现的，这里只考虑酸度的影响。在固定试验温度70℃、时间1.5 h、氧化剂用量系数1.1、液固比3：1和氧化剂加入速度0.12 g/min的试验条件下，分别研究2 mol/L、2.5 mol/L、3 mol/L、3.5 mol/L、4 mol/L等不同浸出初始酸度对硫化铋精矿浸出效率的影响。试验结果见图3-14。

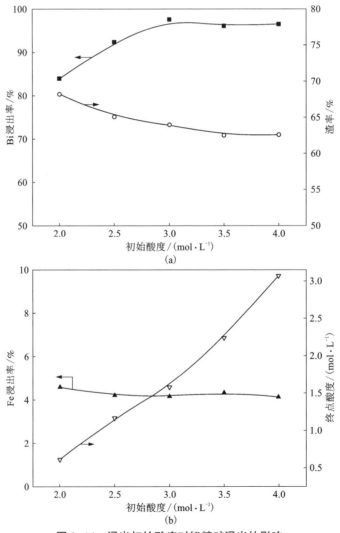

图3-14　浸出初始酸度对铋精矿浸出的影响

从图 3-14 中可以明显看出，精矿中铋的浸出率随着浸出初始酸度的增加而增大，当初始酸度为 3 mol/L 时，铋的浸出率达到最大值。低酸度下进行的浸出，其浸出率较低，在酸度达到一定值后，酸度对浸出率的影响变小。因为过多的酸对铋的浸出作用不大(浸出率为 95% 以上)，且精矿与盐酸作用易产生 $H_2S$ 等有害气体，同时造成浸出液酸度的急剧增大。酸度对精矿中铁的浸出率影响不明显。综合考虑，确定浸出过程的初始酸度为 3.0 mol/L。

（3）液固比的影响

在固定试验温度 70℃、时间 1.5 h、氧化剂用量系数 1.1、酸度 3 mol/L 和氧化剂加入速度 0.12 g/min 的试验条件下，分别研究 2：1、3：1、4：1 和 5：1 等不同液固比对硫化铋精矿浸出效率的影响。试验结果见图 3-15。

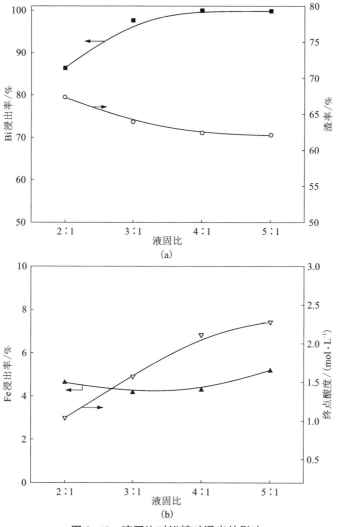

图 3-15 液固比对铋精矿浸出的影响

从图 3-15 中可以明显看出,精矿中铋的浸出率随着液固比的增加而逐渐增加,在液固比为 4:1 时达到最大值,此时铋基本上全进入溶液。液固比过小,不仅铋的浸出率低,而且不利于实际生产,增加搅拌能耗;液固比过大,既会浪费过多的酸,又会稀释浸出液中铋浓度,同样不利于铋的提取。综合考虑,确定浸出过程的液固比为 4:1。

(4)氧化剂用量的影响

氧化剂氯酸钠的用量是硫化矿氧化浸出过程的关键因素,直接关系到浸出反应能否持续进行。在固定试验温度 70℃、时间 1.5 h、液固比 4:1、酸度 3 mol/L 和氧化剂加入速度 0.12 g/min 的试验条件下,分别研究 $NaClO_3$ 用量系数为 0.9、1.1、1.3、1.5 时对硫化铋精矿浸出效率的影响。试验结果见图 3-16。

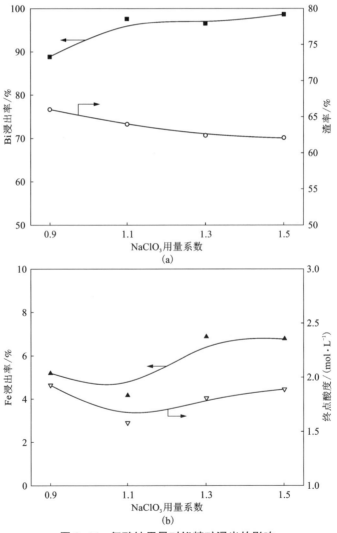

图 3-16 氯酸钠用量对铋精矿浸出的影响

试验结果表明,精矿中铋的浸出率随氯酸钠用量的增大而增加,在氯酸钠不足时,浸出率不高,增加氧化剂用量即可提高铋的浸出率。氯酸钠用量系数为 1.1 时,铋的浸出率为 97% 以上。使用过多的氯酸钠,对铋浸出率提高效果不明显,却浪费了氧化剂,而且使得更多的杂质元素进入溶液。氧化剂用量过多,会提高精矿中铁的浸出率,应当合理控制其使用量。综合考虑,确定浸出过程的氧化剂氯酸钠用量系数为 1.1。

(5)浸出时间的影响

在固定试验温度 70℃、氧化剂用量系数 1.1、液固比 4 : 1、酸度 3 mol/L 和氧化剂加入速度 0.12 g/min(在 $t=0.5$ h 时,提高了加入速度)的试验条件下,分别研究 0.5 h、1.0 h、1.5 h 和 2.5 h 等不同反应时间对硫化铋精矿浸出效率的影响。试验结果见图 3-17。

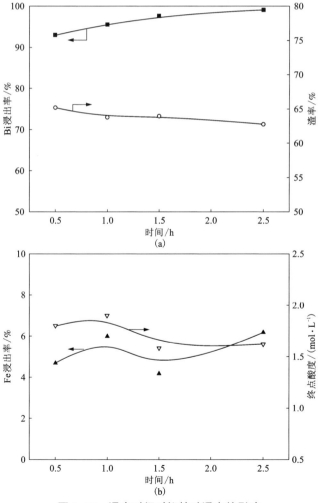

图 3-17　浸出时间对铋精矿浸出的影响

从图3-17中可以明显看出，精矿中铋的浸出反应速率很大，在0.5 h时铋的浸出率就达到了93%。铋的浸出率随着时间的延长而不断增加，在2.5 h以后铋的浸出率超过了99%。浸出时间对精矿中铁的浸出影响不是很明显，只是缓慢增加。总的来看，浸出时间对铋精矿浸出的影响不大。选择合适的浸出时间既能保证铋的浸出率，又可以节省时间，因此综合考虑确定浸出过程的反应时间为1.5 h。

(6)氧化剂加入速度的影响

由于氯酸钠在酸性条件下，氧化性强，放出强氧化性的$ClO_2$和活性$Cl_2$等强氧化性物质，若加入速度过快，反应不及时，在密闭不严的情况下使得氧化性物质挥发，易造成试剂损失。故在固定试验温度70℃、氧化剂用量系数1.1、液固比4:1、酸度3 mol/L和反应时间1.5 h的试验条件下，分别研究0.12 g/min、0.16 g/min、0.24 g/min、0.71 g/min等不同氧化剂加入速度对硫化铋精矿浸出效率的影响。试验结果见图3-18。

试验结果表明，氯酸钠加入得慢，有利于氯酸钠充分反应完全，这样浸出率就比较高，而且硫化铋是较容易氧化分解的组成，无须很高的氧化性气氛，这样也可与其他难分解的杂质分离；而加入得快就容易造成氯酸钠的损失，不利于浸出率提高，同时也使其他难分解的杂质元素进入溶液。综合考虑，确定浸出过程的氧化剂加入速度为0.24 g/min。

2. 验证、扩大试验

单因素条件试验获得的铋精矿浸出的最佳试验条件是：反应温度为70℃、初始溶液酸度为3 mol/L、氧化剂氯酸钠用量系数为1.1、液固比为4:1、反应时间为1.5 h，氧化剂加入速度为0.24 g/min。这个最佳的浸出试验条件是在每次100 g精矿的用料规模下获得的，为了验证试验结果的可靠性和广泛性，很有必要进行重复的试验验证。扩大试验局限于浸出设备条件，采用每次400 g精矿的试验规模。

(1)验证试验结果

试验结果见表3-5和图3-19。试验结果表明，验证试验中金属铋的平均浸出率仍然达到了98.36%，平均渣率为62.15%。说明试验重复性比较可靠。金属平衡分析表明，铋99%进入溶液，铁93%进入浸出渣，钼95%进入浸出渣，铜79%进入浸出渣，实现了铋与其他金属的有效分离。铅和硫等由于分析或试验上的原因平衡率不高，但从可信的数据上分析，硫元素入渣，铅主要是进入溶液后结晶析出而没有计算在内。

对比渣及原矿的XRD图谱还可发现，在该体系下浸出时，除辉铋矿物相外，其他物相如黄铁矿、辉钼矿和石膏等大多存留于渣中。渣中新出现硫单质相，验证了硫以单质形态入渣。

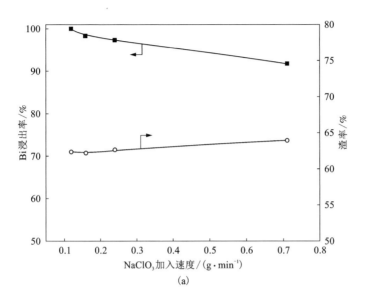

(a)

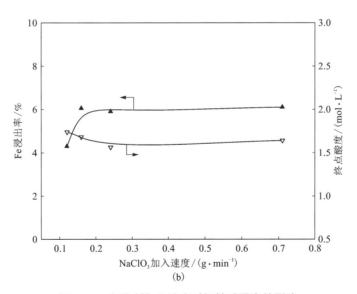

(b)

图 3-18  氧化剂加入速度对铋精矿浸出的影响

表 3-5  验证试验结果和金属平衡

| 编号 | 元素 | 浸出液 | | 浸出渣 | | 金属平衡 | | |
|---|---|---|---|---|---|---|---|---|
| | | 体积/mL | $\rho/(mg \cdot L^{-1})$ | 质量/g | w/% | 入液率/% | 入渣率/% | 平衡率/% |
| 1 | Bi | 489 | 48498 | 62.25 | 0.64 | 97.35 | 1.64 | 98.99 |
| | Fe | | 2623 | | 23.7 | 8.07 | 92.85 | 100.92 |
| | S | | 1342 | | 31.62 | 1.96 | 58.65 | 60.61 |
| | Cu | | 857 | | 3.64 | 15.29 | 81.70 | 96.99 |
| | Pb | | 1068 | | 0.16 | 25.48 | 4.86 | 30.33 |
| | Mo | | 28 | | 3.43 | 0.61 | 94.48 | 95.08 |
| 2 | Bi | 489 | 48901 | 62.05 | 0.39 | 99.37 | 0.99 | 100.36 |
| | Fe | | 2510 | | 23.82 | 7.82 | 93.02 | 100.84 |
| | S | | 1102 | | 29.75 | 1.63 | 55.01 | 56.63 |
| | Cu | | 972 | | 3.46 | 17.56 | 78.36 | 95.91 |
| | Pb | | 1060 | | 0.13 | 25.60 | 3.93 | 29.53 |
| | Mo | | 20 | | 3.45 | 0.44 | 94.72 | 95.16 |

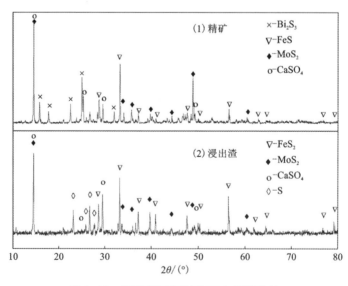

图 3-19  铋精矿浸出前后 XRD 图谱比较

（2）扩大试验结果

扩大试验结果见表 3-6。可以看出数据结果与上述结果具有很好的一致性，各元素的浸出规律重复性较高。

表 3-6　400 g 扩大试验结果和金属平衡

| 编号 | 元素 | 浸出液 | | 浸出渣 | | 金属平衡 | | |
|---|---|---|---|---|---|---|---|---|
| | | 体积/mL | $\rho/(mg \cdot L^{-1})$ | 质量/g | $w/\%$ | 入液率/% | 入渣率/% | 平衡率/% |
| 3 | Bi | 1706 | 57380 | 62.10 | 0.40 | 99.46 | 0.99 | 100.45 |
| | Fe | | 2630 | | 23.76 | 7.06 | 93.08 | 100.14 |
| | S | | 1190 | | 30.18 | 1.51 | 55.98 | 57.49 |
| | Cu | | 999 | | 3.47 | 15.55 | 78.83 | 94.38 |
| | Pb | | 1077 | | 0.14 | 22.41 | 4.25 | 26.66 |
| | Mo | | 23 | | 3.47 | 0.43 | 95.58 | 96.01 |

### 3.2.3.2　氯化铋溶液隔膜电积工艺

1. 单因素条件试验

（1）阳极溶液缓冲体系

根据理论电极反应分析，在电解过程中阳极溶液的 pH 会降低，不利于体系 pH 的稳定，甚至在 pH 很低时会释放出氯气，所以必须加入一定的缓冲试剂来维持体系 pH，保证电极反应顺利进行。虽然碱性的试剂很多，但为了使加入后不引入其他不必要的杂质，选择 $NaHCO_3$、$Na_2CO_3$、NaOH 三种缓冲剂。针对不同的阳极缓冲体系，研究其对阳极过程的影响。

在阳极溶液 NaCl 质量浓度为 300 g/L、阳极极板为石墨的条件下，分别探索 $NaHCO_3$、$Na_2CO_3$、NaOH（直接加）和 NaOH（滴加控制 pH）四种方式控制溶液的 pH，研究不同方式对阳极产物的影响。直接加入的 $NaHCO_3$、$Na_2CO_3$ 和 NaOH 三种试剂均按每小时理论量加入和补加。试验结果见表 3-7 和图 3-20。

表 3-7　不同缓冲体系下的阳极各产物产率

| 阳极体系 | $NaClO_3$ 产率/% | $Cl_2$ 产率/% | NaClO 产率/% | 合计/% |
|---|---|---|---|---|
| $NaHCO_3$ | 48.96 | 3.39 | 12.49 | 64.84 |
| $Na_2CO_3$ | 42.64 | 4.61 | 11.07 | 58.32 |
| NaOH（直接加） | 3.39 | 5.35 | 5.27 | 14.01 |

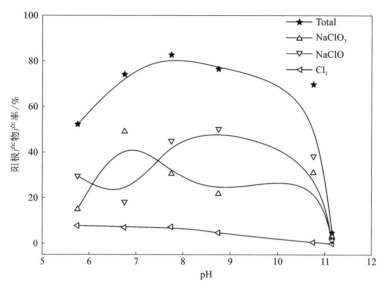

图 3-20  不同 pH 下的阳极产物情况（滴加 NaOH 溶液控制 pH）

从表 3-7 中看出，在不同缓冲体系下阳极产物变化较大，即体系对阳极反应有很大影响。在直接加入 $NaHCO_3$、$Na_2CO_3$ 和 NaOH 调节酸碱度时，由于这三种试剂碱性强弱不同对阳极过程产生了较大的影响。其碱性由弱到强为 $NaHCO_3$，$Na_2CO_3$，NaOH，而试验结果由好到差为 $NaHCO_3$，$Na_2CO_3$，NaOH，由此可见 pH 是隔膜电积氯化钠合成氯酸钠的重要条件。同时由于碱性强弱不同，对阳极溶液中 $OH^-$ 或 $H_2O$ 的氧化副反应也有很大影响，碱性较弱的 $NaHCO_3$ 缓冲体系总效率明显高于其他体系。

在滴加 NaOH 溶液控制 pH 的研究中，探究不同 pH 下阳极反应的变化情况。试验结果再次验证了 pH 是隔膜电积合成氯酸钠的重要条件，不同 pH 下阳极生成的最终产物有很大不同。电解生成 $ClO^-$ 的量开始随 pH 的增加而逐渐增大，在 pH 约为 9 时达到最大，而后又逐渐减小，电解体系酸度或碱度太大都不利于次氯酸根的生成；而在 pH 约为 7 时更能高效生成氯酸根 $ClO_3^-$，此时阳极反应的副反应最少，总电流效率为 80% 以上。

除此之外，采用 $NaHCO_3$ 体系虽然能较好地控制体系酸碱度，但电解过程中会释放很多 $CO_2$ 气体，可能难免会带出溶液中的游离氯，降低阳极效率，同时阳极大量 $CO_2$ 气体对阳极石墨板的侵蚀作用也会加剧。

综合考虑，选择滴加 NaOH 溶液控制 pH 的方式控制体系的酸碱度。

（2）阳极氯化钠浓度

在阳极极板为石墨、滴加 NaOH 溶液控制 pH 在 6.6~6.9 的条件下，研究阳极溶液中 NaCl 质量浓度分别为 100 g/L、150 g/L、200 g/L、250 g/L、300 g/L 时对阳极反应的影响。试验结果见图 3-21。

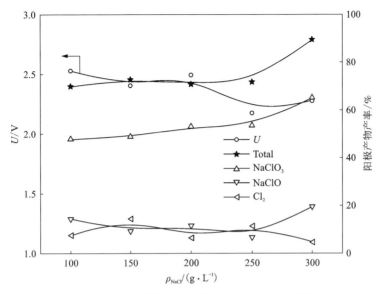

图 3-21　阳极氯化钠浓度对槽电压和阳极反应的影响

试验结果表明，随着 NaCl 浓度的升高，阳极反应的电流效率不断升高，副反应逐渐降低。因为析氯的过电位随着 NaCl 浓度的升高而降低，有利于氯的氧化，同时抑制氧的析出。增加 NaCl 浓度有利于降低槽电压，通常在相同温度下，NaCl 浓度越高，其电导率越大，因此溶液电阻小，电解过程中电压损失低电耗会较低。电解过程中氯酸钠的含量会不断升高，而 NaCl 的含量则不断降低。而溶液导电性变差会使得槽压升高，电耗上升。为取得较高的电流效率应保持电解液中较高的 NaCl 浓度。综合考虑 NaCl 浓度在 250~300 g/L 较为适宜。

（3）阳极极板材质

选择适当的电解极板材料作为电解槽的电极是十分重要的工作。对于氯盐体系电极材料要求有一定的耐反应物腐蚀的性能，能促进氯离子在阳极上放电，即氯在阳极上的超电势要低。石墨是氯酸盐工业传统的阳极材料，同时也是电解电镀等工业上重要的阳极材料。石墨价格低，氯的过电位较低，导电性好。同时石墨阳极损耗大、易脱落等问题也是值得重视的。近几十年来出现了许多新的阳极材料，如在钛板或石墨、陶瓷等基体上涂覆或镀上一层 $PbO_2$、$MnO_2$、$RuO_2$、$IrO_2$ 等材料。这种阳极不仅损耗低，而且氯的过电位低，使用寿命长，其已经广泛应用于电解行业。

本研究选用了两种电极材料，石墨板和涂钌钛网进行对比试验。在阳极溶液

NaCl 质量浓度为 300 g/L、滴加 NaOH 溶液控制 pH 为 6.6~6.9 的条件下，研究阳极极板分别为涂钌钛网和石墨时对阳极反应的影响。试验结果见表 3-8。

表 3-8　阳极极板材质对阳极反应的各产物产率

| 阳极材质 | NaClO$_3$/% | Cl$_2$/% | NaClO/% | 合计/% |
|---|---|---|---|---|
| 涂钌钛网 | 39.06 | 4.67 | 7.14 | 50.87 |
| 石墨 | 49.03 | 7.01 | 18.06 | 74.10 |

结果表明，石墨阳极明显优于涂钌钛网，同时副反应也少得多。虽然在氯酸盐工业上涂钌钛网的实际应用效果比石墨要好得多，但在这里本研究与实际氯酸盐电解技术有很大差别，如温度较低、电流密度较小等条件，以及试验体系有所不同，导致涂钌钛网的电解效率低于石墨阳极。

（4）阴极溶液铋浓度

在阴极溶液为 HCl 物质的量浓度为 2 mol/L，钛板为阴极极板，阳极溶液 NaCl 质量浓度为 300 g/L，滴加 NaOH 溶液控制 pH 为 6.6~6.9，石墨为阳极，工艺条件为温度 40℃，电流密度为 200 A/m$^2$ 等条件下，研究阴极溶液中铋离子浓度分别为 30 g/L、40 g/L、50 g/L、60 g/L、70 g/L、80 g/L、90 g/L 时，对电解阴极产品质量、阴极效率和槽电压等指标的影响。试验结果见图 3-22，阴极宏观形貌见图 3-23，阴极铋的 XRD 图谱见图 3-24。

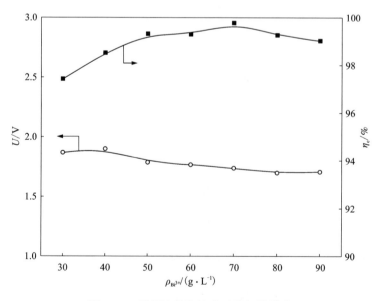

图 3-22　阴极溶液铋浓度对电解的影响

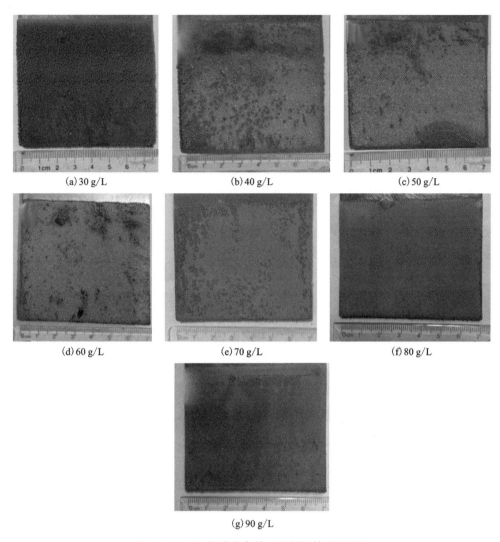

(a) 30 g/L　　　　　(b) 40 g/L　　　　　(c) 50 g/L

(d) 60 g/L　　　　　(e) 70 g/L　　　　　(f) 80 g/L

(g) 90 g/L

图 3-23　不同铋浓度条件下阴极铋的宏观形貌

试验结果从宏观形貌上可以看出，当 $Bi^{3+}$ 质量浓度小于 30 g/L 时，只能在阴极表面得到一层粉末状铋；当 $Bi^{3+}$ 质量浓度为 40~60 g/L 时，阴极可以得到较平整致密的铋板，但表面伴随着一些瘤状颗粒沉积物，这些瘤状物随着铋浓度的升高而逐渐减少。当 $Bi^{3+}$ 质量浓度在 70 g/L 以上时，阴极铋板都比较平整光滑，没有其他异常沉积物，呈银白色(表面因氧化而呈灰色)。随着铋浓度的升高，槽电压逐渐减小，而电流效率由于处于较高的值，只略微增加。综合考虑，阴极溶液铋质量浓度在 70~80 g/L 较为合适。

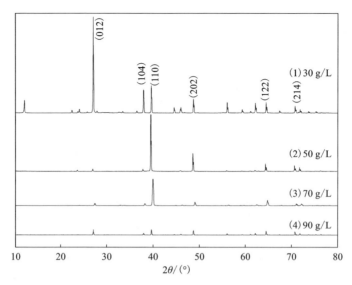

图 3-24　不同铋浓度条件下阴极铋的 XRD 图谱

从不同铋浓度条件下获得的阴极铋的 XRD 图谱可以看出，低铋浓度条件下得到的粉末铋以晶面（012）为主要衍射峰，而且其他衍射峰值的相对强度较大（与标准卡片数据基本一致）。而较高铋浓度条件下获得的致密的铋表现出一定的取向优势，生长以（110）、（202）面为主。

（5）阴极溶液酸度

在阴极溶液 $Bi^{3+}$ 质量浓度为 80 g/L，钛板为阴极极板，阳极溶液 NaCl 质量浓度为 300 g/L，滴加 NaOH 溶液控制 pH 为 6.6~6.9，石墨为阳极，工艺条件为温度 40℃、电流密度 200 A/m² 等条件下，研究阴极溶液中酸度分别为 1.5 mol/L、2 mol/L、3 mol/L、4 mol/L、5 mol/L 时，对阴极板产物质量、阴极效率和槽电压等指标的影响。试验结果见图 3-25，阴极产品宏观形貌见图 3-26，阴极铋的 XRD 图谱见图 3-27。

试验结果从宏观形貌上可以看出，阴极溶液酸度对阴极沉积影响较小，均能得到平整致密的铋板。只在酸度为 1.5 mol/L 时阴极表面会有少量颗粒沉积物。随着阴极溶液酸度增加，槽电压会逐渐减小，而电流效率变化不大。为了避免溶液因酸度高而产生酸雾，综合考虑，阴极溶液酸度在 2~3 mol/L 较为合适。

从不同酸度条件下获得的阴极铋的 XRD 图谱可以看出，低酸度条件下得到的不光滑的铋的衍射峰强度较弱，以（012）为主要衍射峰，而其他衍射峰值的相对强度与之相差不大。而较高酸度条件下获得的致密铋，特别是 5 mol/L 酸度下铋表现出很强的取向优势，生长以（110）面为主，其他衍射峰被极大地抑制。

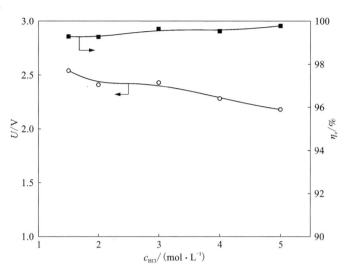

图 3-25　阴极溶液酸度对电解的影响

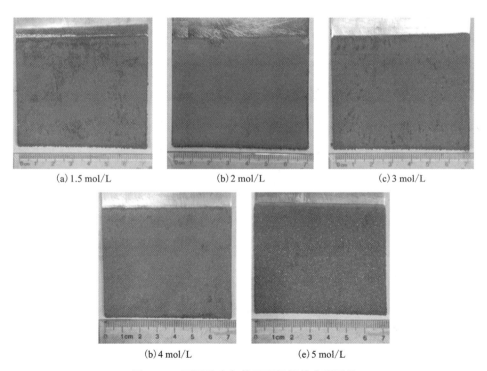

图 3-26　不同酸度条件下阴极铋的宏观形貌

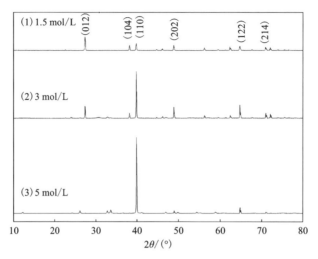

图 3-27　不同酸度条件下阴极铋的 XRD 图谱

（6）阴极极板材质

在阴极溶液 $Bi^{3+}$ 质量浓度为 80 g/L，HCl 物质的量浓度为 2 mol/L，阳极溶液 NaCl 质量浓度为 300 g/L，滴加 NaOH 溶液控制 pH 为 6.6~6.9，石墨为阳极，工艺条件为温度 40℃、电流密度 200 A/m² 等条件下，研究阴极极板分别为不锈钢板、铜板和钛板时，对阴极板产品质量、阴极效率和槽电压等指标的影响。试验结果见表 3-9，阴极产品宏观形貌见图 3-28，阴极铋的 XRD 图谱见图 3-29。

表 3-9　阴极极板材质对阴极反应的影响

| 阴极材质 | $\eta_c$/% | $U$/V | 备注 |
| --- | --- | --- | --- |
| 304 不锈钢 | 183.1 | 2.26 | 0.4 h，溶液变绿，大量海绵状产物 |
| 铜 | 98.94 | 2.10 | 剥离困难 |
| 钛 | 99.26 | 2.01 | 正常且易剥离的阴极沉积 |

试验结果从宏观形貌上可以看出，不锈钢作为阴极极板是不行的，因为不锈钢在氯化铋溶液中会发生置换反应，得到海绵铋，且腐蚀极板材质进入溶液。铜板作为极板，可以可得到较致密平整的铋板，但铋与铜板之间连接紧密，剥离困难；同时在体系中铜板有一定的耐腐蚀性，但仍可能有铜进入溶液或阴极沉积物。钛由于其耐腐蚀的特性，通常情况下不可能参与体系反应或溶解，且阴极铋沉积与钛板分界明显，剥离较容易。

(a) 304不锈钢        (b) 铜        (c) 钛

图 3-28 不同阴极极板材质条件下阴极铋的宏观形貌

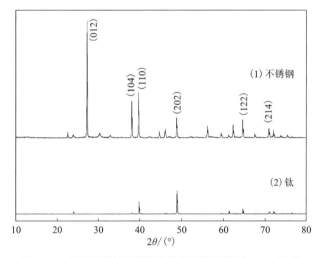

图 3-29 不同阴极极板材质条件下阴极铋的 XRD 图谱

从不同阴极极板材质条件下获得的阴极铋的 XRD 图谱可以看出,不锈钢极板由于以置换反应为主,生成的海绵铋的衍射峰数目较多、强度相对较高,以(012)为主要衍射峰。钛阴极上沉积的铋的衍射峰数目很少,以(202)为主要衍射峰,其他衍射峰被极大地抑制。

(7)电解温度

在阴极溶液 $Bi^{3+}$ 质量浓度为 80 g/L、HCl 物质的量浓度为 2 mol/L,钛板为阴极,阳极溶液 NaCl 质量浓度为 300 g/L,pH 为 6.6~6.9,石墨为阳极,工艺条件为电流密度 200 A/m² 等条件下,分别在温度为 30℃、40℃、50℃、60℃时进行电解,研究阴极板质量、阴阳极效率和槽电压等指标。试验结果见图 3-30,阴极宏观形貌见图 3-31, 阴极铋的 XRD 图谱见图 3-32。

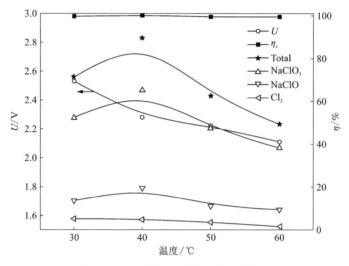

图 3-30　电解温度对阳极反应的影响

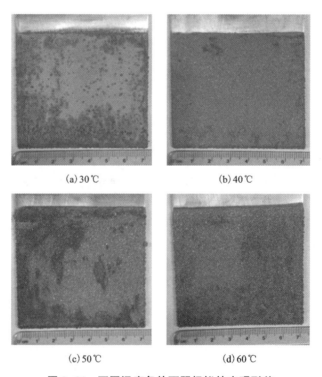

(a) 30 ℃　　　　　　　　　(b) 40 ℃

(c) 50 ℃　　　　　　　　　(d) 60 ℃

图 3-31　不同温度条件下阴极铋的宏观形貌

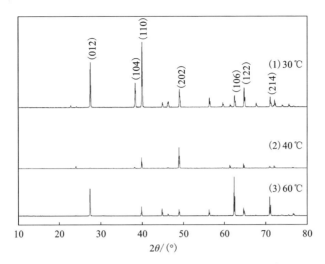

**图 3-32 不同温度条件下阴极铋的 XRD 图谱**

试验结果从宏观形貌上可以看出，当温度为 30℃时，阴极铋沉积物表面有明显的瘤状沉积物，且容易脱落。当温度为 40℃时，沉积物表面平整致密，没有瘤状沉积物，颗粒粒度较小。而随着温度进一步升高，沉积物表面颗粒逐渐变粗，整体上较平整且没有瘤状沉积物生成。

在试验温度范围内，可以看出阴极过程电流效率始终较高，在 99%以上，这可能与溶液杂质较少使得副反应大幅度减少；而阳极过程在较低的温度下氯酸钠的生成率明显高于高温下的生成率，且在 40℃左右时达到最大值，为 65.15%，阳极总效率为 89.49%。电解温度过高会降低阳极 OH⁻ 的过电位，造成 OH⁻ 放电产生 $O_2$，降低阳极电流效率，同时生成的 $O_2$ 也会加剧石墨阳极的损耗。而在较高温度下会使得一部分 $Cl_2$ 从溶液中挥发出来，损耗部分 $Cl_2$，不利于 $ClO^-$ 的生成。此外，电解槽电压随电解液温度提高而大幅度下降。因为提高溶液温度既可以促进溶液中离子迁移，使溶液电阻下降，还可以降低阴极和阳极的析出过电位，使槽电压降低。综合考虑温度对电解过程的影响，选择最佳的电解溶液温度为 40℃左右。

从不同溶液温度条件下获得的阴极铋的 XRD 图谱可以看出，30℃得到的多瘤状铋的衍射峰比较多，强度高，以（110）面为主要衍射峰。40℃沉积的铋的衍射峰数目很少，以（202）为主要衍射峰，其他衍射峰被极大地抑制。60℃得到很粗糙的铋，主要衍射峰以（106）、（012）为主，显然在高温下的取向发生了变化。

（8）电流密度

在阴极溶液 $Bi^{3+}$ 质量浓度为 80 g/L、HCl 物质的量浓度为 2 mol/L，钛板为阴极，阳极溶液 NaCl 质量浓度为 300 g/L，pH 为 6.6~6.9，石墨为阳极，工艺条件为电解温度 40℃ 等条件下，分别在电流密度分别为 150 A/m²、200 A/m²、250 A/m²、300 A/m² 和 350 A/m² 时进行试验，研究阴极板质量、阴阳极效率和槽电压等指标。试验结果见图 3-33，阴极宏观形貌见图 3-34，阴极铋的 XRD 图谱见图 3-35。

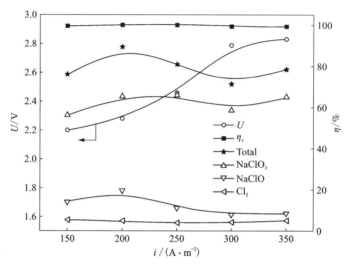

图 3-33　电流密度对阳极反应的影响

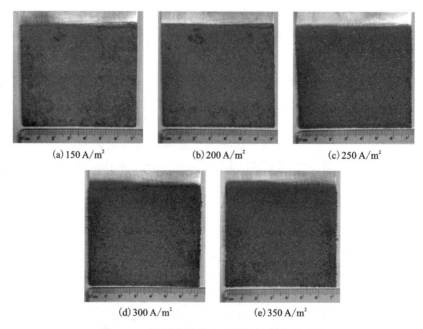

(a) 150 A/m²　　　　(b) 200 A/m²　　　　(c) 250 A/m²

(d) 300 A/m²　　　　(e) 350 A/m²

图 3-34　不同电流密度下阴极铋的宏观形貌

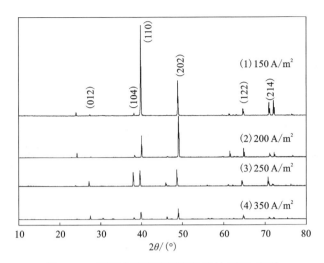

图 3-35　不同电流密度下阴极铋的 XRD 图谱

试验结果从宏观形貌上可以看出，电流密度越小，阴极沉积物越平整致密。当电流密度为 150~250 A/m² 时，得到的阴极铋表面平整致密，粗糙度逐渐增加；当电流密度为 300~350 A/m² 时，得到的沉积物平整致密，表面颗粒粗糙；当电流密度达到 350 A/m² 时表面粗颗粒甚至会比较松散。由此可见，增加电流密度虽然可以增加产率，但电流密度越大沉积速度越快，引起的浓差极化等负面影响也会逐渐显露出来，结果得到的阴极产物质量反而不高。电流密度的增加还会急剧增大电解槽槽压，增加了电能消耗。同时，阳极生成氯酸钠的效率会略增，次氯酸钠的生成率会逐渐降低，说明增大电流密度会增大次氯酸钠在阳极放电。阴极电流效率变化不明显。综合电流密度对电解过程的影响，选择最佳的电流密度为 200~250 A/m²。

从不同电流密度条件下获得的阴极铋的 XRD 图谱可以看出，随着电流密度的增加，衍射峰的强度逐渐减弱。低电流密度下的阴极铋以(110)为最强衍射峰，(202)为次强峰；而电流密度在 200 A/m² 以上后，变成了以(202)为最强衍射峰，(110)为次强峰。

2. 实际溶液及长周期试验

通过一系列的单因素条件试验，得到电沉积初步优化条件：阴极溶液 Bi³⁺ 质量浓度为 70~80 g/L、HCl 物质的量浓度为 2~3 mol/L，钛板为阴极，阳极溶液 NaCl 质量浓度为 250~300 g/L，pH 为 6.6~6.9，石墨为阳极，工艺条件为电解温度 40℃、电流密度 200~250 A/m²。

从模拟溶液中电积获得的阴极铋的 SEM 图见图 3-36，从图 3-36 中可以看出，宏观下较平整致密的阴极铋表面呈现不规则的不同尺寸的晶粒相互嵌布，整体表面有球状突起。

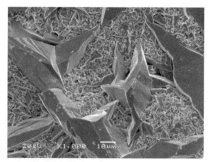

(a) 40℃温度条件下的阴极铋

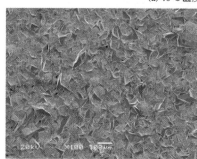

(b) 250 A/m² 电流密度条件下的阴极铋

图 3-36　使用模拟溶液获得的阴极铋不同倍率的 SEM 图

应该认识到优化试验结果是在理想的溶液中和较短的试验时间下获得的，而工业上电解生产金属一般周期都较长，至少为 24 h，且溶液复杂，因此在实际溶液中对优化条件进行长时间电解验证，研究电解的经济技术指标和形貌变化具有重要意义。实际溶液采用的是铋精矿的浸出液，其主要成分见表 3-10。

表 3-10　实际溶液成分表

| 元素 | Bi | Fe | S | Ca | Cu | Mo | Pb | Si |
|---|---|---|---|---|---|---|---|---|
| 质量浓度/(mg·L⁻¹) | 60656 | 2341 | 1841 | 4337 | 630 | 13 | 117 | 435 |

从表 3-10 中可以看出，溶液的主要成分为铋离子，其他杂质为铁、硫、钙、铜等元素。

（1）阴极实际溶液试验

在真实阴极溶液 $Bi^{3+}$ 质量浓度约 60 g/L、HCl 物质的量浓度约 2 mol/L，钛板为阴极，阳极溶液 NaCl 质量浓度为 300 g/L，pH 为 6.6~6.9，石墨为阳极，工艺条件为电解温度 40℃、电流密度为 200 A/m² 等条件下进行 5 h 试验，研究阴极极板产物质量、效率和槽电压等指标。试验结果的阴极产物形貌见图 3-37，阴极铋化学组成见表 3-11。

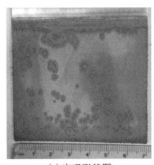
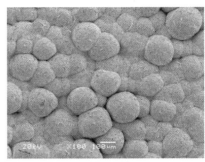

| (a) 宏观形貌图 | (b) SEM 图 |

图 3-37　实际溶液电解 5 h 后阴极铋的宏观形貌图和 SEM 图

表 3-11　阴极铋的化学组成

| 元素 | Bi | Fe | S | Pb | Cu | Mo |
|---|---|---|---|---|---|---|
| 质量分数/% | 99.918 | 0.003 | 0.009 | 0.005 | — | — |

试验结果表明，在短时间内阴极电流效率可达 97.50%，平均槽电压为 2.0 V。阴极铋的杂质极少，阴极铋纯度可为 99% 以上。

(2)实际溶液长周期试验

在真实阴极溶液 $Bi^{3+}$ 质量浓度约 60 g/L、HCl 物质的量浓度约 2 mol/L，钛板为阴极，阳极溶液 NaCl 质量浓度为 300 g/L，pH 为 6.6~6.9，石墨为阳极，工艺条件为电解温度 40℃、电流密度为 200 A/m² 等条件下进行 24 h 试验，考察阴极板质量、阴阳极效率和槽电压等指标。电解 24 h 试验技术指标见表 3-12，阴极铋形貌图见图 3-38，阴极铋化学组成见表 3-13。阳极溶液结晶盐的 XRD 图谱见图 3-39。

表 3-12　真实溶液电解 24 h 的阳极各产物产率

| t/h | $NaClO_3$ 产率/% | $Cl_2$ 产率/% | NaClO 产率/% | 合计/% | 阴极电流效率 $\eta_c$/% | 槽电压 U/V |
|---|---|---|---|---|---|---|
| 4 | 48.41 | 8.21 | 15.44 | 72.06 | | 2.06 |
| 8 | 56.51 | 6.07 | 12.29 | 74.87 | 98.20 | 2.04 |
| 12 | 54.62 | 5.16 | 10.16 | 69.94 | | 2.06 |

续表3-12

| $t$/h | NaClO$_3$ 产率/% | Cl$_2$ 产率/% | NaClO 产率/% | 合计/% | 阴极电流效率 $\eta_c$/% | 槽电压 $U$/V |
|---|---|---|---|---|---|---|
| 16 | 51.83 | 3.87 | 10.49 | 66.19 | | 2.12 |
| 20 | 52.48 | 3.21 | 10.16 | 65.85 | 97.95 | 2.12 |
| 24 | 53.19 | 2.68 | 9.30 | 65.17 | | 2.13 |

(a) 12 h    (b) 24 h

(c) 正面 SEM 图    (d) 断面 SEM 图

图 3-38　实际溶液电解阴极铋的宏观形貌图

表 3-13　阴极铋的化学组成

| 元素 | Bi | Fe | S | Pb | Cu | Mo |
|---|---|---|---|---|---|---|
| 质量分数/% | 99.886 | 0.014 | 0.025 | 0.005 | — | — |

24 h 电解试验表明, 长时间电解对阴极铋的形貌有一定的影响, 在较短的时间内阴极铋外观形貌可以很平整致密, 随着时间的延长, 在 24 h 后阴极表面变得很粗糙。电解过程中平均槽电压为 2.09 V, 阴极平均电流效率为 97.88%, 阳极氯酸钠平均转化率为 51.17%, 阳极氯离子氧化率从 72.06% 降到 65.17%。利用

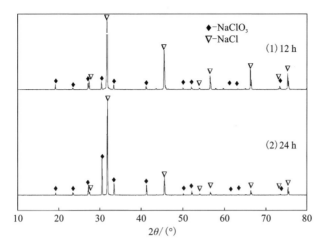

图 3-39　阳极溶液结晶盐的 XRD 图谱

上述数据计算吨铋直流电耗为 822 kW·h，并副产 133 kg 氯酸钠。从结果中可以看出，溶液中游离氯和次氯酸钠的生成率在逐渐降低（8.21%→2.68%，15.44%→9.3%），但其浓度一直在缓慢增加（24 h 后分别为 1.61 g/L、5.88 g/L），说明其浓度有上限且不会出现游离氯逸出的问题。从阴极铋的成分上看，产品杂质很少，铋的纯度超过了 99.5%。

从阳极液结晶盐的 XRD 图谱可以看出，结晶盐以氯化钠和氯酸钠（PDF#05-0610）为主。24 h 后的氯酸钠衍射峰强度明显比 12 h 的强，表明氯酸钠在电解 24 h 后浓度逐渐增加。

### 3.2.4　小结

（1）本章首先通过比较 $Bi_2S_3-H_2O$ 体系和 $Bi_2S_3-Cl^--H_2O$ 体系的 $\varphi-pH$ 图，发现含 $Cl^-$ 体系中 $Bi_2S_3$ 的稳定区域明显减小，$Bi_2S_3$ 氧化成铋离子和单质硫的电位明显减小，酸度明显降低，更加有利于辉铋矿的浸出。依据热力学计算的氧化次序可以看出，$Bi_2S_3$ 的氧化在 PbS、$FeS_2$ 和 $Cu_2S$ 之间。PbS 和 $FeS_2$ 会在 $Bi_2S_3$ 之前被浸出。

（2）在电解体系下，氯离子浓度较高有利于形成高配位数的配合物 $BiCl_6^{3-}$ 和 $BiCl_5^{2-}$。从 $Bi^{3+}-Cl^--H_2O$ 体系的 $\varphi-pH$ 图中可以看出，单质铋的稳定区域在氢线以上，先于氢气析出。通过分析认为阳极反应是个复杂而综合的过程，既包括电极电化学反应，又有溶液中的化学反应。在试验条件下，氯离子氧化生成的游离氯溶解在溶液中，再通过一系列的化学和电化学方式生成氯酸钠。

（3）通过电化学方法研究了 $Bi^{3+}$-$Cl^-$-$H_2O$ 体系阴极沉积过程，表明铋离子在阴极上沉积的过程是不可逆的。高铋浓度、高酸度和低温下阴极沉积电化学反应的极化明显。该体系下，铋在阴极上还原的成核机理符合瞬时成核模型。

（4）以盐酸-氯酸钠体系浸出辉铋矿的最优化条件为：反应温度为70℃、酸度为 3 mol/L、液固比为4∶1、氧化剂用量系数为1.1、反应时间为1.5 h，氧化剂加入速度为0.24 g/min。在此条件下，金属平衡分析表明，铋99%进入溶液，铁93%进入浸出渣，钼95%进入浸出渣，铜79%进入浸出渣。铅和硫等由于分析或试验上的原因平衡率不高，但从可信的数据上看，硫主要入渣，铅主要进入溶液后结晶析出。

（5）得到隔膜电积的优化条件：阴极溶液 $Bi^{3+}$ 质量浓度为 70~80 g/L、HCl 物质的量浓度为2~3 mol/L，钛板为阴极，阳极溶液 NaCl 质量浓度为250~300 g/L，pH 为6.6~6.9，石墨为阳极，工艺条件为电解温度40℃、电流密度 200~250 $A/m^2$。通过 24 h 的电解试验表明，长时间的电解对阴极铋的形貌有一定的影响，随着时间的延长，在 24 h 后阴极表面变得很粗糙。电解过程中平均槽电压为2.09 V，阴极平均电流效率为97.88%，阳极氯酸钠平均转化率为51.17%，阳极氯离子氧化率从72.06%降为65.17%。阴极铋的纯度超过99.5%。阳极液结晶盐以氯化钠和氯酸钠为主。对阴极铋进行了形貌和结构分析，表明致密平整的正常沉积铋外观为银灰色（表面氧化后变成钢灰色），衍射峰以（110）、（202）为主，其他衍射峰被强烈抑制。SEM 图显示阴极铋微粒呈球状，长时间电解后阴极铋微粒较粗大（约 200 μm）、粗糙。

# 第 4 章　铁隔膜电积

## 4.1　概　述

　　金刚石铁合金刀具、刀头、钻头等铁合金有极高的硬度和耐磨性、较低的摩擦系数和热膨胀系数、较高的弹性模量和热导率，以及与非铁金属亲和力小等优点，可以用于非金属硬脆材料，如石墨、高耐磨材料、复合材料、高硅铝合金及其他韧性有色金属材料的精密加工。随着各种切割要求的提出，金刚石刀具类型越来越多，但工作主体部分皆为金刚石刀头。金刚石刀头主要由金刚石颗粒和胎体结合剂组成。刀头里的金刚石颗粒是一种超硬材料，主要起切割作用；胎体结合剂则是保护金刚石颗粒不过早脱落。为了提高金刚石刀头的切割效果，延长其使用寿命，根据切割对象的不同，常采用不同金属组成的胎体材料，按照主要金属含量可分为铁基、铜基、钴基、镍基等胎体材料。金刚石刀头中的金刚石颗粒及铜、锡、铁等有价金属具有较大经济价值；同时，由于金刚石工具产量大，规模及市场份额还在逐年提高，相应的废旧金刚石刀具也日益增多。因此，研究清洁高效的废旧金刚石工具处理方法具有重要意义。

　　目前，从废金刚石刀头中回收金刚石主要是利用金刚石不与酸反应的特性，以浓硝酸、王水作浸出剂，将废金刚石工具中的胎体材料溶解，过滤后回收金刚石。但这种工艺存在以下缺点：一是酸浸过程中产生大量一氧化氮、二氧化氮等有毒气体和废液，无法循环利用，易造成环境污染；二是胎体所含金属元素经酸浸后进入浸出液，需要进一步处理，才能有效回收有价金属。

　　将前期研发的"无污染循环隔膜电积新工艺"应用于废弃金刚石刀头的处理，以解决现行废金刚石刀具处理工艺中存在的环境效益差、综合利用率低等问题，并清洁回收金属铁，可取得较高的经济及环境效益。

## 4.2　废旧金刚石铁合金隔膜电积回收铁

### 4.2.1　前言

　　基于隔膜电积技术，从废金刚石刀头中回收铁工艺流程为：

1) 氯化浸出。将废金刚石刀头置于 $FeCl_3$-HCl 体系中，使充分溶解并过滤，得金刚石粉(浸出渣)和含 $FeCl_2$ 浸出液；

2) 净化。所得 $FeCl_2$ 浸出液加铁粉置换，使溶液中主要杂质元素铜、锡分离；

3) 隔膜电沉积铁。以置换后溶液作电解液、石墨电极为阳极、铜板为阴极、阴离子膜为隔膜进行电解沉积，从阴极得电沉积铁板，从阳极室得 $FeCl_3$ 溶液。$FeCl_3$ 溶液补充 HCl 后可作为废金刚石刀头溶解剂返回使用，实现闭路循环。

## 4.2.2 原料与工艺流程

### 4.2.2.1 试验原料

本试验所用原料为废金刚石刀头，来自湖南某公司，采用 ICP-AES 和化学滴定相结合的分析方法检测刀头的主要化学成分，分析结果见表 4-1。

表 4-1 废弃铁合金刀头主要化学成分

| 成分 | Fe | Cu | Zn | Sn | C(含 WC) | 其他(氧化物杂质) |
|---|---|---|---|---|---|---|
| 质量分数/% | 67.88 | 15.74 | 3.10 | 1.69 | 3.12 | 8.47 |

从本次试验所用的废金刚石刀头的分析结果可以看出，主要含有铁和铜，同时还有少量的锌、锡、金刚石等。其中铁和铜的含量为 85%以上。

### 4.2.2.2 试验工艺流程

废金刚石刀头氯盐浸出-还原净化-隔膜电积综合回收工艺流程见图 4-1。本工艺以 HCl-$FeCl_3$ 体系浸出刀头，净化处理后再进行隔膜电积。阴极析出金属铁，阳极室则得到 $FeCl_3$ 溶液，并作为氧化剂返回浸出。

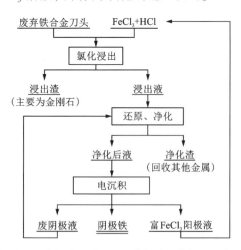

图 4-1 废弃金刚石刀头氯盐浸出-还原净化-隔膜电积综合回收工艺流程图

### 4.2.3 基本原理

#### 4.2.3.1 浸出过程热力学分析

浸出反应过程以三氯化铁作氧化剂。三氯化铁起到氧化剂作用的同时，也可以起到一定的氯化效果，金刚石刀头中的金属元素以氯化物的形态进入溶液。可以借助 $\varphi$-pH 图对浸出过程中可能发生的化学反应进行研究，分析浸出过程的可行性。利用有关热力学数据绘制常温下 Cu-Cl$^-$-H$_2$O 体系和 Fe-Cl$^-$-H$_2$O 体系的 $\varphi$-pH 图，见图 4-2 和图 4-3。

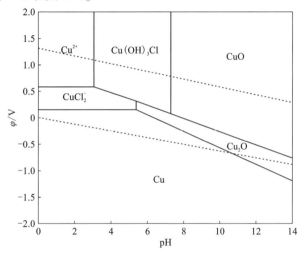

（注：$T$ = 298 K，$[Cu^{2+}]_T$ = 1 mol/L，$[Cl^-]_T$ = 5 mol/L）

**图 4-2 Cu-Cl$^-$-H$_2$O 体系的 $\varphi$-pH 图**

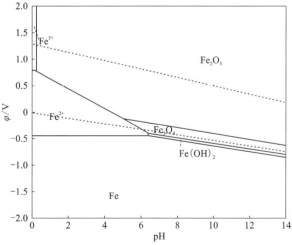

（注：$T$ = 298 K，$[Fe^{3+}]_T$ = 1 mol/L，$[Cl^-]_T$ = 5 mol/L）

**图 4-3 Fe-Cl$^-$-H$_2$O 体系的 $\varphi$-pH 图**

从 $Fe-Cl^--H_2O$ 体系和 $Cu-Cl^--H_2O$ 体系的 $\varphi$-pH 图可以看出，铁的稳定区域较小，而铜有较大的稳定区域，所以在同一浸出条件下铁比铜更容易浸出来。由 $Cu-Cl^--H_2O$ 体系的 $\varphi$-pH 图可知，在一定的氧化剂条件和一定的酸度条件下，铜是可以被浸出来的。通过分析以上 $\varphi$-pH 图，可知对于废金刚石刀头的浸出在理论上是可行的。因此在废金刚石刀头浸出试验中，可以控制一定的酸度，加入适量的氧化剂，使废金刚石刀头胎体材料解体，从而使刀头中的有价金属进入到浸出液中，实现有价金属和金刚石颗粒的有效分离。

### 4.2.3.2 还原净化理论基础

采用 $FeCl_3$ 氯盐体系浸出废金刚石刀头时，刀头中的 Cu、Sn 等金属也将被浸入浸出液中，最终浸出液中也会残留少量 $Fe^{3+}$ 离子，所以浸出液先要进行还原净化才能用于后边的隔膜电积试验。

净化还原试验以铁粉为还原剂。一方面，Fe 的金属活动性顺序排在 Cu、Sn 等金属的前边，可以将这些金属离子还原置换进入渣中；另一方面，铁粉可以把溶液中的 $Fe^{3+}$ 还原为 $Fe^{2+}$，而且在整个过程中不会引入新的杂质。主要的反应方程式如下：

$$Fe + 2FeCl_3 \Longrightarrow 3FeCl_2 \tag{4-1}$$

$$Fe + Cu^{2+} \Longrightarrow Cu + Fe^{2+} \tag{4-2}$$

$$Fe + Sn^{2+} \Longrightarrow Sn + Fe^{2+} \tag{4-3}$$

### 4.2.3.3 电解原理

#### 1. 阴极过程

阴极过程发生的主要反应是阴极液中的铁离子还原析出，但是由于电解过程阴极存在过电位，从而会发生析氢的副反应。阴极发生的反应如下：

$$Fe^{2+} + 2e^- \Longrightarrow Fe（主反应） \tag{4-4}$$

$$2H^+ + 2e^- \longrightarrow H_2\uparrow（副反应） \tag{4-5}$$

#### 2. 阳极过程

阳极发生的主要反应是 $Fe^{2+}$ 氧化为 $Fe^{3+}$ 的反应，但是也会发生产生氯气的副反应。阳极发生的反应如下：

$$Fe^{2+} - e^- \Longrightarrow Fe^{3+}（主反应） \tag{4-6}$$

$$2Cl^- - 2e^- \Longrightarrow Cl_2\uparrow（副反应） \tag{4-7}$$

#### 3. 电解过程电化学研究

在研究电解过程电化学行为测试中，常采用三电极体系，工作电极为铜电极（有效面积为 $7.065~mm^2$），辅助电极为铂片（有效面积为 $2.25~cm^2$），参比电极为饱和甘汞电极，用恒温磁力搅拌器控制电解系统的温度。在使用工作电极之前要先用 3500 目的金相砂纸把工作电极打磨平整，并用去离子水清洗干净。

（1）循环伏安法

实验得到的循环伏安曲线见图 4-4。

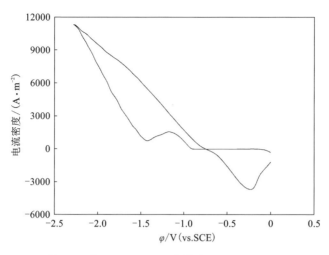

（注：$\rho_{Fe^{2+}}$ 为 60 g/L，pH=3，温度为 35℃，$v=5$ mV/s）

**图 4-4　循环伏安曲线**

在电位向负方向扫描时，刚开始时由于溶液体系不稳定，在较小的电势时，电流略小于 0，此后电流逐渐稳定在 0，然后在 -0.916 V 开始有阴极电流，在 -1.173 V 时电流达到一个峰值，之后电流略有减小后持续增加。电位向正方向回扫时，在 -0.232 V 达到氧化电流峰值。还原峰和氧化峰对应的电位值相差 0.941 V，而且还原峰和氧化峰的峰高和形状都有较大不同，一般可以认为该电极沉积过程是不可逆反应。

（2）线性扫描伏安法

1）不同初始铁离子浓度下的阴极极化曲线

对不同初始铁离子浓度的溶液进行线性扫描伏安测试，扫描速度为 10 mV/s，得到的阴极极化曲线见图 4-5。

由图 4-5 可知，当电流向负方向扫描时，阴极液铁离子浓度高的先产生电流，即铁离子浓度越高，越容易发生电解反应。溶液铁离子浓度越高，产生还原峰时的电势也越小。阴极液铁离子浓度低时相对于铁离子浓度高时，发生电解反应具有一个滞后性，所以阴极液铁离子浓度越高越有利于电解反应的发生。而且随着电解液中起始铁离子浓度增加，阴极电流也相应增大，即电极反应速率增大。这是因为铁离子浓度越高，溶液离子传质速度越快，浓差极化变小。

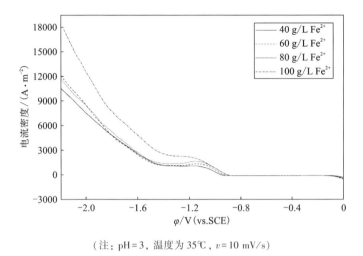

（注：pH=3，温度为35℃，v=10 mV/s）

**图 4-5  不同初始铁离子浓度下的阴极极化曲线**

2）不同温度下的阴极极化曲线

对不同温度的溶液进行线性扫描伏安图测试，扫描速度为 10 mV/s，得到的阴极极化曲线见图 4-6。

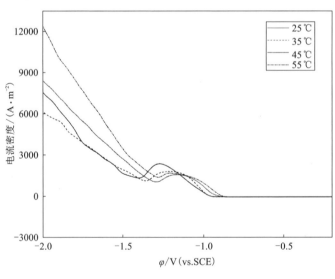

（注：$\rho_{Fe^{2+}}$为 60 g/L，pH=3，v=10 mV/s）

**图 4-6  不同温度下的阴极极化曲线**

由图 4-6 可知，当电流向负方向扫描时，阴极液温度高的先产生电流，即阴极液温度越高，越容易发生电解反应。阴极液温度越高，产生还原峰时的电势也越小。阴极液温度低时相对于温度高时，发生电解反应具有一个滞后性，所以阴极液温度越高越有利于电解反应的发生。随着温度逐渐增加，反应速率也相对增加。这是因为温度越高，不论离子迁移速率还是电化学反应速率都会增加，最终使电解反应速率增加。

（3）计时电流法

一般利用计时电流法测试在不同阶跃电位下金属的成核方式。不加添加剂时溶液在不同阶跃电位下的电流-时间暂态曲线见图 4-7。有添加剂时溶液在不同阶跃电位下的电流-时间暂态曲线见图 4-8。

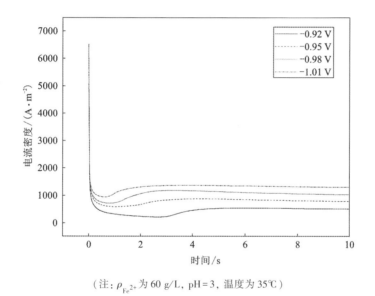

（注：$\rho_{Fe^{2+}}$ 为 60 g/L，pH = 3，温度为 35℃）

**图 4-7　不加添加剂时溶液在不同阶跃电位下的电流-时间暂态曲线**

由图 4-7 可知，在溶液刚通电时，电流就急剧增大，此时会在阴极板表面大量成核，阴极板附近会有大量的 $Fe^{2+}$ 被还原，使得附近溶液中 $Fe^{2+}$ 浓度急剧减小，产生浓差极化抑制电解反应的发生从而导致电流又急剧减小，这也刚好符合瞬时反应核模型。电势越大电流密度越大，正好与欧姆定律相一致。对比图 4-7、图 4-8 可知，在不加添加剂时，电流的峰值明显要大于加添加剂时的峰值，这是因为有添加剂时，使溶液表面张力增大，铁离子迁移速率减小，从而控制电解反应速率。因此，加入添加剂可以有效抑制铁的成核，同时也会减弱电解过程中发生的浓差极化。

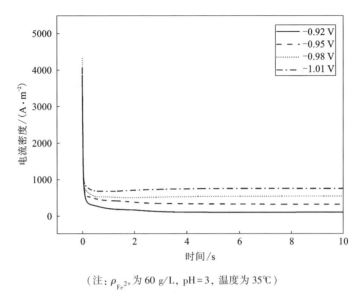

（注：$\rho_{Fe^{2+}}$ 为 60 g/L，pH=3，温度为 35℃）

**图 4-8　加添加剂时在不同阶跃电位下的电流-时间暂态曲线图**

（4）计时电位法

采用计时电位法得到电解在不同电流密度下电势与时间的暂态曲线（$\varphi-t$），见图 4-9。

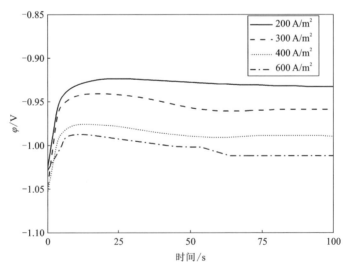

（注：$\rho_{Fe^{2+}}$ 为 60 g/L，pH=3，温度为 35℃）

**图 4-9　计时电位曲线**

由图 4-9 可知，电势初始时不断地上升，这是由阴极液中的 $Fe^{2+}$ 在阴极还原沉积所引起的，大约 10 s 后达到最大值，这时阴极液中的 $Fe^{2+}$ 还原反应达到平衡，然后电势又逐渐减小，这是由于扩散不足以维持阴极表面 $Fe^{2+}$ 的消耗所引起的。电流密度越大，越先达到最大值且电势下降趋势越明显，这是因为电流密度越大，电解反应速率越大，阴极表面 $Fe^{2+}$ 的消耗越快，阴极板附近 $Fe^{2+}$ 的扩散不足以维持 $Fe^{2+}$ 的消耗，说明铁的还原反应过程受扩散步骤控制。

## 4.2.4　实验结果与讨论

### 4.2.4.1　浸出实验

1. 单因素试验

浸出试验以废金刚石刀头为原料，以三氯化铁溶液为氧化剂，在酸性条件下分别研究反应温度、初始酸度、液固比、氧化剂用量、浸出时间对废金刚石刀头中铜和铁的浸出率的影响。

（1）反应温度的影响

在固定试验酸度为 4 mol/L、时间为 4 h、氧化剂用量系数为 1、液固比为 6∶1 的试验条件下，分别反应温度为 40℃、50℃、60℃、70℃时对废金刚石刀头浸出效率的影响。试验结果见图 4-10。

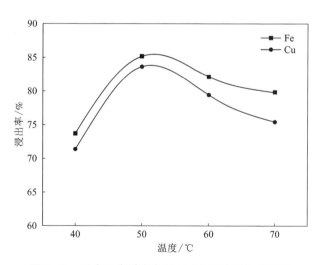

图 4-10　反应温度对废金刚石刀头浸出效果的影响

从图 4-10 中可以明显看出，温度对刀头中铜和铁的浸出率影响较大。在50℃浸出温度下，铜和铁的浸出率达到最大值。当浸出温度从 50℃继续升高时，铜和铁的浸出率反而减小，这是因为铁合金浸出实验发生的主要反应为：Fe +

$FeCl_3 \Longrightarrow 2FeCl_2$ 和 $Cu+2FeCl_3 \Longrightarrow 2FeCl_2+CuCl_2$。当提高浸出温度后，浸出反应进行一段时间后，溶液中 $Cu^{2+}$ 达到一定浓度，升高温度有利于反应：$Fe+Cu^{2+} \Longrightarrow Cu+Fe^{2+}$ 的进行，置换出来的铜包裹在铁合金表面，这时可以观察到刀头表面附着一层红色的铜单质，因此会抑制浸出反应的进行。故降低 Fe 的浸出率，同时也使 Cu 的浸出率急剧下降。因此，应该适当控制反应温度，综合考虑，浸出过程温度为 50℃ 较适宜。

（2）初始酸度的影响

在固定试验温度为 50℃、时间为 6 h、氧化剂用量系数为 1.3、液固比为 6:1 的试验条件下，分别研究酸度为 2 mol/L、3 mol/L、4 mol/L、5 mol/L 时对废金刚石刀头浸出效率的影响。试验结果见图 4-11。

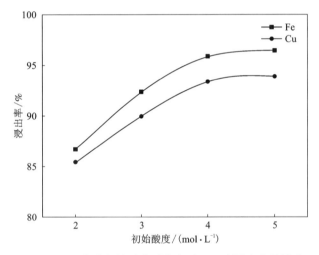

图 4-11　浸出液初始酸度对废金刚石刀头浸出率的影响

从图 4-11 中可以明显看出，刀头中铜和铁的浸出率随着浸出酸度的增加而增大，当初始酸度为 4 mol/L 时，铜和铁的浸出率接近最大值。低酸度下进行的浸出，其浸出率较低，在酸度达到一定值后，继续提高酸度浸出率提高效果不明显。综合考虑，浸出过程初始酸度为 4 mol/L 较适宜。

（3）液固比的影响

在固定试验温度为 50℃、时间为 6 h、氧化剂用量系数为 1.3、酸度为 4 mol/L 的试验条件下，分别研究液固比为 4:1、6:1、8:1、10:1 对废金刚石刀头浸出效率的影响。试验结果见图 4-12。

从图 4-12 中可以明显看出，刀头中铜和铁的浸出率随着液固比的增加而逐渐增加，当液固比为 6:1 时铜和铁的浸出率已经接近最大值，此后继续增大液固

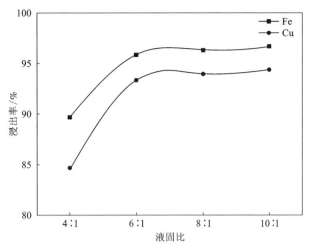

**图 4-12　液固比对废金刚石刀头浸出率的影响**

比，铜和铁的浸出率增加不明显。液固比过小，不仅铜和铁的浸出率低，而且不利于实际生产，会增加搅拌能耗；液固比过大，既会浪费过多的酸和氧化剂，又会稀释浸出液中铜和铁的浓度，同样不利于铜和铁的提取。综合考虑，确定浸出过程的液固比为 6:1。

（4）氧化剂用量的影响

在固定试验温度为 50℃、时间为 6 h、液固比为 6:1、酸度为 4 mol/L 的试验条件下，分别研究氧化剂用量系数为 1、1.3、1.5、1.7 时对废金刚石刀头浸出效率的影响。试验结果见图 4-13。

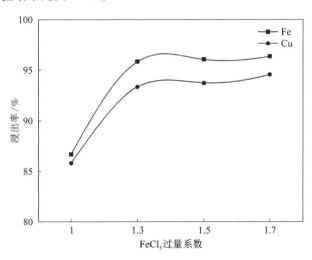

**图 4-13　氧化剂用量对废金刚石刀头浸出率的影响**

从图 4-13 中可以明显看出，刀头中铁和铜的浸出率随氧化剂用量的增大而增加，在氧化剂含量较低时，浸出率不高，增加氧化剂用量即可提高铜和铁的浸出率。氧化剂用量倍数为 1.3 时，铜和铁的浸出率已经接近最大值。继续增加氧化剂的用量，对铜和铁浸出率提高效果不明显，却浪费了氧化剂。综合考虑，确定浸出过程的氧化剂用量系数为 1.3。

（5）浸出时间的影响

在固定试验温度为 50℃、氧化剂用量系数为 1.3、液固比为 6∶1、酸度为 4 mol/L 的试验条件下，研究反应时间为 2 h、4 h、6 h、8 h 时对废金刚石刀头浸出效率的影响。试验结果见图 4-14。

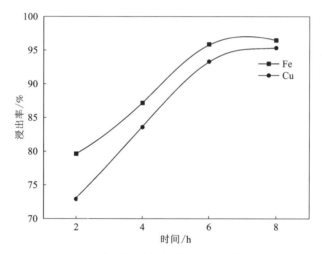

图 4-14　浸出时间对废金刚石刀头浸出率的影响

从图 4-14 中可以明显看出，刚开始时废金刚石中铜和铁的浸出率随着时间的增加也不断增加，在 6 h 以后铜和铁的浸出率增长不是很明显。在考虑提高浸出率的同时也要节省时间，最终确定浸出过程的反应时间为 6 h。

2. 扩大试验

单因素条件试验获得的废金刚石刀头浸出最佳试验条件是：反应温度为 50℃、初始溶液酸度为 4 mol/L、氧化剂用量系数为 1.3、液固比为 6∶1、反应时间为 6 h。这个最佳浸出试验条件是在每次 50 g 刀头的用料规模下获得的，为了提高试验结果的可靠性和广泛性，又进行了 200 g 用料规模的扩大试验。试验结果见表 4-2。

表 4-2　扩大试验结果和金属平衡

| 序号 | 浸出液 | | | 浸出渣 | | 平衡 | | |
|---|---|---|---|---|---|---|---|---|
| | V/mL | 成分 | $\rho/(g \cdot L^{-1})$ | m/g | w/% | 入液率/% | 入渣率/% | 平衡率/% |
| 1 | 1720 | Fe | 194.03 | 22.18 | 31.20 | 94.61 | 5.10 | 99.71 |
| | | Cu | 17.04 | | 7.81 | 93.12 | 5.50 | 98.62 |
| 2 | 1712 | Fe | 194.40 | 23.64 | 33.08 | 93.93 | 5.76 | 99.69 |
| | | Cu | 16.85 | | 8.93 | 91.66 | 6.71 | 98.37 |

试验结果表明，扩大试验中金属铁和铜的平均浸出率分别为 92.39%、94.27%。可以看出数据结果与上述结果具有很好的一致性，铜和铁的浸出率重复性较高。

### 4.2.4.2　还原净化试验

1.单因素试验

浸出液中含有 $Cu^{2+}$、$Sn^{2+}$ 等杂质，同时也还含有少量的 $Fe^{3+}$，因此在进行隔膜电积试验前必须对浸出液进行还原净化。在还原净化试验中，研究铁粉过量系数、加料方式、反应温度、反应时间对浸出液中 $Cu^{2+}$ 置换率的影响。单因素条件试验规模为 800 mL 浸出液/次。

（1）铁粉过量系数的影响

试验在温度为 30℃、加料方式为一次性加入、反应时间为 40 min 的条件下，分别研究不同铁粉过量系数对 $Cu^{2+}$ 置换率的影响，试验结果见图 4-15。

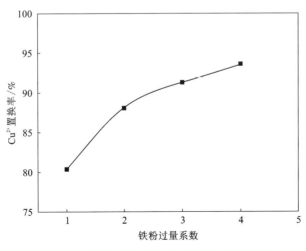

图 4-15　铁粉过量系数对 $Cu^{2+}$ 置换率的影响

由图 4-15 可知，$Cu^{2+}$ 置换率随着铁粉过量系数的增加而增加，但是当铁粉过量系数达到 2 之后，$Cu^{2+}$ 置换率上升程度明显减弱，为了减少铁粉使用量，降低成本，选择铁粉过量系数为 2。此后继续增加铁粉过量系数，$Cu^{2+}$ 置换率的增加变得不明显，而当铁粉过量系数过大，则会增加生产成本，故应选取一个合理的铁粉过量系数。

（2）加料方式的影响

试验在反应温度为 30℃、铁粉过量系数为 2、反应时间为 40 min 的条件下，分别研究铁粉加入方式为：一次性加入、平均分 4 次加入、平均分 8 次加入和平均分 12 次加入对 $Cu^{2+}$ 置换率的影响，试验结果见图 4-16。

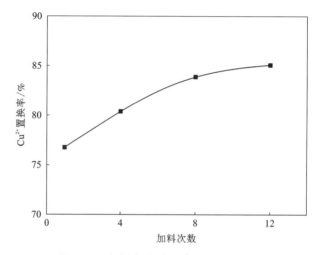

**图 4-16　加料方式对 $Cu^{2+}$ 置换率的影响**

由图 4-16 可知，$Cu^{2+}$ 置换率随着加料次数的增加而增加，当加料次数增加到 8 次时，继续增加加料的次数，$Cu^{2+}$ 置换率增加变得不再那么明显。而增加加料次数将会增加工作量，也使实验操作更加复杂，因此选择最佳的加料方式为：平均分 8 次加入。

（3）反应温度的影响

试验在铁粉过量系数为 2、加料方式为平均分 8 次加入、反应时间为 40 min 的条件下，分别研究反应温度为 30℃、40℃、50℃、60℃时对 $Cu^{2+}$ 置换率的影响，试验结果见图 4-17。

由图 4-17 可知，$Cu^{2+}$ 置换率随着温度的增加而增加。当温度小于 50℃时，随着温度的增加，$Cu^{2+}$ 置换率增加非常明显，而当温度大于 50℃之后，继续增加温度，$Cu^{2+}$ 置换率的增加变得不明显。增加温度会增加能耗，因此选择最佳的还

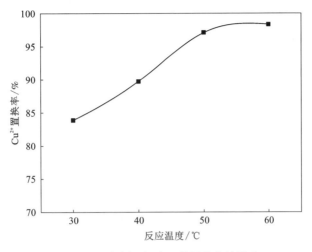

图 4-17 反应温度对 $Cu^{2+}$ 置换率的影响

原净化温度为 50℃。

（4）反应时间的影响

试验在铁粉过量系数为 2、加料方式为平均分 8 次加入、反应温度为 50℃ 的条件下，分别研究反应时间为 30 min、40 min、50 min、60 min 时对 $Cu^{2+}$ 置换率的影响，试验结果见图 4-18。

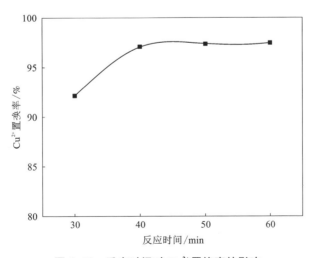

图 4-18 反应时间对 $Cu^{2+}$ 置换率的影响

由图 4-18 可知，$Cu^{2+}$ 置换率随着实验时间的增加而增加。当实验时间为
40 min 时，$Cu^{2+}$ 置换率达到最大值。此后随着试验时间的增加 $Cu^{2+}$ 置换率趋于稳
定，为了提高实验的效率，选择最佳试验时间为 40 min。

根据单因素条件试验，最终确定还原净化试验的最佳条件是：反应温度为
50℃、铁粉过量系数为 2、加料方式为平均分 8 次加入、反应时间为 40 min。

2. 验证试验

由上述单因素实验得到净化过程铁粉还原的最佳条件为：反应温度为 50℃、
铁粉过量系数为 2、加料方式为平均分 8 次加入、反应时间为 40 min。在此优化
条件下进行两次综合验证实验，结果见表 4-3。

表 4-3  净化前后溶液的主要化学成分(质量浓度)          单位：g/L

| 主要成分 | Fe | Cu | Sn |
|---|---|---|---|
| 浸出液 | 187.80 | 11.37 | 0.79 |
| 1 号净化后液 | 247.46 | 0.23 | 0.58 |
| 2 号净化后液 | 242.57 | 0.25 | 0.61 |

由表 4-3 可知，两次综合验证实验中，净化置换后，溶液中的 $Cu^{2+}$ 基本上都
被置换除去，经计算 $Cu^{2+}$ 的置换率达到 97.98% 和 97.80%，说明试验具有较好的
重复性。虽然净化置换过程对于 $Sn^{2+}$ 的置换效果不明显，但是溶液中的 $Sn^{2+}$ 质量
浓度比较低，小于 1 g/L，所以对于后续的隔膜电积试验影响不大，最终仍然可以
获得纯度较高的阴极铁板。

### 4.2.4.3  氯化亚铁溶液隔膜电积工艺研究

1. 单因素条件试验

通过单因素条件试验确定阴极电流密度、阴极液 $Fe^{2+}$ 浓度、电解液温度及阴
极液 pH 对阴极电流效率及阴极铁板形貌的影响规律，得到电沉积铁的最优条件。
条件优化试验中每次的电解时间为 8 h。

(1)阴极电流密度的影响

在阴极液 $Fe^{2+}$ 质量浓度为 60 g/L、pH 为 3、温度为 35 ℃的条件下，分别研究
电流密度为 200 A/m²、300 A/m²、400 A/m² 及 500 A/m² 时阴极电流效率、阴极
铁板形貌的变化规律。试验结果见图 4-19、图 4-20 所示。

试验结果表明，电流密度越大电流效率也越大，当电流密度为 300 A/m² 时，
电流效率为 98.42%，而且此时阴极板的形貌较好、表面均匀、平整。当继续增大
电流密度，阴极板表面变得不平整，出现鼓包、裂痕等现象，边缘的枝晶生长也
越来越严重，这是因为电流密度大时，阴极板表面 $Fe^{2+}$ 浓度急剧减小，而阴极板

图 4-19 不同阴极电流密度下阴极铁板的宏观形貌

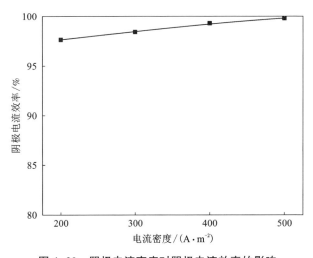

图 4-20 阴极电流密度对阴极电流效率的影响

边缘 $Fe^{2+}$ 浓度减小程度相对小一些，这就造成阴极板成核不均匀，所以会产生大量枝晶。因此本研究选择最佳电流密度为 $300~A/m^2$。

（2）阴极液 $Fe^{2+}$ 浓度的影响

在阴极电流密度为 $300~A/m^2$、pH 为 3、温度为 35℃ 的条件下，分别研究阴极液 $Fe^{2+}$ 质量浓度为 40 g/L、60 g/L、80 g/L、100 g/L 时阴极电流效率、阴极铁板形貌的变化规律。试验结果见图 4-21、图 4-22。

(a) $Fe^{2+}$ 40 g/L      (b) $Fe^{2+}$ 60 g/L

(c) $Fe^{2+}$ 80 g/L      (d) $Fe^{2+}$ 100 g/L

图 4-21　不同阴极液 $Fe^{2+}$ 浓度下阴极铁板的宏观形貌

试验结果表明，电流效率随着阴极液中 $Fe^{2+}$ 浓度的增加而增加，当阴极液 $Fe^{2+}$ 质量浓度低于 60 g/L 时，这种增加趋势较大，当阴极液 $Fe^{2+}$ 质量浓度为 60 g/L 时，电流效率为 98.42%，而且此时阴极板的形貌较好，非常平整、均匀，而且没有枝晶。当继续增大阴极液中 $Fe^{2+}$ 的浓度，阴极板表面变得不平整，鼓包并出现裂痕，这是因为当阴极液中 $Fe^{2+}$ 浓度过大时，阴极成核速度过快，晶粒还没来得及长大，周围就有新的晶粒生成，使得晶粒生长不均匀，当表面附着有杂质时，就容易产生裂痕。因此选择阴极液中 $Fe^{2+}$ 最佳浓度为 60 g/L。

（3）电解液温度的影响

在阴极液 $Fe^{2+}$ 质量浓度为 60 g/L、阴极电流密度为 $300~A/m^2$、pH 为 3 的条

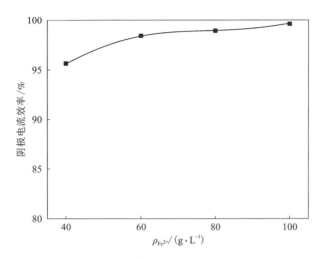

**图 4-22　阴极液 $Fe^{2+}$ 浓度对阴极电流效率的影响**

件下，分别研究电解液温度为 25℃、35℃、45℃ 及 55℃时电流效率、阴极铁板形貌的变化规律。试验结果见图 4-23、图 4-24。

(a) 25℃　　　　　　　　　　(b) 35℃

(c) 45℃　　　　　　　　　　(d) 55℃

**图 4-23　不同电解液温度下阴极铁板的宏观形貌**

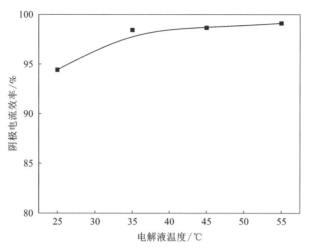

图 4-24    电解液温度对阴极电流效率的影响

实验结果表明，阴极电流效率随着电解液温度的增加而增加，在 35℃ 之前增加较快，之后增加不明显。当电解液温度为 35℃ 时，电流效率为 98.42%，而且此时阴极板的形貌较好，平整、光滑且没有枝晶产生。温度较低时，板上出现裂痕不再平整，而当电解液温度为 45℃ 和 55℃ 时，阴极板表面会有一些地方凸起，这是由于温度会影响成核速率。考虑到温度越高，能耗也会越高。因此最终确定最佳电解液温度为 35℃。

(4)阴极液 pH 的影响

在阴极液 $Fe^{2+}$ 质量浓度为 60 g/L、阴极电流密度为 300 $A/m^2$、电解液温度为 35℃ 的条件下，分别研究阴极液初始 pH 为 1、2、3、4 时阴极电流效率、阴极铁板形貌的变化规律。试验结果见图 4-25、图 4-26。

试验结果表明，电流效率随阴极液 pH 的增加而增加，且在 pH 低于 3 时增长迅速，而在 pH 大于 3 以后增加不明显。当 pH 达到 3 后，阴极电流效率为 98.42%。在 pH 较低时，阴极表面析氢等原因导致阴极铁板不平整，表面有明显的沟壑且边缘会有少量枝晶，这是因为 pH 较低时，阴极板表面容易发生析氢反应，氢气的产生使得阴极板表面 $Fe^{2+}$ 浓度分布不均匀，从而导致阴极铁板不平整。当 pH 偏高时，阴极铁板形貌较为平整、光滑。但考虑到 pH 较高时，铁离子容易水解。综合考虑，选择阴极液最佳 pH 为 3。

综上所述，隔膜电积试验得到隔膜电积 Fe 的最优条件为：阴极电流密度为 300 $A/m^2$、阴极液 $Fe^{2+}$ 质量浓度为 60 g/L、pH 为 3、温度为 35℃。

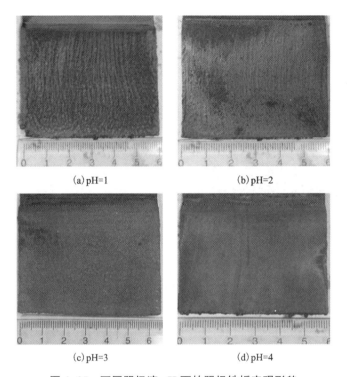

(a) pH=1　　　　　　　　(b) pH=2

(c) pH=3　　　　　　　　(d) pH=4

图 4-25　不同阴极液 pH 下的阴极铁板宏观形貌

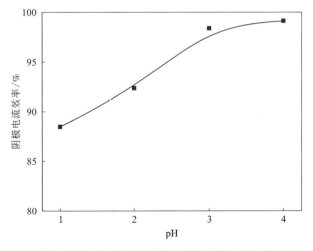

图 4-26　阴极液 pH 对阴极电流效率的影响

2. 综合验证试验

氯化亚铁溶液隔膜电积试验得到的最优条件为: 阴极电流密度为 300 A/m$^2$、阴极液 Fe$^{2+}$质量浓度为 60 g/L、pH 为 3、电解液温度为 35℃, 在此条件下用真实溶液进行综合验证试验及 24 h 连续电积试验。

在优化条件下用真实溶液电积 8 h 后阴极铁板的宏观形貌图、SEM 图和 X 射线衍射图。验证试验结果表明, 在优化条件下电积 8 h 后, 可以得到平整、致密的阴极铁板, 且阴极电流效率为 96.55%。

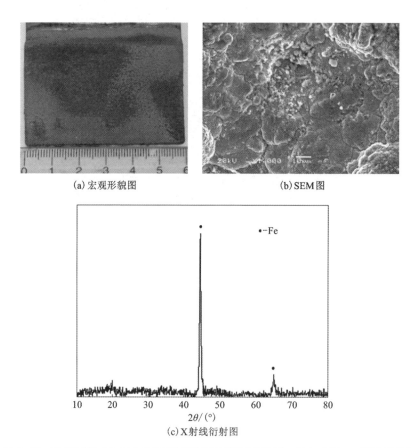

(a) 宏观形貌图      (b) SEM图

(c) X射线衍射图

**图 4-27** 验证试验 8 h 后电沉积阴极铁板的宏观形貌图、SEM 图和 X 射线衍射图

在优化条件下连续电积 24 h 后, 得到了较为平整致密的阴极铁板, 而长时间电解对阴极铁的形貌有一定的影响, 随着时间的延长, 阴极铁板表面会变粗糙, 经计算平均阳极电流效率为 95.49%, 阴极电流效率为 95.90%。铁板的宏观形貌图、SEM 图和 X 射线衍射图见图 4-28。铁板的成分见表 4-4, 分析结果表明, 所

得阴极铁板含铁 98.901%，含锡、锌及镍分别为 0.420%、0.470%、0.055%，属于一种铁合金产品，可作为超低碳钢原料使用。

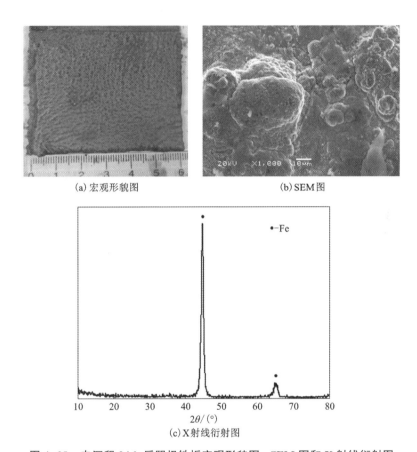

(a) 宏观形貌图　　　　　　(b) SEM 图

(c) X 射线衍射图

图 4-28　电沉积 24 h 后阴极铁板宏观形貌图、SEM 图和 X 射线衍射图

表 4-4　阴极铁板化学成分

| 成分 | Fe | Cu | Sn | Zn | Ni | Mn | Cr | Al | Ca |
|---|---|---|---|---|---|---|---|---|---|
| 质量分数/% | 98.901 | 0.025 | 0.420 | 0.470 | 0.055 | 0.033 | 0.017 | 0.016 | 0.013 |

## 4.2.5　小结

（1）通过分析 Cu-Cl$^-$-H$_2$O 体系和 Fe-Cl$^-$-H$_2$O 体系的 $\varphi$-pH 图可知，在一定的酸度和电势条件下 Cu 和 Fe 容易被浸出。因此废金刚石刀头浸出试验中，可以控制一定的酸度，加入适量的氧化剂，使废金刚石刀头胎体材料解体，从而使刀

头中的有价金属进入到浸出液中，实现有价金属和金刚石颗粒的有效分离。由于采用 $FeCl_3$ 氯盐体系浸出废金刚石刀头时，刀头中的 Cu、Sn 等金属也将进入浸出液中，最终浸出液中也会残余少量 $Fe^{3+}$ 离子，所以浸出液需先进行还原净化才能用于后面的隔膜电积试验。选取铁粉作还原净化试验的还原剂。一方面，Fe 的金属活动性顺序排在 Cu、Sn 等金属的前边，可以将这些金属离子还原置换进入渣中；另一方面，铁粉可以把溶液中的 $Fe^{3+}$ 还原为 $Fe^{2+}$，而且在整个过程中不会引入新的杂质。

（2）采用电化学方法研究了隔膜电积的阴极沉积过程，表明铁离子在阴极上的还原过程是不可逆反应，且受扩散步骤控制。升高温度和提高阴极液 $Fe^{2+}$ 离子浓度，可以促进溶液的离子扩散，提高电流效率。该体系，铁在阴极上电沉积过程中成核机理是瞬时成核。这些结论可以为研究人员在电解实验中采用单因素条件实验研究阴极电流密度、阴极液 $Fe^{2+}$ 浓度、电解液温度及阴极液 pH 等工艺条件参数对阴极电流效率及阴极铁板形貌的影响规律提供理论依据。

（3）通过一系列单因素条件试验，研究了反应温度、溶液初始酸度、液固比、氧化剂用量系数、反应时间等条件对金刚石刀头浸出率的影响。获得的刀头浸出最佳试验条件是：反应温度为 50℃、初始溶液酸度为 4 mol/L、氧化剂用量系数为 1.3、液固比为 6：1、反应时间为 6 h。在最佳浸出条件下，铜和铁的浸出率分别为 93.35%、95.85%，金刚石回收率为 100%。而且又进行了最佳浸出条件下的综合扩大实验，得出的结果与上述结果具有很好的一致性，说明铜和铁的浸出规律重复性较高。通过单因素条件试验，研究了铁粉过量系数、加料方式、反应温度、反应时间等因素对浸出液中 $Cu^{2+}$ 置换率的影响。获得还原净化试验的最佳试验条件是：反应温度为 50℃、铁粉过量系数为 2、加料方式为平均分 8 次加入、反应时间为 40 min，$Cu^{2+}$ 置换率达 97.10%。在两次综合验证实验中，还原净化后溶液中的 $Cu^{2+}$ 基本上都被置换除去，经计算 $Cu^{2+}$ 的置换率达 97.98% 和 97.80%，说明试验具有较好的重复性。通过还原净化可以得到较为纯净的溶液，可以用作隔膜电积试验。

（4）隔膜电积的优化条件为：阴极液 $Fe^{2+}$ 质量浓度为 60 g/L、pH 为 3，电解液温度为 35℃，电流密度为 300 $A/m^2$，平均阳极电流效率为 98.31%，阴极电流效率为 98.42%。通过 24 h 的电解试验表明，长时间电解对阴极铁的形貌有一定的影响，随着时间的延长，阴极铁表面会变粗糙。平均阳极电流效率和阴极电流效率分别为 95.49% 和 95.90%，铁的纯度达到了 98.90%，锡、锌及镍分别为 0.420%、0.470%、0.055%，属于一种铁合金产品，可作为超低碳钢原料使用。

# 第 5 章　铅隔膜电积

## 5.1　概　述

传统湿法炼锌过程中，常产出大量硫酸铅渣。此外，钢铁厂烟尘、炼铜厂烟尘等经火法还原挥发处理得到的烟尘中同样含有铅，经硫酸浸出后，铅大都集中到浸出渣中，也形成硫酸铅渣。这些硫酸铅渣中的铅大部分以 $PbSO_4$ 物相存在，铅含量一般在 10%～50%，实现其资源化、减量化回收利用具有重要意义。

目前硫酸铅渣的处理工艺可分为火法冶金和湿法冶金两种。火法冶金主要是将硫酸铅渣作为炼铅原料，与铅精矿一同搭配入火法铅冶炼系统回收铅。但由于硫酸铅渣中铅含量相对较低，且与 PbS 精矿熔炼相比，硫酸铅的分解纯属吸热反应，需外部供应大量的热能。因此将其搭配入炉与 PbS 精矿一同熔炼时，其搭配量有限，否则难以维持铅冶炼系统的热平衡。此外，火法冶金工艺处理硫酸铅渣不仅能耗高，而且易产生低浓度 $SO_2$、挥发性铅尘等大气污染物，熔炼烟气处理成本相对更高；湿法冶金是目前最常见的硫酸铅渣处理方法，主要是以 $Na_2CO_3$ 或 $NaHCO_3$ 为脱硫剂，在溶液强搅拌条件下将硫酸铅渣中 $PbSO_4$ 转化为 $PbCO_3$，再将 $PbCO_3$ 焙烧或配入硅氟酸体系电解得到铅粉。但实践证明，硫酸铅渣湿法处理工艺存在转化率低，废水排放量大，硅氟酸体系电解时易释放 HF 等有毒有害气体等问题。

我国是世界上最大的湿法炼锌生产国，加上钢厂烟灰、转炉烟尘的湿法处理等，每年产出巨量的硫酸铅渣。随着国家对环境保护力度的不断加大，开发出一种清洁、高效的硫酸铅渣处理新工艺具有巨大的现实意义，也具有很好的环境及经济价值。

## 5.2　硫酸铅渣隔膜电积回收铅

### 5.2.1　前言

前已述及，采用隔膜电积技术的湿法冶金新工艺可以成功实现从含锡、锑、铋等有色金属资源中清洁、高效提取锡、锑、铋等金属，具有流程短、清洁高效的优点。而本研究团队通过研究发现，该工艺也同样适用于硫酸铅渣的资源再生领域。下文主要介绍基于隔膜电积硫酸铅渣清洁处理工艺参数优化过程，为实现从量大、面广的硫酸铅渣中清洁高效回收铅提供参考。

## 5.2.2 原料与工艺流程

### 5.2.2.1 试验原料

试验原料为云南某炼锌企业锌冶炼过程所产出的硫酸铅废渣，其化学成分组成、铅物相分析，以及 X 射线衍射分析结果见表 5-1、表 5-2、图 5-1。

表 5-1 试验原料的主要化学成分

| 元素 | Pb | O | S | Zn | Si | Ca | Fe | Mn | Al | Cu | As |
|---|---|---|---|---|---|---|---|---|---|---|---|
| 质量分数/% | 27.42 | 15.64 | 15.08 | 14.92 | 5.74 | 5.91 | 2.12 | 1.77 | 1.65 | 0.51 | 0.43 |

表 5-2 试验原料中铅在各物相中分布

| 相态 | 金属铅 | 硫化铅 | 硫酸铅 | 总铅 |
|---|---|---|---|---|
| 质量分数/% | 0.49 | 4.04 | 22.641 | 27.171 |

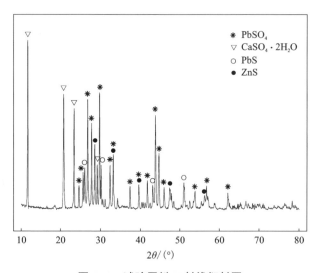

图 5-1 试验原料 X 射线衍射图

从本次试验原料的分析结果可知原料中含铅量在 27% 左右，其物相主要是 $PbSO_4$，除此之外还有少量 PbS 和金属 Pb 物相；还有 15% 左右的锌，主要以 ZnS

的形式存在；以及 6% 左右的 Ca，主要以 $CaSO_4$ 的形式存在；还含有少量 Fe、Mn、Al 等元素。

#### 5.2.2.2　试验工艺流程

本次试验的工艺流程图见图 5-2。将研磨过筛后大于等于 160 目的粉末状原料进行浸出试验，浸出液作为隔膜电沉积过程的阴极液，铅在阴极板上析出，电解废液正好又可配合浸出剂用于原料浸出。

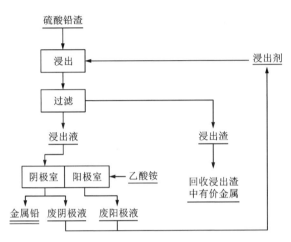

图 5-2　硫酸铅渣隔膜电积处理新工艺流程示意图

### 5.2.3　基本原理

#### 5.2.3.1　浸出过程热力学分析

1. 热力学理论基础

乙酸根离子能与金属铅离子以摩尔比 1∶1、2∶1、3∶1 或 4∶1 的比例形成稳定的配合物，铅离子通过配位反应溶于含乙酸根离子的溶液中。

主要的配位反应式如下：

$$PbSO_4 + Ac^- \Longrightarrow SO_4^{2-} + Pb(Ac)^+ \tag{5-1}$$

$$PbSO_4 + 2Ac^- \Longrightarrow SO_4^{2-} + Pb(Ac)_2 \tag{5-2}$$

$$PbSO_4 + 3Ac^- \Longrightarrow SO_4^{2-} + Pb(Ac)_3^- \tag{5-3}$$

$$PbSO_4 + 4Ac^- \Longrightarrow SO_4^{2-} + Pb(Ac)_4^{2-} \tag{5-4}$$

本节基于质量平衡和电荷平衡的双平衡原理，研究原料为炼锌烟尘，主要成分为 $PbSO_4$，在 $Pb^{2+}$-$Ac^-$-$H^+$-$H_2O$ 体系中对 $Pb^{2+}$ 和 $Ac^-$ 的几种配合物作热力学理论分析。

（1）$Pb^{2+}-Ac^--H^+-H_2O$ 体系热力学分析

$Pb^{2+}-Ac^--H^+-H_2O$ 体系是一个相对较为复杂的体系，体系中存在 $Pb^{2+}$、$PbAc$、$PbAc_2$、$PbAc_3^-$、$PbAc_4^{2-}$、$Pb(OH)_n^{2-n}$（$n = 1$，2，3）、$Pb_3(OH)_4^{2+}$，$Pb_4(OH)_4^{4+}$，$Pb_6(OH)_8^{4+}$、$Ac^-$、$HAc$、$H^+$、$OH^-$ 等物质。由于体系中 $OH^-$ 浓度很小，所以 $Pb^{2+}$ 与 $OH^-$ 配位不予计算，为避免体系过于复杂不便计算，所以也不考虑 $Ac^-$ 的水解问题。简化后体系的主要反应式和平衡常数见表5-3。

表5-3　简化后体系中的主要反应方程式和平衡常数

| 反应方程式 | 平衡公式 | 平衡常数 |
|---|---|---|
| $Pb^{2+} + Ac^- \Longrightarrow PbAc^+$ | $\beta_1 = \dfrac{[PbAc^+]}{[Pb^{2+}][Ac^-]}$ | $lg\beta_1 = 2.52$ |
| $Pb^{2+} + 2Ac^- \Longrightarrow PbAc_2$ | $\beta_2 = \dfrac{[PbAc_2]}{[Pb^{2+}][Ac^-]^2}$ | $lg\beta_2 = 4.00$ |
| $Pb^{2+} + 3Ac^- \Longrightarrow PbAc_3^-$ | $\beta_3 = \dfrac{[PbAc_3^-]}{[Pb^{2+}][Ac^-]^3}$ | $lg\beta_3 = 6.40$ |
| $Pb^{2+} + 4Ac^- \Longrightarrow PbAc_4^{2-}$ | $\beta_4 = \dfrac{[PbAc_4^{2-}]}{[Pb^{2+}][Ac^-]^4}$ | $lg\beta_4 = 8.50$ |

根据电算-指数方程，体系中各种物质的浓度满足式（5-5）。

$$R = \exp[A + B\ln([Pb^{2+}]) + C\ln([H^+]) + D\ln([Ac^-])] \qquad (5-5)$$

联系此方程和配合物反应平衡常数和相应的配位系数可以求得 $A$、$B$、$C$、$D$ 四个常数，其对应的具体数值见表5-4。

表5-4　各物种浓度表达式中的常数

| 物 种 | $A$ | $B$ | $C$ | $D$ |
|---|---|---|---|---|
| $Pb^{2+}$ | 0 | 1 | 0 | 0 |
| $PbAc^+$ | 5.8025 | 1 | 0 | 1 |
| $PbAc_2$ | 9.2103 | 1 | 0 | 2 |
| $PbAc_3^-$ | 14.7365 | 1 | 0 | 3 |
| $PbAc_4^{2-}$ | 19.5720 | 1 | 0 | 4 |
| $Ac^-$ | 0 | 0 | 0 | 1 |

续表5-4

| 物　种 | $A$ | $B$ | $C$ | $D$ |
|---|---|---|---|---|
| $H^+$ | 0 | 0 | 1 | 0 |
| $OH^-$ | 0 | 0 | -1 | 0 |

随后根据质量守恒原理可以建立铅量、乙酸根量平衡方程,如式(5-6)、式(5-7);根据溶液中电荷平衡原理,可以建立方程式(5-8)。

$$\left[\mathrm{Pb}^{2+}\right]_{\mathrm{T}} = \left[\mathrm{Pb}^{2+}\right] + \sum_{n=1}^{4}\left[\mathrm{PbAc}_{n}^{2-n}\right]$$

$$= \left[\mathrm{Pb}^{2+}\right] \times \left(1 + \beta_1\left[\mathrm{Ac}^-\right] + \beta_2\left[\mathrm{Ac}^-\right]^2 + \beta_3\left[\mathrm{Ac}^-\right]^3 + \beta_4\left[\mathrm{Ac}^-\right]^4\right) \quad (5\text{-}6)$$

$$\left[\mathrm{Ac}^-\right]_{\mathrm{T}} = \left[\mathrm{Ac}^-\right] + \sum_{n=1}^{4} n\left[\mathrm{PbAc}_{n}^{2-n}\right]$$

$$= \left[\mathrm{Ac}^-\right] + \left[\mathrm{Pb}^{2+}\right] \times \left(\beta_1\left[\mathrm{Ac}^-\right] + 2\beta_2\left[\mathrm{Ac}^-\right]^2 + 3\beta_3\left[\mathrm{Ac}^-\right]^3 + 4\beta_4\left[\mathrm{Ac}^-\right]^4\right)$$

$$(5\text{-}7)$$

$$2\left[\mathrm{Pb}^{2+}\right]_{\mathrm{T}} + \left[\mathrm{H}^+\right] = \left[\mathrm{Ac}^-\right]_{\mathrm{T}} + \left[\mathrm{OH}^-\right] \quad (5\text{-}8)$$

上述三个方程有 5 个未知数,为求出体系中各物质平衡浓度,可使用解非线性方程组的方式,结合实际情况确定 $\rho_{\mathrm{Pb_T^{2+}}}$、$\left[\mathrm{Ac}^-\right]_{\mathrm{T}}$、$\left[\mathrm{H}^+\right]$ 中的一个浓度后,即可求出体系内各个物种的平衡浓度。

(2)铅物种分布热力学平衡图

1)在不同的 $\left[\mathrm{Ac}^-\right]_{\mathrm{T}}$ 浓度条件下,体系中铅物种分布和 $\left[\mathrm{Pb}^{2+}\right]_{\mathrm{T}}$ 随 pH 在 0 至 7 范围内的变化关系,见图 5-3、图 5-4。

从图 5-3、图 5-4 可以看出,当 pH 较低(0~2)时,体系中 $\mathrm{Pb(Ac)}_4^{2-}$ 的浓度随 pH 的增大逐渐下降,体系中 $\mathrm{Pb}^{2+}$、$\mathrm{PbAc}^+$、$\mathrm{Pb(Ac)}_2$、$\mathrm{Pb(Ac)}_3^-$、$\left[\mathrm{Pb}^{2+}\right]_{\mathrm{T}}$ 的浓度则随 pH 的增大逐渐增加;当 pH 为 2~7 时,体系中铅的各物种形式趋于稳定,该体系中 $\mathrm{PbAc}^+$ 浓度最高,其次分别为 $\mathrm{Pb(Ac)}_4^{2-}$、$\mathrm{Pb(Ac)}_3^-$、$\mathrm{Pb}^{2+}$、$\mathrm{Pb(Ac)}_2$;此外这些物种的浓度都随 $\left[\mathrm{Ac}^-\right]_{\mathrm{T}}$ 浓度的升高而增加。

2)在不同的 $\rho_{\mathrm{Pb_T^{2+}}}$ 条件下,体系中铅的各物种平衡浓度随 pH 在 0 至 7 范围内的变化关系见图 5-5。

从图 5-5 可以看出,当 $\rho_{\mathrm{Pb_T^{2+}}}$ 为 30~60 g/L,pH 较低(0~2)时,体系中 $\mathrm{Pb(Ac)}_4^{2-}$ 的浓度随 pH 的增大逐渐下降,体系中 $\mathrm{Pb}^{2+}$、$\mathrm{PbAc}^+$、$\mathrm{Pb(Ac)}_2$、$\mathrm{Pb(Ac)}_3^-$ 的浓度则随 pH 的增大逐渐增加;当 pH 为 2~7 时,体系中铅物种的平衡浓度趋于稳定,该体系中 $\mathrm{PbAc}^+$ 浓度最高,其次分别为 $\mathrm{Pb(Ac)}_4^{2-}$、$\mathrm{Pb(Ac)}_3^-$、$\mathrm{Pb}^{2+}$、$\mathrm{Pb(Ac)}_2$;此外这些物种的浓度都随 $\rho_{\mathrm{Pb_T^{2+}}}$ 浓度的升高而增加。

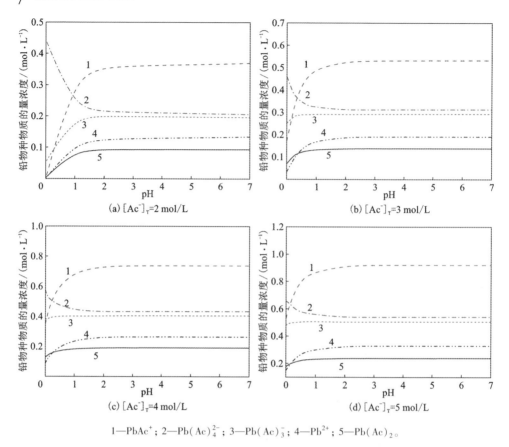

1—PbAc$^+$；2—Pb(Ac)$_4^{2-}$；3—Pb(Ac)$_3^-$；4—Pb$^{2+}$；5—Pb(Ac)$_2$。

图 5-3 在不同的 [Ac$^-$]$_T$ 条件下铅物种分布与 pH 的关系

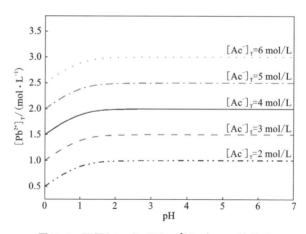

图 5-4 不同 [Ac$^-$]$_T$ 下 [Pb$^{2+}$]$_T$ 与 pH 的关系

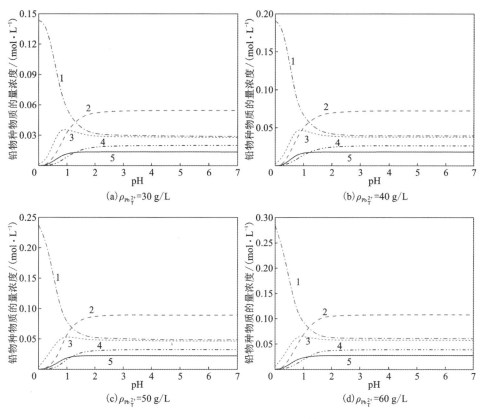

$$1—Pb(Ac)_4^{2-}；2—PbAc^+；3—Pb(Ac)_3^-；4—Pb^{2+}；5—Pb(Ac)_2。$$

**图 5-5 不同 $\rho_{Pb_T^{2+}}$ 下铅物种分布与 pH 的关系**

pH 在 2 至 7 范围内铅的物种分布占比与 $[Pb^{2+}]_T$ 的关系见图 5-6。

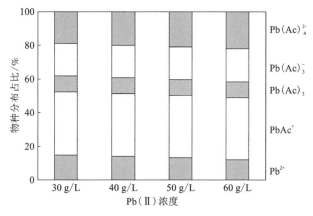

**图 5-6 不同 $\rho_{Pb_T^{2+}}$ 条件下 $Pb^{2+}$ 物种分布占比**

根据图 5-6 可知，随着 $[Pb^{2+}]_T$ 在 30 至 60 g/L 范围内增加，配合物 $Pb(Ac)_4^{2-}$ 所占比例缓慢增加，而 $Pb^{2+}$ 所占比例逐渐减少。此外体系中的配合物 $PbAc^+$、$Pb(Ac)_2$、$Pb(Ac)_3^-$、所占比例几乎不变。

2. 乙酸铵-乙酸钙协同浸出原理

单独采用乙酸铵作浸出剂浸出硫酸铅渣时，原料中的硫酸钙也会溶解和配位，进入到浸出液中，而且溶液中有大量的硫酸根，不利于整个处理工艺的循环，所以需采取措施以减少浸出液中 Ca、S 等元素杂质的含量。

浸出时，首先减少杂质的浸出，配入少量的乙酸钙与乙酸铵协同浸出，乙酸钙一方面可以有效抑制原料中硫酸钙的浸出，另一方面浸出剂中钙离子也可除掉一部分进入到溶液中的硫酸根离子。主要的反应方程式如下：

$$PbSO_4 + Ca(Ac)_2 = Pb(Ac)_2 + CaSO_4 \tag{5-9}$$

$$PbSO_4 + 2NH_4Ac = Pb(Ac)_2 + (NH_4)_2SO_4 \tag{5-10}$$

3. 电沉积原理

(1) 阴极过程

在指定浸出条件下，根据 $Pb^{2+}-Ac^--H^+-H_2O$ 体系热力学分析可知溶液中含铅物种的主要存在形式为 $PbAc^+$、$Pb(Ac)_3^-$、$Pb(Ac)_4^{2-}$，阴极上发生的主要反应为：

$$PbAc^+ + 2e^- = Pb + Ac^- \tag{5-11}$$

$$PbAc_3^- + 2e^- = Pb + 3Ac^- \tag{5-12}$$

$$PbAc_4^{2-} + 2e^- = Pb + 4Ac^- \tag{5-13}$$

$$2H^+ + 2e^- = H_2 \uparrow \tag{5-14}$$

(2) 阳极过程

由于采用隔膜电积法，阴离子隔膜防止了阴极液中的铅离子进入阳极室发生电化学反应，阳极可能发生反应的相关物种的标准电极电位为：$\varphi_{N_2/NH_4^+}^{\ominus} = 0.275$ V；$\varphi_{O_2/H_2O}^{\ominus} = 1.229$ V；其反应如式(5-15)、式(5-16)所示。

$$2NH_4^+ - 6e^- = N_2 + 8H^+ \tag{5-15}$$

$$2H_2O - 4e^- = O_2 \uparrow + 4H^+ \tag{5-16}$$

3. 电沉积过程电化学研究

(1) 线性扫描伏安法

1) 有、无隔膜、添加剂条件下的阴极极化曲线

在扫描速率为 50 mV/s、温度为 20℃、阴极液 $Pb^{2+}$ 质量浓度为 50 g/L 时的阴极极化曲线见图 5-7，由图 5-7 中曲线 c 可以看出，在有隔膜、无添加剂的条件下随着电位逐渐负扫至大约-0.62 V 时电流密度开始不断升高，这时阴极开始有 Pb 析出，当电位继续负扫至-0.71 V 时出现电流密度峰，说明此时沉积速率达到

最高值，同时也表明此时阴极周围 $Pb^{2+}$ 消耗殆尽，反应控制步骤由电化学反应控制转为扩散控制，电流密度也开始稍有降低；电位负扫至-0.81 V 时由于析氢反应，电流密度又开始急剧上升。在使用了添加剂的情况下，从图 5-7(a)、图 5-7(b)可以发现，有无隔膜对该体系初始电沉积过程影响不大，但是由于使用阴离子隔膜，从而避免了阴极室的 $Pb^{2+}$ 离子移动到阳极表面，失去电子生成四价铅，进一步生成二氧化铅，造成溶液中铅离子损失，故在长时间直流电积过程中能有效地提高阴极电流效率。与无添加剂时对比可发现，加入添加剂后，阴极的初始沉积电位从-0.62 V 负向移动至-0.65 V，达到沉积峰的电位值也有一定负移，峰值电流密度也明显升高，添加剂的加入可以起到抑制 $Pb^{2+}$ 的还原沉积和提高溶液中离子扩散的作用。

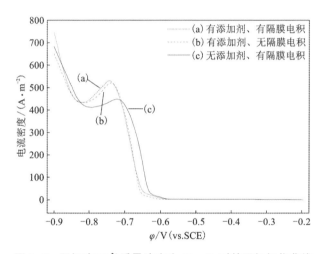

图 5-7 阴极液 $Pb^{2+}$ 质量浓度为 50 g/L 时的阴极极化曲线

2）不同初始铅浓度下的阴极极化曲线

在扫描速率为 50 mV/s、温度为 20℃，不同阴极液 $Pb^{2+}$ 初始浓度下的阴极极化曲线见图 5-8，由图 5-8 可知，随着初始阴极液 $Pb^{2+}$ 浓度的增加，铅开始沉积电位正向移动，电流密度峰值也逐渐增加，说明阴极液中铅离子浓度越高其扩散效果越好，加快沉积反应的进行，降低浓差极化。

3）不同温度下的阴极极化曲线

在扫描速率为 50 mV/s、阴极液 $Pb^{2+}$ 质量浓度为 50 g/L，不同温度下的阴极极化曲线见图 5-9，由图 5-9 可知，随着电解液温度升高，阴极铅初始沉积电位正向移动，峰值电流密度也逐渐增加，这是由于温度升高，溶液中离子扩散速率加快，增强了溶液导电性，增加了反应速率。

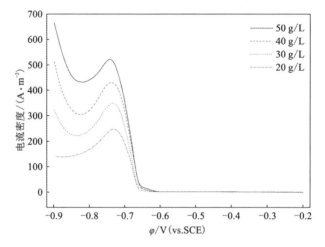

图 5-8　不同阴极液 $Pb^{2+}$ 浓度下的阴极极化曲线

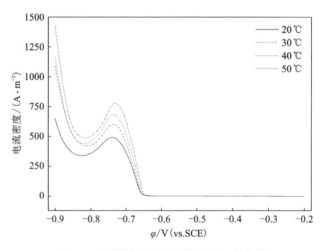

图 5-9　不同溶液温度下的阴极极化曲线

（2）循环伏安法

在温度为 20℃、阴极液 $Pb^{2+}$ 质量浓度为 50 g/L，不同扫描速率（5~50 mV/s）下的循环伏安曲线见图 5-10。从图 5-10 中可以观察到，随着扫描速率的增加，还原峰电流密度逐渐升高，还原峰电位负向移动（从 -635 ~ -744 mV），不同扫描速率下还原峰和氧化峰差值高于 300 mV，远远高于可逆过程两峰电位差理论值 $2.303RT/nF$（$n=2$ 时的 31 mV），并且可逆电荷转移过程还原峰电位不随扫速变化而变化，因此，该体系下铅的还原沉积是一个不可逆过程，一步完成双电子转移。

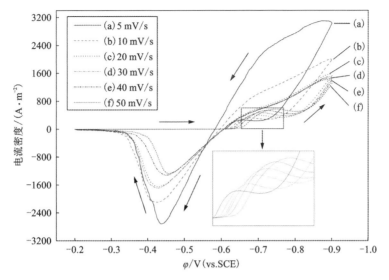

图 5-10　不同扫描速率下的循环伏安曲线

不可逆反应受扩散控制时，扫描速率与不同扫描速率下的峰值电流符合式(5-17)：

$$I_p = 0.4958 nFAC_0 (\alpha n_\alpha F/RT)^{1/2} D^{1/2} v^{1/2} \tag{5-17}$$

其中，$I_p$、$v$ 分别为峰值电流与扫描速率，其余字母均为常数，说明在受扩散控制的不可逆反应体系中，扫描速率的平方根与峰值电流(或电流密度)成正比，具有线性关系。

不同扫描速率下对应的不同电流密度作拟合曲线图见图 5-11，发现该体系下阴极电流密度与扫描速率平方根有着良好的线性关系(拟合系数为 0.99753)，表明该体系下铅的还原受扩散控制。

(3)计时电流图测试

在温度为 20℃、阴极液 $Pb^{2+}$ 质量浓度为 50 g/L 的条件下，采用恒电位阶跃法测定该体系下阴极铅沉积过程的电流-时间暂态曲线。从图 5-12 中可以看出，在刚开始的几秒内，电流密度迅速升高到一个峰值，之后电流密度又开始下降，随后趋于稳定，这是由于在结晶初期有大量的晶核生成导致电流迅速上升并达到最大值，随后是生长中心的消失和再生过程，最终趋于稳定，这时溶液中离子扩散补充与电化学反应消耗处于动态平衡。

由图 5-12 时间-电流曲线数据，可作无因次处理，并与 Scharifker 等的受扩散控制的三维瞬时和连续成核的无因次关系图作对比，见图 5-13。

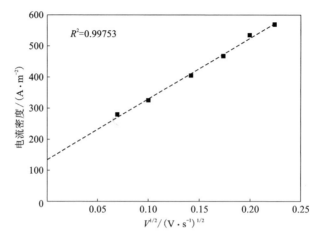

图 5-11　还原峰电流密度与扫描速率平方根关系线性拟合图

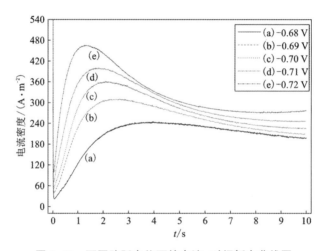

图 5-12　不同阶跃电位下的电流-时间暂态曲线图

　　从图 5-13 可知，铅还原电流-时间曲线按 $(i/i_m)^2$ - $(t/t_m)$ 处理所得曲线与理论曲线相比，可知所得实验数据与连续成核理论曲线相吻合，且阶跃电位越负，实际测得曲线越接近于理论曲线，因此说明该体系下阴极铅还原初期符合连续成核规律。

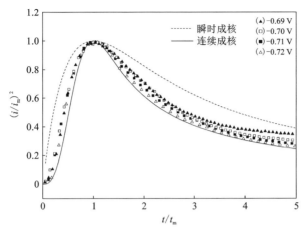

图 5-13　$(i/i_m)^2$-$(t/t_m)$ 无因次曲线

## 5.2.4　实验结果与讨论

### 5.2.4.1　硫酸铅渣浸出试验

1. 单因素条件试验

将炼锌厂产生的硫酸铅渣经充分水洗、烘干、研磨和过筛分选，其主要成分为硫酸铅，以 $PbSO_4$ 粉末为原料，乙酸铵作浸出剂，研究浸出剂用量、温度、反应时间、液固比等因素对硫酸铅中铅的浸出率的影响。

（1）浸出剂浓度的影响

试验条件为：液固比为 4：1，温度为 70℃，反应时间为 2 h，充分搅拌，研究浸出过程中乙酸铵物质的量浓度分别为 1 mol/L、2 mol/L、3 mol/L、4 mol/L、5 mol/L 时硫酸铅中铅浸出率的变化情况，试验结果见图 5-14。

由图 5-14 可知，在其他条件一定的情况下，随着乙酸铵物质的量浓度从 1 mol/L 增加到 5 mol/L，硫酸铅的浸出率逐渐提高。当乙酸铵物质的量浓度为 1 mol/L 时，硫酸铅的浸出率仅为 30% 左右，随着乙酸铵浓度的增加，浸出率逐步提高，当乙酸铵物质的量浓度增加到 4 mol/L 后浸出率几乎不再增加，已达 94.05%，说明在此条件下该浸出反应已经达到最大限度，故本研究选择乙酸铵最佳浓度为 4 mol/L。

（2）温度的影响

试验条件为：反应时间为 1 h，乙酸铵物质的量浓度为 4 mol/L，液固比为 4：1，充分搅拌；在此条件下，研究溶液温度从 30℃ 逐渐增加到 90℃ 时硫酸铅中铅浸出率的变化，见图 5-15。

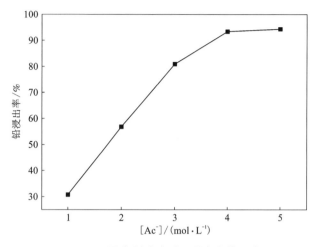

图 5-14  浸出剂浓度对铅浸出率的影响

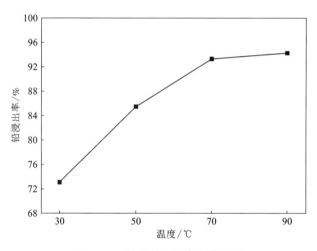

图 5-15  温度对铅浸出率的影响

从图 5-15 可以看出，在其他浸出条件一定的情况下，当温度以每 20℃ 为一个梯度从 30℃ 上升到 90℃ 时，铅浸出率逐渐升高，当反应温度为 30℃ 时，浸出率只有 73% 左右，当温度升高到 70℃ 时，浸出率为 94% 左右，温度继续升高时，铅浸出率几乎不再变化。考虑到继续升高温度对试验效果增加不大且增加能耗，本研究选择最佳浸出温度为 70℃。

（3）反应时间的影响

试验条件为：液固比为 4∶1，乙酸铵物质的量浓度为 4 mol/L，温度为 70℃，充分搅拌；在此条件下研究浸出时间从 0.5 h 增加到 2 h 时硫酸铅中铅浸出率变化情况，见图 5-16。

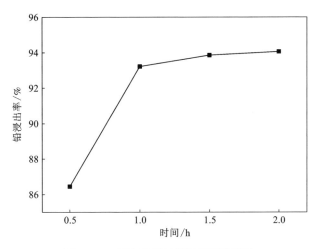

图 5-16　反应时间对铅浸出率的影响

从图 5-16 可以看出，反应时间增加，浸出率先快速升高然后增加缓慢趋于平稳。反应时间为 0.5 h 时，浸出率为 86% 左右，反应时间增加到 1 h 时浸出率提高到 93% 左右，从 1 h 再继续延长反应时间时，浸出率的提升不大。考虑到继续增加反应时间对试验效果增加不大且能耗增加，本研究选择最佳浸出反应时间为 1 h。

（4）液固比的影响

试验条件为：反应时间为 1 h，乙酸铵物质的量浓度为 4 mol/L，温度为 70℃，充分搅拌；在此条件下，研究液固比从 3∶1 逐渐增加到 6∶1 时硫酸铅中铅浸出率的变化情况，见图 5-17。

从图 5-17 可以看出，在其他浸出条件一定的情况下，随着液固比从 3∶1 增加到 6∶1，硫酸铅浸出率逐渐提高。当液固比为 3∶1 时，浸出率为 79% 左右。随着液固比增加，浸出率逐渐提高。当液固比增加到 6∶1 时，浸出率为 99% 以上，此时基本达到完全浸出，综合考虑，本研究选择最佳浸出液固比为 6∶1。

（5）浸出过程综合实验

经条件优化试验，获得硫酸铅浸出过程最佳试验条件为：反应时间为 1 h、温度为 70℃、浸出剂乙酸铵物质的量浓度为 4 mol/L、液固比 6∶1。在此条件下开展硫酸铅浸出过程综合试验，验证试验效果，并研究浸出前后硫酸铅渣中主要元

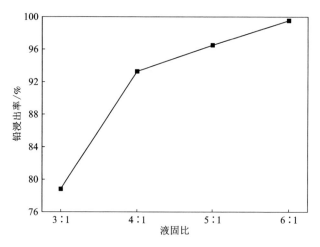

图 5-17 液固比对铅浸出率的影响

素在浸出液及浸出渣中的分配及平衡情况,以及浸出后渣的物相。实验结果见表 5-5、图 5-18。

表 5-5 综合实验浸出过程元素分析

| 原料(100 g) | | 浸出液(600 mL) | 浸出渣(48 g) | 浸出平衡 | | |
|---|---|---|---|---|---|---|
| 元素 | 质量分数/% | 质量浓度/(g·L⁻¹) | 质量分数/% | 入渣率/% | 入液率/% | 平衡率/% |
| Pb | 22.64 | 37.56 | 1.78 | 3.77 | 99.54 | +3.31 |
| S | 15.08 | 13.61 | 14.58 | 46.42 | 54.15 | +0.57 |
| Zn | 14.92 | 1.07 | 28.94 | 93.10 | 4.32 | -2.58 |
| Si | 5.74 | 0.016 | 11.05 | 92.41 | 0.17 | -7.42 |
| Ca | 5.91 | 8.91 | 1.25 | 10.15 | 90.46 | -8.48 |
| Al | 1.65 | 0.012 | 3.36 | 97.77 | 0.45 | -1.78 |
| Fe | 2.12 | 0.0004 | 4.21 | 95.09 | 0.01 | -4.90 |
| Mn | 1.77 | 0.018 | 3.55 | 96.25 | 0.62 | -3.13 |

注:表中 S 表示 $SO_4^{2-}$ 中硫,下同。

由图 5-18 可以看出,综合实验浸出渣中硫酸铅的物相已基本不存在,此时渣中主要的物相为硫化锌、硫化铅和硫酸钙。

2. 铅浓度富集试验

从试验结果综合分析看,虽然此方案铅的浸出率为 99% 以上,但是随着铅的浸出,渣中的钙和硫也大部分进入溶液中,影响铅溶液纯度,会对后续电沉积过

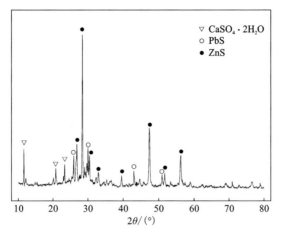

图 5-18　综合实验浸出渣 X 射线衍射图

程造成严重影响。此外，经过试验发现，乙酸铅电积液浓度需在 50 g/L 及以上时才能有一个比较好的电沉积效果，所以需要提高浸出液中铅离子的浓度，并净化溶液。

（1）浓度富集试验 1

最优条件下所得浸出液铅浓度仅为 37 g/L 左右，而经过早期的探索试验发现，在乙酸盐体系中铅电沉积时阴极液铅浓度需在 50 g/L 以上，故应设法提高浸出液中铅离子的浓度，采取了循环浸出方式来提高浸出液中的 $Pb^{2+}$ 浓度。

循环浸出试验分三槽，每槽处理原料 100 g 左右。上一槽的浸出液作为下一槽的浸出剂，第一槽的浸出条件选择单因素试验最优条件，第二、三槽则更换新原料，其他条件为：溶液温度为 70℃、时间为 1 h、液固比为 6∶1。循环试验结果见表 5-6。

表 5-6　循环试验结果

| 试验分组 | 试验槽 | 浸出率/% | $\rho_{Pb^{2+}}/(g \cdot L^{-1})$ |
|---|---|---|---|
| （1） | 第一槽 | 99.13 | 37.41 |
| | 第二槽 | 41.58 | 53.02 |
| | 第三槽 | 24.56 | 62.27 |
| （2） | 第一槽 | 98.42 | 37.14 |
| | 第二槽 | 39.03 | 51.88 |
| | 第三槽 | 23.15 | 60.62 |

从表5-6可知，该浸出体系循环浸出率很低，第一次循环浸出率只有40%左右，第二次循环浸出率仅为24%左右，铅浓度经过两次循环浸出后从37 g/L左右富集到61 g/L左右；由于循环浸出原料利用率过低，如何提高浸出液中铅浓度，考虑通过调整液固比来提高铅浓度的目的。

（2）浓度富集试验2

在其他单因素优化条件不变的情况下（浸出温度为70℃，浸出时间为1 h，浸出剂浓度为4 mol/L），综合考虑铅浸出率和浸出液中铅浓度，选择一个最适宜的液固比条件来选取一个最优工艺。

液固比为4∶1，其他工艺条件同上述最优化条件，铅浸出率与浸出液中铅浓度随液固比的变化情况见图5-19；不同浸出剂浓度在不同液固比条件下铅浸出率与浸出液中铅浓度的对比情况见表5-7。

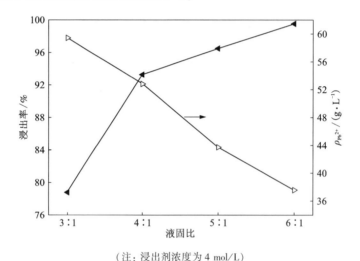

（注：浸出剂浓度为4 mol/L）

图5-19　液固比与铅浸出率及浓度的关系

表5-7　不同浸出剂浓度和液固比条件下铅浸出率及浓度的关系

| 浸出剂浓度/(mol·L$^{-1}$) | 液固比 | 浸出率/% | $\rho_{Pb^{2+}}$/(g·L$^{-1}$) |
|---|---|---|---|
| 3 | 4∶1 | 80.83 | 45.75 |
| 4 | 3∶1 | 78.77 | 59.45 |
| | 4∶1 | 93.28 | 52.80 |
| | 5∶1 | 96.49 | 43.69 |
| | 6∶1 | 99.53 | 37.56 |
| 5 | 4∶1 | 94.25 | 53.34 |

从图 5-19 和表 5-7 可以看出，在乙酸铵物质的量浓度为 4 mol/L、液固比为 4∶1 的条件下，浸出率和浸出液铅浓度之间能达到一个比较均衡的效果，此时铅的浸出率和 $Pb^{2+}$ 质量浓度分别为 93.28%、52.80 g/L。因此优化方案后最终确定最佳浸出工艺为：反应温度为 70℃、反应时间为 1 h、浸出剂浓度为 4 mol/L、液固比为 4∶1。

3. 乙酸铵–乙酸钙协同浸出试验

（1）单因素条件试验

从综合试验结果可知，不仅原料中的铅被浸出，而且其中的钙和硫元素也会大量进入溶液，为减少和避免浸出过程中钙元素和硫元素进入溶液，采用乙酸钙和乙酸铵联合浸出工艺（保持总乙酸根物质的量浓度为 4 mol/L），研究乙酸钙用量对原料中 Pb、Ca、S 元素浸出率的影响，其他条件则与单因素试验的优化条件一致：温度为 70℃、液固比为 4∶1、$[Ac^-]_T = 4$ mol/L、反应时间为 1 h。试验结果见表 5-8、图 5-20。

表 5-8　乙酸钙用量与 Pb、Ca、S 浸出率的关系

| 乙酸钙过量系数 | 铅浸出率/% | 钙浸出率/% | 硫浸出率/% |
| --- | --- | --- | --- |
| 0 | 93.28 | 88.56 | 51.42 |
| 0.4 | 94.54 | 63.12 | 33.46 |
| 0.8 | 95.81 | 38.25 | 16.98 |
| 1.0 | 96.56 | 26.61 | 9.82 |
| 1.2 | 97.09 | 32.37 | 8.14 |

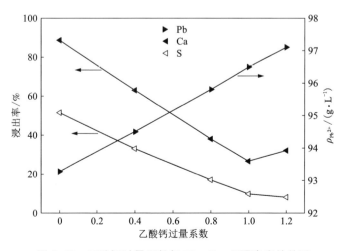

图 5-20　乙酸钙过量系数与 Pb、Ca、S 浸出率的关系

从图 5-20 和表 5-8 可以看出，随着乙酸钙过量系数的增加，铅的浸出率逐渐升高，硫的浸出率逐渐降低，钙的浸出率先降低后升高。这是由于当乙酸钙的过量系数小于等于 1 时，乙酸钙起到一个抑制原料中硫酸钙的配位浸出及去除浸出液中产生的硫酸根的作用，可以促进铅的浸出并且抑制钙的浸出；当过量系数大于 1 时，乙酸钙主要起着抑制原料中乙酸钙配位浸出的效果，而过量的乙酸钙则会存留在浸出液中造成浸出液中钙浓度增加。综合考虑，确认最佳乙酸钙过量系数为 1.0 时，此时 Pb、Ca、S 的浸出率分别为 96.56%、26.61%、9.82%。

(2)综合条件试验

经单因素条件试验、浓度优化试验及浸出液净化试验，综合分析后得到浸出过程的最佳条件：温度为 70℃、液固比为 4∶1、反应时间为 1 h、$[Ac^-]_T$（$CaAc_2$ 与 $NH_4Ac$ 共同所含乙酸根量）= 4 mol/L，乙酸钙过量系数为 1.0。在此条件下开展硫酸铅渣浸出综合试验，验证试验效果，并研究浸出前后硫酸铅渣中主要元素在浸出液及浸出渣中的分配及平衡情况，以及浸出后渣的物相，试验结果见表 5-9、图 5-21。

表 5-9　综合试验浸出结果

| 原料(100 g) | | 浸出液(400 mL) | 浸出渣(78 g) | 浸出平衡 | | |
|---|---|---|---|---|---|---|
| 元素 | $w/\%$ | $\rho/(g \cdot L^{-1})$ | $w/\%$ | 入渣率/% | 入液率/% | 平衡率/% |
| Pb | 22.64 | 54.58 | 1.51 | 5.21 | 96.42 | +1.63 |
| S | 15.08 | 3.67 | 17.59 | 91.02 | 9.73 | +0.75 |
| Zn | 14.92 | 1.33 | 18.12 | 94.75 | 3.58 | -1.67 |
| Si | 5.74 | 0.018 | 7.32 | 99.21 | 0.13 | -0.66 |
| Ca | 5.91 | 3.91 | 5.59 | 73.74 | 26.44 | +0.18 |
| Al | 1.65 | 0.0006 | 2.11 | 99.77 | 0.01 | -0.22 |
| Fe | 2.12 | 0.032 | 4.21 | 98.86 | 0.59 | -0.55 |
| Mn | 1.77 | 0.028 | 2.24 | 98.65 | 0.63 | -0.72 |

从表 5-9 和图 5-21 可知，综合试验，原料中硫酸铅中铅的浸出率为 96% 以上，从浸出渣 XRD 图中已经看不到硫酸铅物相，由于加入乙酸钙除硫酸根的缘故，渣中硫酸钙明显增多，从浸出渣 XRD 图中可以看出，硫酸钙的物相也相对原料来看峰强度显著增强，硫化锌和硫化铅则由于参与反应程度小继续保留在渣中。原料中的 Si、Al、Fe、Mn 等元素由于不参与反应而全部保留在渣中，浸出液中 $Pb^{2+}$ 质量浓度为 54.58 g/L，达到了电沉积过程对阴极液铅浓度的要求。

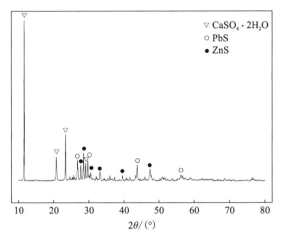

图 5-21　综合试验浸出渣 X 射线衍射分析

### 5.2.4.2　隔膜电积提取铅试验研究

试验首先以乙酸铅纯溶液为电积液，采用隔膜电积技术能有效防止溶液中的二价铅离子到阳极失电子被氧化成四价铅，进而生成二氧化铅附着于阳极上造成电解液中铅离子的不必要损失。研究乙酸盐体系纯乙酸铅溶液隔膜电沉积工艺的可行性。用炼锌后烟尘浸出处理后液作电积液按上一步电沉积最优工艺条件进行电沉积试验，研究真实溶液电沉积情况。

1. 单因素条件试验

(1) 温度的影响

试验条件为：$Pb^{2+}$ 质量浓度为 50 g/L，电流密度为 150 $A/m^2$，反应温度以 10℃为一个梯度，从 20℃升高到 50℃。研究铅电沉积电流效率、能耗及电铅形貌情况，见图 5-22、图 5-23。

从图 5-22 中可以看出，温度为 20℃时电流效率较低，只有 92%，当温度从 20℃升高到 30℃时，电流效率迅速上升，为 98%以上，继续升高温度时电流效率不再继续升高。当温度较高时电流效率反而有少许下降；从能耗方面来看，随着温度升高，能耗先降低后升高。从图 5-23 中可以观察出，在 20~30℃时阴极铅板的形貌较好，平整光滑，且没有枝晶产生，而且此时能耗最低，温度过高时，所得阴极板表面质量变差。这是因为温度过低时电化学沉积速率慢且结晶性能差，会造成电流效率低，也会影响溶液中离子的迁移，使溶液电阻过大直接影响直流能耗。升高温度可以增强电解液中离子扩散速率，促进电沉积反应的进行，提高电流效率。由于电解液中含有乙酸铵，在温度较高时容易挥发影响电积过程，所以最佳电积温度为 30℃。

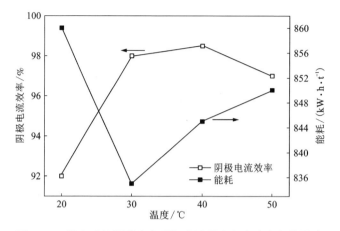

图 5-22　温度对铅隔膜电积阴极电流效率和直流电耗的影响

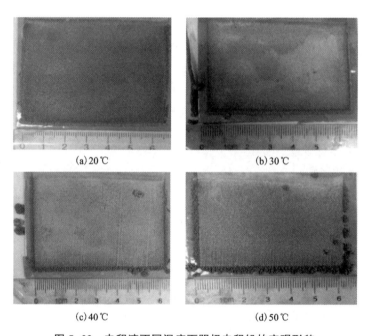

图 5-23　电积液不同温度下阴极电积铅的宏观形貌

（2）Pb²⁺浓度的影响

试验条件为：温度为 30℃、电流密度为 150 A/m²，Pb²⁺质量浓度以 10 g/L 为一个梯度，从 30 g/L 升高到 60 g/L。研究铅电积电流效率、能耗及电铅形貌的变化情况，见图 5-24、图 5-25。

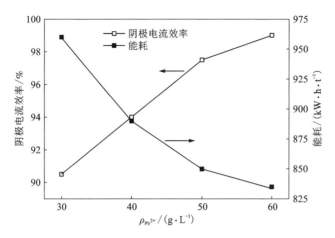

图 5-24　阴极液 $Pb^{2+}$ 浓度对铅隔膜电积阴极电流效率和直流电耗的影响

图 5-25　不同阴极液 $Pb^{2+}$ 浓度下阴极铅的宏观形貌

从图 5-24 中可以看出，当初始 $Pb^{2+}$ 质量浓度从 30 g/L 增加到 60 g/L 时，铅电流效率也从 90% 左右增加到 98% 以上，从能耗方面来看，随着 $Pb^{2+}$ 浓度升高，能耗逐渐降低。从图 5-25 中可以看出，当 $Pb^{2+}$ 质量浓度较低（30~40 g/L）时，沉积产物多为粉末状，电铅成板效果差，当 $Pb^{2+}$ 质量浓度增加到 50 g/L 以上时，阴极铅形貌变得平整光滑。电积液中 $Pb^{2+}$ 浓度的增加能促进电沉积反应的进行，综合考虑，该体系下电积过程中，阴极液最佳 $Pb^{2+}$ 质量浓度为 50 g/L 以上。

(3) 电流密度的影响

试验条件为：温度为 30℃，$Pb^{2+}$ 质量浓度为 50 g/L，电流密度从 100 A/m² 升高到 250 A/m²。研究铅电沉积电流效率、能耗及电铅形貌见图 5-26、图 5-27。

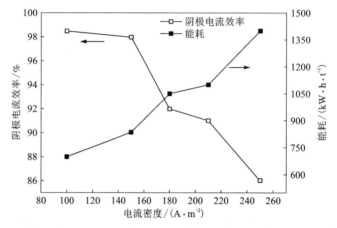

图 5-26　电流密度对铅隔膜电积阴极电流效率和直流电耗的影响

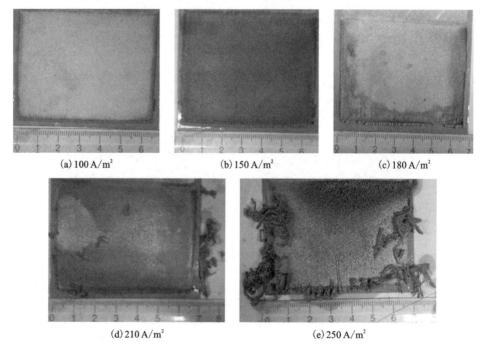

(a) 100 A/m²　　(b) 150 A/m²　　(c) 180 A/m²

(d) 210 A/m²　　(e) 250 A/m²

图 5-27　不同电流密度下电沉积铅板的宏观形貌图

从图 5-26 中可以看出，铅电沉积电流效率随着电流密度的增加而降低，当电流密度为 100 A/m² 时，电流效率为 98% 以上，当电流密度为 250 A/m² 时，电流效率降至 86%；从能耗方面来看，随着电流密度的增加能耗也不断增加。从图 5-27 中可以看出，在低电流效率条件(100~150 A/m²)时，所得到的电铅平整光滑，成板效果好，当电流密度较高(180 A/m² 以上)时，电铅成板效果变差开始长出大量枝晶。这是因为电流密度大时，阴极板表面铅离子浓度急剧减小，而阴极板边缘铅离子浓度减小程度相对较小一些，这就造成阴极板成核不均匀，所以会产生大量枝晶。因此本研究最佳电流密度为 100~150 A/m²。

2. 综合条件试验

(1)最优条件试验

在最佳电沉积工艺条件下：温度为 30℃、$Pb^{2+}$ 质量浓度为 50 g/L、电流密度为 100 A/m²，对电积产出的铅板进行了 SEM 图谱分析和 X 射线衍射图谱检测分析(见图 5-28)。

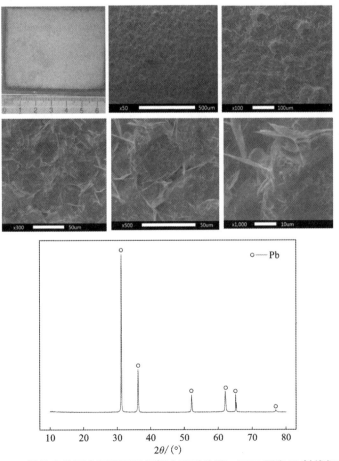

图 5-28 最佳条件下电沉积阴极铅板宏观形貌图、SEM 图和 X 射线衍射图

从图 5-28 中可以看出，最佳电积工艺条件下用纯乙酸铅溶液电积铅时，成板效果良好，通过微观形貌分析可以看出，铅板是由凸起的颗粒紧密排列而成，并且颗粒之间尺寸均匀排列整齐。由于分析检测预约等待时间较长的原因，表面也可看到明显的氧化膜，这也验证了铅在空气中很容易被氧化的特性。

（2）硫酸铅浸出液隔膜电积

以浸出液为阴极液，在温度为 30℃、电流密度为 100 A/m² 的试验条件下进行铅电积试验。试验所得阴极铅的宏观形貌、SEM 图和 X 射线衍射图见图 5-29，所得电铅化学成分及含量见表 5-10。

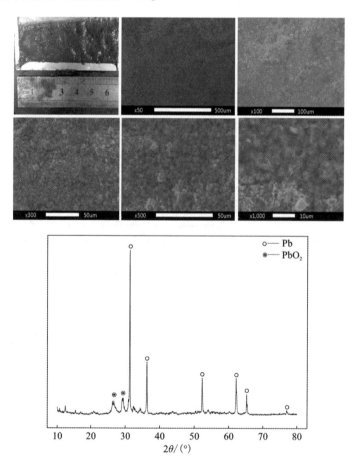

图 5-29　浸出液电积试验所得阴极铅宏观形貌图、SEM 图和 X 射线衍射图

表 5-10　浸出液电积试验所得电铅的主要化学成分

| 成分 | Pb | Zn | Ca | Fe | Mn |
|---|---|---|---|---|---|
| 质量分数/% | 99.2 | 0.56 | 0.12 | 0.057 | 0.012 |

　　结果表明在优化条件下电积可以得到致密、较为平整的阴极铅板,阴极电流效率为 96.16%,所得阴极铅纯度达 99.2%。

　　由 SEM 图可以看出,铅板表面由凸起颗粒紧密排列而成,呈现出较为平整的表面,颗粒尺寸大小均匀。但是在高倍电镜下观察可发现,铅板表面不如前面纯溶液工艺实验中那样填充完整,而是有较多孔隙且有些高低不平。说明浸出液作电积液时所含杂质元素对电铅产品的成板效果和品质有着较大的影响。

## 5.2.5　小结

　　首先采用单因素试验研究了浸出剂浓度、温度、反应时间、液固比对预处理后炼锌烟尘中硫酸铅中铅的浸出率的影响。试验得出最佳条件为:浸出时间为 1 h、液固比为 6∶1、乙酸铵物质的量浓度为 4 mol/L、反应温度为 70℃,在最优条件下铅浸出率为 99% 以上。原料中的硫酸铅基本全部进入到溶液中,由于液固比较高以及原料中铅含量较低的缘故,浸出液中铅浓度为 37 g/L 左右,通过前期探索试验得知,这种乙酸盐体系电沉积铅时阴极液铅浓度需在 50 g/L 以上才会有较好的成板效果,因此为满足后续电沉积的要求需提高浸出液中铅的浓度。首先研究循环浸出对铅富集效果的影响时,发现铅的循环浸出率很低(铅一次循环浸出率 40% 左右;二次循环浸出率 23% 左右),富集效果较差,为此采用降低液固比的方式以便得到一个较高的铅浓度,最优条件下选择液固比为 4∶1 时铅的浸出率为 93.28%,浸出液铅浓度为 52.8 g/L。在浸出过程最优条件下浸出时,原料中的钙、硫的浸出率也较高,分别为 90%、54% 左右,采用乙酸钙乙酸铵联合浸出方式在温度为 70℃、反应时间为 1 h、液固比为 4∶1、乙酸钙用量为理论量的 1.0 倍(总乙酸根 4 mol/L)时得到最佳净化效果,此时铅、钙、硫的浸出率分别为 96.42%、26.44%、9.73%,浸出液中铅浓度达 54.58 g/L。

　　以乙酸铅纯溶液为电积液进行了电积工艺条件实验,研究得出,该体系下最优条件为:电积温度为 30℃ 左右、$Pb^{2+}$ 质量浓度为 50 g/L、电流密度为 100 A/m²。最优条件下电积 8 h 电流效率在 98% 左右,铅直流电耗约 700 kW·h/t。最优条件下电铅表面成板质量良好,铅板由凸起的颗粒紧密排列而成,颗粒之间尺寸均匀,排列整齐。在优化电积工艺条件下,以浸出液作电积液进行了电积试验,结果表明阴极电流效率达 96.16%,所得阴极铅纯度为 99.2%。铅板表面呈凸起颗粒状紧密排列,且平整度下降,在高倍电镜下可以观察到颗粒之间还是有些孔隙且高低不平。说明浸出液作电积液时所含杂质元素对电铅产品的成板质量和品质有较大的影响。

# 第 6 章　铜隔膜电积

## 6.1　概　述

　　铜作为极其重要的战略金属,在国民经济发展中占有重要的地位。由于近年来我国国民经济高速发展,我国精铜消费量以迅猛势头连年上涨,至 2014 年年底已达到 1135.23 万吨/年,但 2014 年我国精铜产量仅为 764.91 万吨,无法满足工业发展需求,且我国铜矿储量资源严重不足,其中大部分铜矿品位在 1% 以下,平均铜矿品位仅为 0.87%。铜精矿原料的缺乏使得我国对进口铜矿的依赖度日益增加,2014 年我国铜精矿的进口量为 358.97 万吨,占全球铜精矿进口总量的 43.2%。国内巨额的铜消费量与相对不足的精铜产量、匮乏的铜精矿储量,以及对进口铜矿的高依赖度等严重制约着我国经济社会的持续健康发展,因而改变我国此前粗放型的发展模式为绿色低碳循环是大势所趋。中国是世界上最大的电子设备生产国和消费国,近年产生报废电脑等电子废弃物呈迅速增加趋势,铜金属占电视主板、电脑主板和印刷线路板等回收价值的 20%~40%。因此,对电子废弃物中的铜组分进行回收利用,可在一定程度上解决我国精铜产量相对不足的窘境。

　　湿法提取工艺由于其适宜处理低品位铜矿及氧化铜矿,萃取技术的发展使得湿法炼铜工艺得到了迅速发展,已成长为一个独立的工业体系。而氨性体系提取工艺的高选择性避免了铁等杂质的溶出,且适宜处理酸法工艺处理时酸消耗量较高的含高碱性脉石组分的氧化铜矿,因而关于氨性体系浸出铜的研究得到了广泛的关注,如氨/氯化铵、氨/硫酸铵及氨/碳酸铵体系浸铜。但从氨性体系直接电积得到阴极铜板的研究目前较少见于文献。有研究人员采用"二价铜氨溶液浸出-净化-电积"工艺提取电子废弃物中的铜,电耗较低,但萃取阶段约有 10% 铜损失,且络合物 $Cu(NH_3)_2^+$ 不稳定,需向电解液中充氮气以防止 $Cu^+$ 氧化为 $Cu^{2+}$,这些缺点限制了该工艺的推广应用。刘维在处理汤丹低品位氧化铜矿时,探索了从氨性浸出液中直接电积得到阴极铜板的可行性实验。由于浸出液中铜浓度过低,阴极铜产物为海绵状且由于 $Cu^+$ 在阴、阳极板间的循环放电使得阴极电流效率较低。于霞采用氨/硫酸铵体系处理铜精矿焙砂,浸出液直接电积得到阴极铜,但电流效率最高仅为 85% 左右。综上所述,氨性体系直接电积时浸出液中铜离子浓度过低，且 $Cu^+$ 的循环放电作用是制约"氨性体系浸出-直接电积"工艺推广的主要原因。

## 6.2　氨性体系废铜包铁针隔膜电积回收铜

### 6.2.1　前言

本课题组开发出一种基于氨性体系隔膜电积处理废铜包铁针的新工艺。已开展的试验结果表明，采用 $NH_3$-$(NH_4)_2SO_4$-$H_2N(CH_2)_2NH_2$ 体系隔膜电积废铜包铁针，可一步回收其中的铜，且阴极电流效率为97%以上，阴极铜品位99.9%。退铜后得到的铁芯中铁含量大于99%，可以作为炼铁原料搭配入炉。该工艺具有流程短、能耗低、无废水排放的优点。

### 6.2.2　原料与实验装置

#### 6.2.2.1　试验原料

实验所用原料有两种：一是废镀锡包铜铁针经选择性浸出锡后得到的铜包铁针；二是加工过程中产生的边角料，主要成分为铁和铜。铜包铁针和铜边角料的实物图见图6-1。铜包铁针和铜边角料的主要成分含量见表6-1。

(a) 铜包铁针　　　　　　　　　　(b) 铜包铁废弃物

**图 6-1　实验所用原料**

图6-1(a)为酸性工艺提取锡之后得到的铜包铁针残渣，主要成分为铁，约占95.48%；铜覆盖在铁针表面，约占4.01%。图6-1(b)为表面涂覆一层铜的铜包铁废弃物，不同的物料成分含量偏差较大，大约含铜10%。图6-1(a)、(b)原料表面均覆盖有部分氧化物，对阳极电溶过程有不利影响。

表 6-1　原料中主要金属成分

| 元素 | 质量分数/% | | | | |
|---|---|---|---|---|---|
| | Cu | Fe | Al | Ni | Sn |
| 铜包铁针 | 4.01 | 95.48 | 0.15 | 0.023 | 0.21 |
| 铜包铁废弃物 | ≈10 | ≈90 | — | — | — |

### 6.2.2.2　实验装置

　　针对铜包铁针及废边角料等原料，在 $NH_3$-$(NH_4)_2SO_4$-en 体系中采用隔膜电积一步回收金属铜；待处理物料在阳极框中氧化为铜离子进入阳极液，阴极电沉积得到铜板，阴、阳极室间装有阴离子交换膜以阻碍一价铜离子在阴、阳极间的循环放电。该工艺既简化工艺流程，又可省略萃取工序中铜及氨的消耗；同时由于阴离子隔膜的引入可提高阴极电流效率。$NH_3$-$(NH_4)_2SO_4$-en 体系隔膜电积回收铜工艺流程示意图见图 6-2。阳极框内的原料经电解溶解作用以铜离子形式溶出，阴极液由泵运输至阴极室，经电积产出阴极铜片；中间安置阴离子交换膜以阻碍 $Cu^+$ 的循环放电副反应。

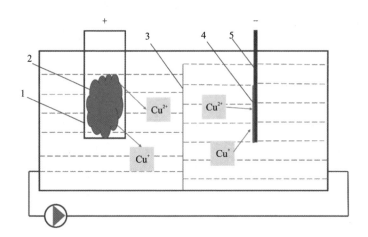

1—阳极钛框；2—原料；3—阴离子交换膜；4—阴极铜片；5—阴极钛板。

图 6-2　$NH_3$-$(NH_4)_2SO_4$-en 体系隔膜电积回收铜工艺流程示意图

## 6.2.3　基本原理

### 6.2.3.1　Cu-$NH_3$-$(NH_4)_2SO_4$-en 体系热力学研究

　　氨性体系溶液可选择性提取铜、锌等有价金属，众多学者已对不同矿物在铵盐溶液中的热力学行为作了广泛研究。针对 Cu-NH₃-H₂O 体系，傅崇说教授等根据同时平衡原理已计算得到不同 pH 下的游离 $Cu^{2+}$、$Cu^+$ 浓度，并由此得到温度为 25℃ 时 Cu-NH₃-H₂O 系的 $\varphi$-pH 图。刘维在研究 NH₄Cl-NH₃-H₂O 溶液与氧化铜固相平衡体系时，根据双平衡原理并采用双平衡电算指数方程法得到解，经计算得到的理论结果与实际溶液的测试结果比较吻合，绝对值误差未超过 10%。Ioanna G. 等利用修正的布罗姆利方法(Modified BromLey's Methodology, MBM)计算溶液中高离子强度下的各物相的活度系数，并得到 Cu-NH₃-H₂O 系中不同离子强度、pH 下的 $Cu^{2+}$、$Cu^+$ 的主要存在物相的浓度变化。

1. 热力学数据的选择

根据热力学手册和文献记载，25℃ 时的各种铜配合物的稳定常数见表 6-2，相关物种的吉布斯自由能见表 6-3。为保证计算模拟结果尽量准确，本书在选取络合物稳定常数时尽量选取高离子强度下的测量值。

表 6-2　298 K 时铜配合物的稳定常数*

| 配合物 | $\lg \beta_i$ | 配合物 | $\lg \beta_i$ |
|---|---|---|---|
| $Cu(NH_3)^{2+}$ | 4.31 | $Cu(OH)^+$ | 5.91(0.704) |
| $Cu(NH_3)_2^{2+}$ | 7.98 | $Cu(OH)_2^0$ | 12.8(1) |
| $Cu(NH_3)_3^{2+}$ | 11.02 | $Cu(OH)_3^-$ | 15.01(2) |
| $Cu(NH_3)_4^{2+}$ | 13.32 | $Cu(OH)_4^{2-}$ | 16.28(2) |
| $Cu(NH_3)_5^{2+}$ | 12.86 | $Cu_2(OH)_2^{2+}$ | 17.6(3) |
| $Cu(NH_3)^+$ | 5.93 | $Cu(NH_3)(OH)^+$ | 14.9 |
| $Cu(NH_3)_2^+$ | 10.86 | $Cu(NH_3)(OH)_3^-$ | 16.3 |
| $Cu(en)^{2+}$ | 10.67 | $Cu(NH_3)_2(OH)_{2(aq)}$ | 15.7 |
| $Cu(en)_2^{2+}$ | 20.00 | $Cu(en)_2^+$ | 10.8 |
| $Cu(en)_3^{2+}$ | 21.00 | | |

注：*小括号内为测量稳定络合常数时的溶液离子强度值。

表 6-3　298 K 时相关物种的标准吉布斯自由能　　　单位：kJ/mol

| 物种 | $\Delta_f G_m^{\ominus}$ | 物种 | $\Delta_f G_m^{\ominus}$ |
|---|---|---|---|
| $NH_{3(aq)}$ | −26.712 | $H_2O$ | −237.065 |
| $NH_4^+$ | −79.333 | $H^+$ | 0 |

续表6-3

| 物种 | $\Delta_f G_m^{\ominus}$ | 物种 | $\Delta_f G_m^{\ominus}$ |
|---|---|---|---|
| $Cu^{2+}$ | 65.49 | $OH^-$ | -157.899 |
| $Cu(NH_3)_4^{2+}$ | -111.30 | $Cu^+$ | 50.00 |

对于络合反应 $Cu(NH_3)_3^{2+}+NH_{3(aq)}{=\!=\!=}Cu(NH_3)_4^{2+}$，已知

$$\Delta_f G_m^{\ominus}(Cu(NH_3)_4^{2+}) = -111.3 \text{ kJ/mol} ,$$

及 $$lgK = lg\beta_4 - lg\beta_3 = 13.32 - 11.02 = 2.3 ,$$

则 $$\Delta_r G_m^{\ominus} = \Delta_f G_m^{\ominus}(Cu(NH_3)_4^{2+}) - \Delta_f G_m^{\ominus}(Cu(NH_3)_3^{2+}) - \Delta_f G_m^{\ominus}(NH_{3(aq)})$$
$$= -111.300 - \Delta_f G_m^{\ominus}(Cu(NH_3)_3^{2+}) - (-26.570)$$
$$= -84730 - \Delta_f G_m^{\ominus}(Cu(NH_3)_3^{2+}) ,$$

且 $$\Delta_r G_m^{\ominus} = -2.303RTlgK$$
$$= -2.303 \times 8.314 \times 298.15 \times 2.3$$
$$= -13.130 \text{ J/mol}$$

从而可得 $\Delta_f G_m^{\ominus}(Cu(NH_3)_3^{2+}) = -71.60 \text{ kJ/mol}$。

由该方法可计算出其他物种的热力学数据，计算结果见表6-4。

表 6-4　298 K 时不同物种的吉布斯自由能计算值　　　单位：kJ/mol

| 配合物 | $\Delta_f G_m^{\ominus}$ | 配合物 | $\Delta_f G_m^{\ominus}$ |
|---|---|---|---|
| $Cu(NH_3)_5^{2+}$ | -135.387 | $Cu(NH_3)^{2+}$ | 20.246 |
| $Cu(NH_3)_3^{2+}$ | -71.645 | $Cu(NH_3)^+$ | -10.548 |
| $Cu(NH_3)_2^{2+}$ | -27.407 | $Cu(NH_3)_2^+$ | -65.390 |

### 2. 热力学模型的建立

本研究中阴、阳极液中均存在金属铜与 $NH_3$-$(NH_4)_2SO_4$-en 体系的固液两相平衡，阳极液中存在的铜离子以+2、+1 等价态存在，而阴极液为 $Cu^{2+}$。本章主要研究阳极液中存在的固液两相平衡。$NH_3$-$(NH_4)_2SO_4$-en 体系中的固相为金属铜时，液相中可能存在的离子包括 $Cu(NH_3)_i^{2+}$（$i=1,2,3,4,5$）、$Cu(NH_3)_i^+$（$i=1,2$）、$Cu(en)_i^{2+}$（$i=1,2,3$）、$Cu(en)_i^+$、$Cu(OH)_i^{2-i}$（$i=1,2,3,4$）、$Cu^{2+}$、$Cu^+$、$NH_4^+$、$H^+$、$OH^-$，共20种。$Cu(NH_3)(OH)^+$、$Cu(NH_3)(OH)_3^+$、$Cu(NH_3)_2(OH)_{2(aq)}$ 等在溶液 pH 非常高的情况下才可能产生，而本研究 pH 范围内无该物相生成，因此在热力学模型中可以忽略。金属铜与 $NH_3$-$(NH_4)_2SO_4$-en 体系的固液两相平衡

可由下列化学反应方程式描述：

（1）$NH_{3(aq)}$ 和 $OH^-$ 的加质子反应：

$$NH_{3(aq)} + H^+ \Longrightarrow NH_4^+ \qquad \lg K_b = 9.23 \qquad (6-1)$$

$$OH^- + H^+ \Longrightarrow H_2O \qquad \lg K_w = 14.02 \qquad (6-2)$$

（2）$Cu^{2+}$ 的水解反应：

$$Cu^{2+} + iOH^- \Longrightarrow Cu(OH)_i^{2-i} \qquad i = 1 \sim 4 \qquad (6-3)$$

$$2Cu^{2+} + 2OH^- \Longrightarrow Cu_2(OH)_2^{2+} \qquad (6-4)$$

（3）$Cu^{2+}$、$Cu^+$ 分别与配体 $NH_3$、乙二胺（en）的配位反应：

$$Cu^{2+} + jNH_3 \Longrightarrow Cu(NH_3)_j^{2+} \qquad j = 1 \sim 5 \qquad (6-5)$$

$$Cu^+ + kNH_3 \Longrightarrow Cu(NH_3)_k^+ \qquad k = 1 \sim 2 \qquad (6-6)$$

$$Cu^{2+} + m(en) \Longrightarrow Cu(en)_m^{2+} \qquad m = 1 \sim 3 \qquad (6-7)$$

$$Cu^+ + (en)_2 \Longrightarrow Cu(en)_2^+ \qquad (6-8)$$

（4）$Cu^{2+}$、$Cu^+$ 的电化学还原反应：

$$Cu^{2+} + 2e^- \Longrightarrow Cu(s) \qquad \Delta_r G_m^{\ominus} = -65.49 \ \text{kJ/mol} \qquad (6-9)$$

$$\varphi_{Cu^{2+}/Cu} = 0.3394 + 0.02957 \lg[Cu^{2+}] \qquad vs. \ SHE$$

$$Cu^+ + e^- \Longrightarrow Cu(s) \qquad \Delta_r G_m^{\ominus} = -50.00 \ \text{kJ/mol} \qquad (6-10)$$

$$\varphi_{Cu^+/Cu} = 0.5182 + 0.05914 \lg[Cu^+] \qquad vs. \ SHE$$

由质量守恒定理，则 $Cu^{2+}$ 的总浓度 $[Cu^{2+}]_T$、$Cu^+$ 的总浓度 $[Cu^+]_T$、氨的总浓度 $[NH_3]_T$ 的计算方程式分别如下：

$$[Cu^{2+}]_T = [Cu^{2+}] + \sum_{i=1}^4 Cu(OH)_i^{2-i} + 2[Cu_2(OH)_2^{2+}] +$$

$$\sum_{j=1}^5 Cu(NH_3)_j^{2+} + \sum_{m=1}^3 Cu(en)_m^{2+} \qquad (6-11)$$

$$[Cu^+]_T = [Cu^+] + \sum_{k=1}^2 Cu(NH_3)_k^+ + Cu(en)_2^+ \qquad (6-12)$$

$$[Cu]_T = [Cu^{2+}]_T + [Cu^+]_T \qquad (6-13)$$

$$[NH_3]_T = [NH_3] + [NH_4^+] + \sum_{j=1}^5 j \times [Cu(NH_3)_j^{2+}] + \sum_{k=1}^2 k \times [Cu(NH_3)_k^+]$$

$$(6-14)$$

$$[en]_T = [en] + \sum_{m=1}^3 m \times [Cu(en)_m^{2+}] + Cu(en)_2^+ \qquad (6-15)$$

由同时平衡原理，$NH_3$-$(NH_4)_2SO_4$-en 体系溶液与金属铜平衡时，铜的简单离子和铜氨络合离子相对于金属铜的氧化还原电位相等，可得

$$\varphi_{Cu^+/Cu} = \varphi_{Cu^{2+}/Cu} \qquad (6-16)$$

即 $\qquad$ $0.3394 + 0.02957\lg[Cu^{2+}] = 0.05182 + 0.05914\lg[Cu^{+}]$

可导出 $\qquad$ $[Cu^{+}] = \sqrt{10^{-6.05} \times [Cu^{2+}]}$ $\qquad$ (6-17)

该模型中有方程式(6-11)~式(6-15)、式(6-17)共 6 个，有未知数 pH、$[NH_3]$、$[en]$、$[NH_3]_T$、$[en]_T$、$[Cu]_T$、$[Cu^{2+}]_T$、$[Cu^{+}]_T$、$[Cu^{2+}]$、$[Cu^{+}]$ 共 10 个。解方程式前给定 pH、$[Cu]_T$、$[NH_3]_T$、$[en]_T$ 等变量的值即可调用 Fsolve 函数得出解，由 $[Cu^{2+}]$、$[Cu^{+}]$ 可算出 $\varphi$ 的值。

3. 热力学模拟结果与讨论

(1) $[NH_3]_T$ 及 $[en]_T$ 对各级铜络合物浓度的影响

固定溶液 pH 为 10，总铜浓度为 0.5 mol/L，将总氨浓度 $[NH_3]_T$ 及乙二胺总浓度 $[en]_T$ 的变化范围分别设定为 2~6 mol/L、0~1 mol/L，调用 fsolve 函数得到不同 $[NH_3]_T$ 及 $[en]_T$ 下的 $[Cu^{2+}]$、$[NH_3]$、$[en]$ 浓度，根据计算结果计算得到 $NH_3$-$(NH_4)_2SO_4$-en 体系中各铜配合物的占比，其中主要铜配合物的占比分布见图 6-3。

由图 6-3 可知，在 pH 为 10、总铜浓度为 0.5 mol/L 时，$NH_3$-$(NH_4)_2SO_4$-en 体系中主要存在三种铜络合物：$Cu(NH_3)_2^{2+}$、$Cu(en)_2^{2+}$、$Cu(en)_3^{2+}$。由图 6-3(a)可知，该模型中 $Cu(NH_3)_4^{2+}$ 的含量较少，且随着乙二胺浓度的增加而迅速下降。这是由于乙二胺与 $Cu^{2+}$ 形成的络合物的稳定常数比 $Cu(NH_3)_4^{2+}$ 大约 7 个数量级，溶液中的 $Cu^{2+}$ 更倾向于形成 $Cu(en)_2^{2+}$ 或 $Cu(en)_3^{2+}$。由 6-3(c)、(d)可知，溶液中 $Cu(en)_2^{2+}$ 或 $Cu(en)_3^{2+}$ 的占比与乙二胺浓度成正比，$Cu(en)_2^{2+}$ 占比在乙二胺浓度 0 至 0.6 mol/L 范围内增长幅度较大，在乙二胺浓度约 0.8 mol/L 时达到最大值，之后随乙二胺浓度增加而缓慢下降；而 $Cu(en)_3^{2+}$ 占比在乙二胺浓度 0.5 至 1 mol/L 范围内增长幅度较大。且随着溶液中氨水浓度降低，乙二胺浓度对 $Cu(en)_3^{2+}$、$Cu(en)_2^{2+}$ 占比的影响程度变大。由图 6-3(b)可知，溶液中的 $Cu^{+}$ 的主要存在形式是 $Cu(NH_3)_2^{+}$，且在溶液中只存在氨水作为配体时，溶液中铜离子主要以 $Cu(NH_3)_2^{+}$ 形式存在。$Cu(NH_3)_2^{+}$ 的占比随氨水浓度变化较小；随着乙二胺浓度增加，溶液中 $Cu(NH_3)_2^{+}$ 的占比迅速下降。在总氨浓度 $[NH_3]_T$ 和总乙二胺浓度 $[en]_T$ 分别为 6、0.5 mol/L 时，$Cu(NH_3)_2^{+}$、$Cu(en)_2^{2+}$、$Cu(en)_3^{2+}$ 三种铜络合物的占比分别为 53.4%、39.4%、7.0%。

据于霞等人的研究结论，造成氨性体系直接电沉积铜时电流效率低的原因是阴极表面还原生成的 $Cu(NH_3)_2^{+}$ 经溶液扩散作用扩散至阳极表面发生氧化反应。$Cu^{+}$ 在阴、阳极间的循环放电过程示意图见图 6-4。

$$Cu(NH_3)_4^{2+} + e^- \Longrightarrow Cu(NH_3)_2^{+} + 2NH_3 \qquad (6-18)$$

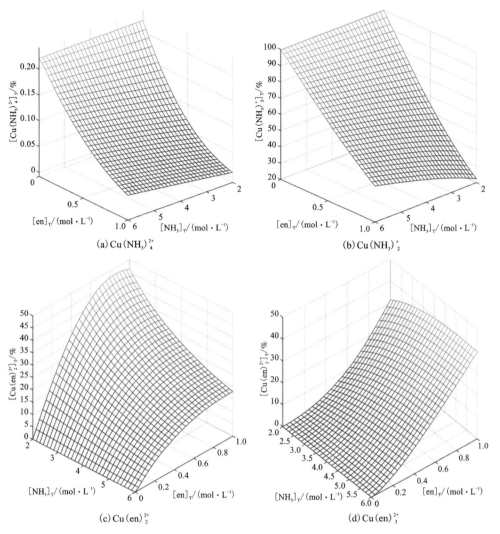

图 6-3　25℃下不同 $[NH_3]_T$ 及 $[en]_T$ 时的主要铜配合物占比

$$Cu(NH_3)_2^+ + 2NH_3 - e^- =\!=\!=$$
$$Cu(NH_3)_4^{2+} \qquad (6-19)$$

而根据热力学模拟的结果可知，在溶液中只存在氨水作为配体时，溶液中绝大部分铜离子主要以 $Cu(NH_3)_2^+$ 形式存在；即在以氨铵浸出液作电积液进行电积回收铜时，不考虑

图 6-4　$Cu^+$ 在阴、阳极间的循环放电过程示意图

电化学因素, 溶液中 $Cu^{2+}$ 被还原为 $Cu^+$ 的趋势极大。因此, 导致氨性体系浸出液直接电积铜的电流效率低的主要原因应为(6-18)式所列的还原反应, 即 $Cu^{2+} + e^- \Longrightarrow Cu^+$。

(2)不同 pH 下各种铜络合物的占比

固定溶液中总铜浓度、总氨浓度 $[NH_3]_T$、乙二胺总浓度 $[en]_T$ 分别为 0.5 mol/L、6 mol/L、0.5 mol/L, 设定溶液 pH 变化范围为 7~12, 调用 fsolve 函数得到不同 pH 下的 $[Cu^{2+}]$、$[NH_3]$、$[en]$ 浓度, 根据计算结果计算得到 $NH_3$-$(NH_4)_2SO_4$-en 体系中各种铜配合物的占比, 其中主要铜配合物的占比分布见图 6-5, 游离铜离子及游离配体浓度变化见图 6-6。

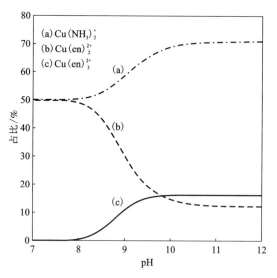

图 6-5  不同 pH 时主要铜配合物的占比(25℃)

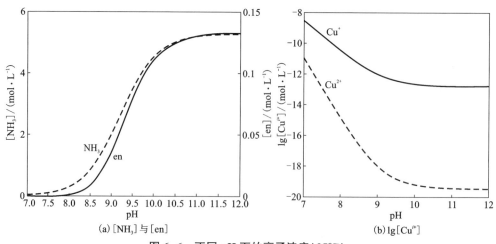

(a) $[NH_3]$ 与 $[en]$      (b) $lg[Cu^{i+}]$

图 6-6  不同 pH 下的离子浓度(25℃)

由图 6-5 可知，$NH_3$-$(NH_4)_2SO_4$-en 体系中主要铜配合物的占比随溶液 pH 的变化很大。当溶液 pH 为 7~8 时，该模型中主要铜配合物为 $Cu(NH_3)_2^+$ 与 $Cu(en)_2^{2+}$，分别约占总铜含量的 50%；当溶液 pH 由 8 增加至 10 时，$Cu(NH_3)_2^+$、$Cu(en)_3^{2+}$ 的占比均迅速上升并分别稳定在 70%、16% 左右，而 $Cu(en)_2^{2+}$ 的占比逐渐降低至约 13%。由图 6-6(a) 可知，溶液中游离铜离子的浓度受 pH 的影响较大。随着溶液 pH 由 7 增加至 9 时，$Cu^+$ 和 $Cu^{2+}$ 的浓度均呈指数下降；pH 在 10 至 12 范围内时，游离铜离子浓度保持稳定。由图 6-5(b) 可知，溶液 pH 对两种游离配体浓度的影响规律相类似。随着溶液 pH 由 8 增加至 11 时，游离氨及乙二胺的浓度均呈上升趋势。

（3）配体浓度及 pH 与 $\varphi_{Cu^{2+}/Cu}$ 的关系

固定溶液 pH 为 10，总铜浓度为 0.5 mol/L，将总氨浓度 $[NH_3]_T$ 及乙二胺总浓度 $[en]_T$ 的变化范围分别设定为 2~6 mol/L、0~1 mol/L，经计算得到 25℃下铜氧化还原电位与 $[NH_3]_T$、$[en]_T$ 之间的关系，结果见图 6-7。由图 6-7 可知，铜的氧化还原电位随总氨浓度及乙二胺浓度的增加均出现负移。

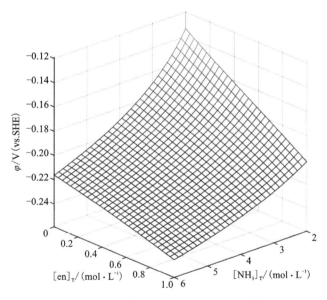

图 6-7　$\varphi_{Cu^{2+}/Cu}$ 与 $[NH_3]_T$、$[en]_T$ 之间的关系

固定溶液中总铜浓度、总氨浓度 $[NH_3]_T$、乙二胺总浓度 $[en]_T$ 分别为 0.5 mol/L、6 mol/L、0.5 mol/L，设定溶液 pH 变化范围为 7~12，经计算得到 25℃下铜氧化还原电位与 pH 之间的关系，结果见图 6-8。由图 6-8 可知，溶液 pH 在 7 至 10 范围内时，铜的氧化还原电位呈一次下降；当溶液 pH 为 10~12 时，

氧化还原电位变化不大。$\varphi_{Cu^{2+}/Cu}$ 随溶液 pH 的变化规律与游离铜离子随 pH 的变化规律相类似。

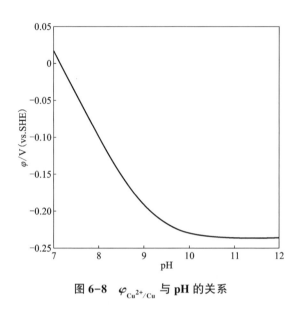

图 6-8  $\varphi_{Cu^{2+}/Cu}$ 与 pH 的关系

### 6.2.3.2 氨性体系隔膜电积铜的电化学行为研究

1. 不同铵盐体系中电沉积铜的阴极极化曲线

据 Darko Grujicic 研究发现,铜离子在阴极上的沉积行为受电解液 pH 及支持电解质的影响,因此不同铵盐体系中 $Cu^{2+}$ 在阴极上的电沉积行为也相应有所差异。本研究选用三种不同支持电解质,即(a)$SO_4^{2-}$,(b)$Cl^-$,(c)$NO_3^-$,采用钛电极为工作电极,设定电位扫描速率为 10 mV/s,温度为 40℃,分别测定三种不同铵盐体系中 $Cu^{2+}$ 在钛电极上的阴极极化曲线,结果见图 6-9。

在氨/硫酸铵体系中,当阴极电位降低至 -0.70 V 时,电流开始逐渐缓慢增大,此时钛电极表面发生 $Cu^{2+}$ 的电沉积反应;电位继续增加至 -1.30 V 时,电流达到最大值;电位超过 -1.37 V 后钛电极表面有气泡逸出,发生氢离子的析氢反应。而在氨/氯化铵体系中,$Cu^{2+}$ 可与 $Cl^-$ 形成铜氯络合物 $CuCl_i^{2-i}$,致使 $Cu^{2+}$ 的活度降低,因而铜的起始还原电位负移至 -0.93 V。之后随着扫描电位负移,阴极电流迅速增加至稳定值,且在所测电位范围(0 ~ -1.5 V)内无氢气析出。当施加电位为 -1.2 V 时,氨/硫酸铵体系和氨/氯化铵体系铜沉积的电流密度分别为 267 A/m² 和 333 A/m²。这是由于氨/氯化铵体系中部分 $Cu^{2+}$ 以铜氯络合物 $CuCl_i^{2-i}$ 形式存在,$CuCl_i^{2-i}$ 在溶液中的扩散速率大于 $Cu(NH_3)_i^{2+}$;且由后续研究可知该电极反应受扩散步骤控制,因此在氨/氯化铵体系电积铜的沉积速率较快,

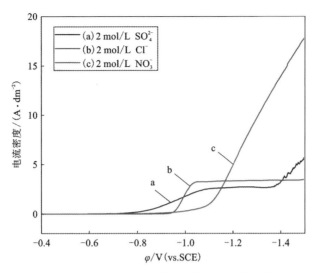

**图 6-9　三种不同铵盐体系下的阴极极化曲线**

在工业化生产中可采用较高的电流密度以提高作业效率。氨/硫酸铵体系的起始
还原电位均低于其余两种体系，因此在氨/硫酸铵体系中电沉积铜时电能消耗相
应较低。氨/硫酸铵体系和氨/氯化铵体系的施加电位范围分别为 $-0.70 \sim$
$-1.36\ V$、$-0.93 \sim -1.5\ V$ 时，钛电极上均无氢气析出，因此在分析氨性体系直接
电积铜中阴极电流效率较低的原因时可忽略析氢反应的影响。氨/硝酸铵体系中
铜的起始还原电位为 $-0.915\ V$，之后阴极电流密度随扫描电位负移而迅速增大。
氨/硝酸铵体系在氨性提取铜工艺中较少采用，且选择按氨/硫酸铵体系进行电积
时电耗较低，因此选择氨/硫酸铵体系进行后续电化学研究。

　　2. 氨/硫酸铵体系中铜在不同电极上的循环伏安曲线

　　为研究氨/硫酸铵体系中铜在不同电极上的析出行为，在温度为 40℃，阴极
电解液为 $NH_3 \cdot H_2O$ 4 mol/L、乙二胺浓度 0.5 mol/L、$(NH_4)_2SO_4$ 1 mol/L，$Cu^{2+}$
质量浓度为 30 g/L，阳极电解液为 $NH_3 \cdot H_2O$ 4 mol/L、乙二胺浓度 0.5 mol/L、
$(NH_4)_2SO_4$ 1 mol/L，扫描速率为 5 mV/s 的工作条件下，测定该溶液体系中铜在
不同电极上的循环伏安曲线，见图 6-10。

　　由图 6-10 可知，$Cu^{2+}$ 在玻碳电极[见图 6-10(a)]和铜电极[见图 6-10(d)]
上发生电沉积时均出现两个明显的还原峰，分别对应 $Cu^{2+} + e^- =\!=\!= Cu^+$ 及 $Cu^+ +$
$e^- =\!=\!= Cu$ 的放电反应。不同电极上的还原峰值电位及峰值电流密度见表 6-5。
由表 6-5 可知，在铜电极上沉积时的还原峰值电位为 $-0.647\ V$，低于在钛电极上
的还原峰值电位 $-1.234\ V$。这说明铜在铜电极上更容易沉积，对比图 6-10(a)、

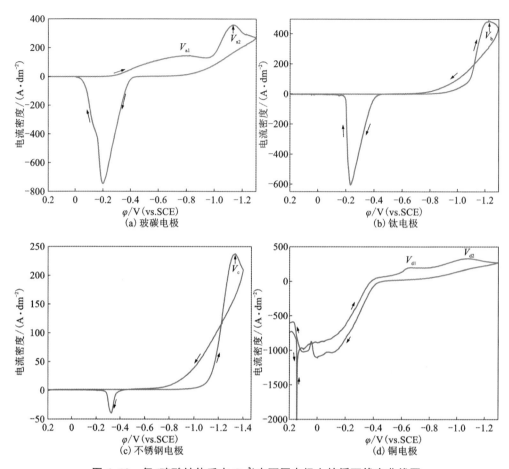

图 6-10　氨/硫酸铵体系中 $Cu^{2+}$ 在不同电极上的循环伏安曲线图

（b）可知，在铜电极上铜的沉积速率更快。氨/硫酸铵体系中 $Cu^{2+}$ 在钛电极和不锈钢电极上的沉积行为相似，均只出现一个还原峰，$\varphi_{(b)}$ 比 $\varphi_{(c)}$ 略低。但与 $\varphi_{(b)}$、$\varphi_{(c)}$ 分别对应的电流密度相差较大，分别为 488.7 $A/m^2$、237.1 $A/m^2$，因此选择钛板作为阴极板时可获得更大的沉积速率，且 $Cu^{2+}$ 的沉积机理为 $Cu^{2+}\rightarrow Cu$，无中间产物 $Cu^+$ 的生成。

表 6-5　不同电极上的还原峰值电位及峰值电流密度

| 还原峰 | （a）1 | （a）2 | （b） | （c） | （d）1 | （d）2 |
| --- | --- | --- | --- | --- | --- | --- |
| 还原峰值电位/V（vs. SCE） | −0.778 | −1.137 | −1.234 | −1.331 | −0.647 | −1.061 |
| 对应电流密度/（A·m⁻²） | 145.8 | 360.2 | 488.7 | 237.1 | 189.2 | 321.0 |

本研究中阴极液中铜以 $Cu^{2+}$ 价态存在，而由上述研究可知选择钛板作为阴极板时可避免中间产物 $Cu^+$ 的生成而实现 $Cu^{2+} \rightarrow Cu$ 反应过程，因此在隔膜电积实验过程中采用钛板作为阴极板进行条件优化实验。

3. 氨/硫酸铵体系中不同阴极电解液组成下的循环伏安曲线

$Cu^{2+}$ 与游离氨、乙二胺和络合剂 A 等配体均可发生配合反应，因而研究不同配体对铜电沉积行为的影响对后续单因素条件优化实验具有重要的指导意义。温度为 40℃、扫描速率为 30 mV/s 时，4 种不同阴极电解液组成的循环伏安曲线见图 6-11，不同阴极电解液组成中 $Cu^{2+}$ 在钛电极上还原时的还原峰值电位及峰值电流见表 6-6。

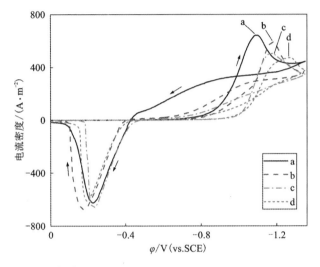

阴极液相同组成部分：4 mol/L $NH_3 \cdot H_2O$、1 mol/L $(NH_4)_2SO_4$、30 g/L $Cu^{2+}$。

不同组成部分：(a) 无；(b) 0.5 mol/L 乙二胺；(c) 0.1 mol/L 络合剂 A；
(d) 0.5 mol/L 乙二胺；0.1 mol/L 络合剂 A。

图 6-11　钛电极在不同阴极电解液组成中的循环伏安曲线

表 6-6　不同电解液组成循环伏安图中还原峰值电位及峰值电流

| 序号 | $\varphi_{pc}/V$ | $\varphi_{pa}/V$ | $I_{pc}/(10^3 \text{ A})$ | $I_{pa}/(10^3 \text{ A})$ | $\Delta\varphi_p/V$ | $I_{pa}/I_{pc}$ |
|---|---|---|---|---|---|---|
| 电解液 1 | −1.087 | −0.226 | 5.775 | 6.904 | 0.86 | 1.20 |
| 电解液 2 | −1.178 | −0.228 | 5.063 | 7.492 | 0.95 | 1.48 |
| 电解液 3 | −1.178 | −0.178 | 4.583 | 8.035 | 1.00 | 1.75 |
| 电解液 4 | −1.230 | −0.249 | 3.097 | 6.076 | 0.98 | 1.96 |

由图 6-11 可知, 阴极电解液中只有游离氨作为铜的配体时, 其还原峰电位为 -1.09 V; 在电解液中添加一定浓度的乙二胺或者络合剂 A 作为配体均使还原峰电位向负移了约 90 mV, 同时加入两种添加剂时阴极还原峰值电位负移约 140 mV。且由于与铜离子络合能力更强的配体的加入, 溶液中游离铜离子的活度下降, 致使电解液 2 和电解液 3 的还原峰电流分别下降约 12.3% 和 20.6%。由图 6-11 和表 6-6 可知, 不同配体对该电极反应的氧化过程影响规律较复杂。在分别加入两种配合剂后, 配体的络合作用促使氧化反应正向进行, 从而氧化峰值电流分别增加 8.6% 和 16.4%。添加不同配体后, 氧化峰值电流与还原峰值电流的比值 $I_{pa}/I_{pc}$ 呈下降趋势, 因此可得到结论: 在氨/硫酸铵体系中添加乙二胺和络合剂 A 作为 $Cu^{2+}$ 的配体, 可增大 $Cu^{2+}$ 在钛电极表面还原的过电位; 单独添加乙二胺时, 铜的氧化峰值电位负移, 乙二胺对阳极铜的氧化过程具有促进作用; 单独添加络合剂 A 时, 铜的氧化峰值电位变化不明显。

根据电极反应满足 $I_{pa}/I_{pc} \approx 1$ 或 $\Delta E_p \leqslant 0.056/n$ 时具有可逆性; 由表 6-6 可初步推测, 在氨/硫酸铵体系中 $Cu^{2+}$ 在钛电极上的电极反应为不可逆反应, 且加入配体乙二胺或络合剂 A 均可增加该电极反应的不可逆程度。

4. $NH_3-(NH_4)_2SO_4-en$ 体系中不同扫描速率下的循环伏安曲线

在温度为 40℃, 阴极电解液组成为 $NH_3 \cdot H_2O$ 4 mol/L、乙二胺浓度 0.5 mol/L、$(NH_4)_2SO_4$ 1 mol/L、$Cu^{2+}$ 30 g/L, 阳极电解液为 $NH_3 \cdot H_2O$ 4 mol/L、乙二胺浓度 0.5 mol/L、$(NH_4)_2SO_4$ 1 mol/L, 电位扫描速率分别为 10 mV/s、20 mV/s、40 mV/s、80 mV/s 和 100 mV/s 的条件下, 测定 $NH_3-(NH_4)_2SO_4-en$ 体系中 $Cu^{2+}$ 在钛电极上沉积时的循环伏安曲线, 其结果见图 6-12。由图 6-12 可知, 还原峰电流 $i_{pc}$ 与扫描速率呈正相关, 还原峰电位 $\varphi_{pc}$ 与扫描速率呈负相关, 因此可推断该阴极反应为不可逆过程, 且为双电子一步转移过程。

对还原峰值电流密度和 $v^{1/2}$ 作线性拟合后得到的拟合直线见图 6-13, 其相关系数为 0.9896, 因此可确定 $NH_3-(NH_4)_2SO_4-en$ 体系中 $Cu^{2+}$ 在钛电极上的沉积过程的控制步骤为扩散控制。

对于不可逆电极反应, 放电离子的扩散系数可由以下公式求得:

$$|\varphi_{pa} - \varphi_{p/2}| = 1.857RT/\alpha n_\alpha F \tag{6-20}$$

其中, $\varphi_{pa}$ 为还原峰值电位; $\varphi_{p/2}$ 为还原半峰电位, 可由 $\varphi_{p/2} = \varphi_{1/2} + 1.09RT/nF$ 和 $\varphi_{1/2} = (\varphi_{pa} + \varphi_{p/2})/2$ 求得; $R$ 为摩尔气体常数, 8.314 J/(mol·K); $T$ 为 313 K; $\alpha$ 为扩散系数; $n_\alpha$ 为电子转移数目; $F$ 为法拉第常数, 96485 C/mol。

由图 6-13 可得不同扫描速率下的 $\varphi_{pa}$ 和 $\varphi_{p/2}$, 其结果见表 6-7。

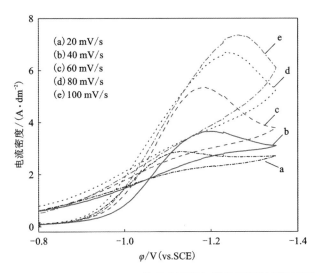

**图 6-12　NH$_3$-(NH$_4$)$_2$SO$_4$-en 体系中不同扫描速率下的循环伏安曲线**

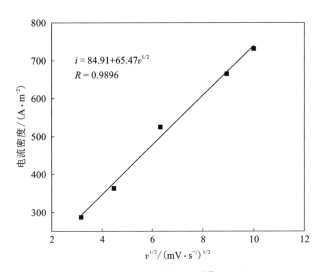

**图 6-13　拟合得到的 $i \sim v^{1/2}$ 关系图**

表 6-7　不同扫描速率下的 $\varphi_{pa}$、$\varphi_{p/2}$ 及 $|\varphi_{pa}-\varphi_{p/2}|$ 值

| 扫描速率/(mV · s$^{-1}$) | $\varphi_{pa}$/V | $\varphi_{p/2}$/V | $|\varphi_{pa}-\varphi_{p/2}|$/V |
|:---:|:---:|:---:|:---:|
| 10 | −0.167 | −0.632 | 0.465 |
| 20 | −0.097 | −0.631 | 0.534 |
| 40 | −0.179 | −0.666 | 0.487 |

续表6-7

| 扫描速率/(mV·s⁻¹) | $\varphi_{pa}/V$ | $\varphi_{p/2}/V$ | $\|\varphi_{pa}-\varphi_{p/2}\|/V$ |
|---|---|---|---|
| 80 | −0.219 | −0.717 | 0.498 |
| 100 | −0.225 | −0.728 | 0.503 |

由表6-7可得不同扫描速率下放电离子的扩散系数,结果见表6-8。

表6-8　不同扫描速率下放电离子的扩散系数　　　　单位: m²/s

| 扫描速率/(mV·s⁻¹) | 扩散系数 |
|---|---|
| 10 | 0.0538 |
| 20 | 0.0469 |
| 40 | 0.0514 |
| 80 | 0.0503 |
| 100 | 0.0498 |
| 平均值 | 0.0504 |

5. $NH_3-(NH_4)_2SO_4-en$ 体系中铜电沉积的成核机理

金属离子在阴极表面的电沉积过程包括成核和长大两个阶段,成核机理包括生长阶段不产生新的晶核的瞬时成核机理和生成新的晶核的连续成核机理。根据Fleischmann等提出的二维成核模型,在扩散步骤为控制步骤时,两种成核机理的数学表达式如下:

$$i_{ins} = \frac{2N_0\pi FK^2hMt}{\rho}\left[\exp\left(-\frac{N_0\pi M^2K^2t^2}{\rho^2}\right)\right] \tag{6-21}$$

$$i_{pro} = \frac{AN_0\pi FK^2hMt^2}{\rho}\left[\exp\left(-\frac{AN_0\pi M^2K^2t^3}{2\rho^2}\right)\right] \tag{6-22}$$

将上述两式简化为无因次数学式,结果如下:

$$\left(\frac{i_{ins}}{i_m}\right)^2 = \frac{1.9542}{\dfrac{t}{t_m}}\left\{1-\exp\left[-1.2564\left(\frac{t}{t_m}\right)\right]\right\}^2\varphi \tag{6-23}$$

$$\left(\frac{I_{pro}}{i_m}\right)^2 = \frac{1.2254}{\dfrac{t}{t_m}}\left\{1-\exp\left[-2.3367\left(\frac{t}{t_m}\right)^2\right]\right\}^2 \tag{6-24}$$

其中, $i_m$ 和 $t_m$ 分别为电流达到最大值时对应的电流密度和时间。

本节采用电流-时间曲线研究 $NH_3$-$(NH_4)_2SO_4$-en 体系中 $Cu^{2+}$ 在钛电极表面的成核机理,不同沉积电位下的电流-时间曲线见图 6-14。

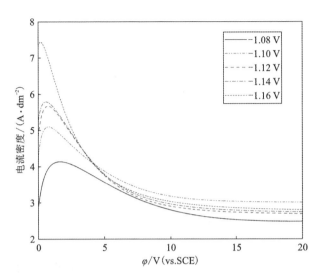

图 6-14  不同初始电位下的电流-时间曲线

由前述实验可知,该体系下 $Cu^{2+}$ 的还原峰值电位约为-1.12 V。在较低的电沉积电位(-1.08 V)下,阴极电流经过约 1.48 s 后达到最大值,此时钛电极表面发生铜的形核和长大过程;但由于大量 $Cu^{2+}$ 在钛电极表面沉积致使双电子层内 $Cu^{2+}$ 浓度迅速下降,因此 $Cu^{2+}$ 从本体溶液至双电子层的扩散速率成为本电极反应的控制步骤,因而阴极电流也迅速下降;随后扩散层内 $Cu^{2+}$ 得到本体溶液的补充,$Cu^{2+}$ 的扩散步骤成为电极反应的控制步骤,阴极电流下降速率减缓且最终趋于稳定。随着电沉积电位由-1.08 V 升高至-1.16 V,铜沉积的过电位逐渐增大使得其沉积速率增加,因而阴极电流达到最大值的时间逐渐缩短,电流最大值也逐渐增加。

对图 6-14 中的数据进行无因次处理,得到 $(i/i_m)^2$~$t/t_m$ 曲线,见图 6-15。与瞬时成核和连续成核的理论曲线作对比,发现沉积电位越低,实验所得的 $(i/i_m)^2$~$t/t_m$ 曲线越接近瞬时成核的理论曲线。在高沉积电位下,实验所得曲线与理论曲线的偏差较大,这是由于部分 $Cu^{2+}$ 发生了 $Cu^{2+}+e^-$ ==== $Cu^+$ 的还原反应。

6. 不同阴极液组成的阴极极化曲线

(1)不同氨水浓度时的阴极极化曲线

在阴极电解液组成为 $Cu^{2+}$ 30 g/L、$(NH_4)_2SO_4$ 1 mol/L,乙二胺浓度为 0.5 mol/L,阳极电解液组成为 $(NH_4)_2SO_4$ 1 mol/L, 0.5 mol/L,温度为 40℃,扫

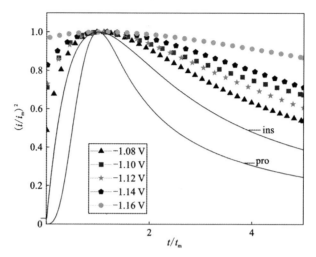

图 6-15  无因次处理得到的 $(i/i_m)^2 \sim t/t_m$ 曲线

描速率为 5 mV/s 的条件下,分别改变阴、阳极液中氨水的摩尔浓度为 2.0 mol/L、2.5 mol/L、3.5 mol/L、4.0 mol/L,测定阴极极化曲线,见图 6-16。

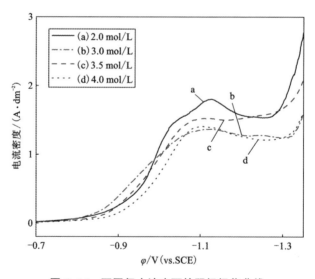

图 6-16  不同氨水浓度下的阴极极化曲线

当电位负向扫描至 -0.64 V(vs SCE)时,阴极上开始有电流通过,此时发生部分 $Cu^{2+}$ 还原为 $Cu^{+}$ 的电极反应;电位负移至 -1.13 V 时,钛电极表面发生析氢反应。随着氨水浓度由 2.0 mol/L 逐渐增加到 3.0 mol/L,铜的起始还原电位整体上呈负移趋势，还原峰值电流逐渐下降，这是由于氨水浓度的增加使得溶液中铜氨络合物的浓度上升，游离铜离子的浓度下降；但氨水浓度继续增加至 3.5 mol/L 时，溶液中 $Cu^{2+}$ 的还原峰值电流反而升高，在随后的隔膜电积工艺条件优化实验中也发现类似规律。

根据热力学模拟（无 $Cu^+$）结果，氨水浓度较低时溶液中 $Cu^{2+}$ 主要以 $Cu(en)_2^{2+}$ 存在，随着氨水浓度增加，$Cu(NH_3)_4^{2+}$ 的占比逐渐升高。因而初步推测氨水浓度为 3.5 mol/L 时阴极还原峰值电流上升的原因可能为阴极表面的主要放电离子发生了变化：由 $Cu(en)_2^{2+}$ 变为 $Cu(NH_3)_4^{2+}$。而郑永勇等的研究提出，$NH_3$-$NH_4Cl$-en 体系和 $NH_3$-$NH_4Cl$ 体系中 $Cu^{2+}$ 的电沉积机理由于配体能力的强弱不同而使得主要放电离子发生变化，分别为 $Cu(en)_2^{2+}$、$Cu(NH_3)_4^{2+}$ 在阴极上放电，其电沉积机理分别见图 6-17（a）及图 6-17（b）。

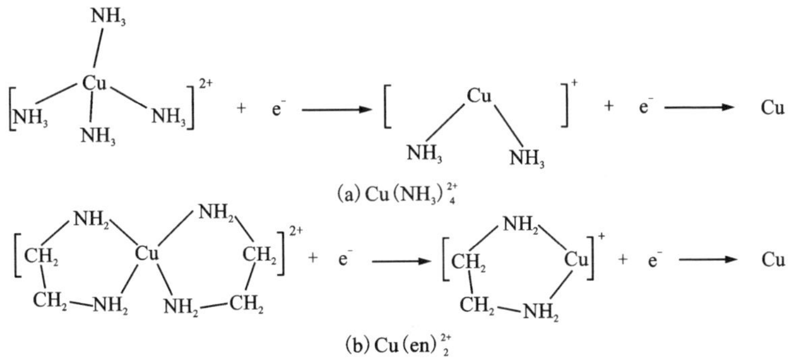

图 6-17　阴极表面两种铜配体的还原过程

且由于 $Cu(en)_2^{2+}$ 的空间位阻大于 $Cu(NH_3)_4^{2+}$，因而 $Cu(en)_2^{2+}$ 在电解液中的扩散系数小于后者。由 Fick 第一定律 $J_{扩,i} = -D_i(dc_i/dx)$ 可知电流密度与放电离子的扩散系数成正比，由此可得出结论：随着氨水浓度的升高，阴极主要放电离子由 $Cu(en)_2^{2+}$ 变为扩散系数更大的 $Cu(NH_3)_4^{2+}$，因而还原峰值电流密度变大。

（2）不同乙二胺用量的阴极极化曲线

在阴极液组成为 $Cu^{2+}$ 30 g/L、$NH_3 \cdot H_2O$ 4 mol/L、$(NH_4)_2SO_4$ 1 mol/L、乙二胺浓度 0.5 mol/L，阳极液组成为 $NH_3 \cdot H_2O$ 4 mol/L、$(NH_4)_2SO_4$ 1 mol/L、乙二胺浓度 0.5 mol/L，温度为 40℃，扫描速率为 5 mV/s 的工作条件下，分别改变阴、阳极液中乙二胺的摩尔浓度，为 0、0.25 mol/L、0.50 mol/L、0.75 mol/L、0.10 mol/L，测定 $Cu^{2+}$ 在钛电极表面的阴极极化曲线，见图 6-18。在阴极液中未添加乙二胺时，溶液中 $Cu^{2+}$ 主要以 $Cu(NH_3)_4^{2+}$ 配合物形式存在。电位升高至 −0.60 V 时，阴极表面开始有电流通过；且随着电位继续负移，阴极电流缓慢增

加，此时阴极发生部分 $Cu^{2+}$ 的放电反应：$Cu^{2+}+e^- \rightleftharpoons Cu^+$；在电位为−0.93 V 时，阴极电流增加速率变快并在电位为−0.99 V 时达到最大值，此时阴极上有大量 $Cu^{2+}$ 在钛电极表面发生电沉积。之后由于钛电极表面双电子层内 $Cu^{2+}$ 的扩散速率低于其沉积速率，$Cu^{2+}$ 的扩散步骤为控制步骤，阴极电流下降并趋于稳定值。在电位负移至−1.32 V 时，阴极表面开始发生析氢反应。游离氨、乙二胺与 $Cu^{2+}$ 形成稳定配合物的配合物稳定常数分别为 13.32、20.00，因此加入与铜的络合稳定常数更大的乙二胺作为配体后，溶液中游离铜离子浓度急剧减少。由图 6-18 可知，加入乙二胺后的还原峰值电位明显负移且峰值电流降低，由此可推断乙二胺对 $Cu^{2+}$ 在钛电极表面的电沉积过程有抑制作用。随着乙二胺浓度继续增加至 1.00 mol/L，铜电沉积变化规律不明显，而同电位下析氢电流呈上升趋势，可见乙二胺可促进氢离子的还原过程。因此在后续隔膜电积实验中应控制乙二胺的加入量，不宜过多，以免阴极发生析氢反应使得阴极电流效率降低。

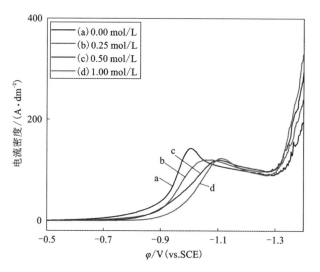

图 6-18　不同乙二胺浓度下的阴极极化曲线

（3）不同 $Cu^{2+}$ 浓度时的阴极极化曲线

在阴极液组成为 $NH_3 \cdot H_2O$ 4 mol/L、$(NH_4)_2SO_4$ 1 mol/L、乙二胺浓度为 0.5 mol/L，阳极液组成为 $NH_3 \cdot H_2O$ 4 mol/L、$(NH_4)_2SO_4$ 1 mol/L、乙二胺浓度为 0.5 mol/L，温度为 40℃，扫描速率为 5 mV/s 的工作条件下，依次改变阴极液中的 $Cu^{2+}$ 质量浓度，为 10 g/L、20 g/L、30 g/L、40 g/L，测定的阴极极化曲线见图 6-19。

由图 6-19 可知，随着阴极液中 $Cu^{2+}$ 质量浓度由 10 g/L 增加至 40 g/L，阴极极化曲线的起始还原电位逐渐正移，且还原峰值电位对应的还原峰值电流密度逐

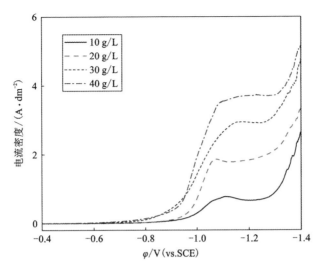

图 6-19　不同 $Cu^{2+}$ 浓度下的阴极极化曲线

渐升高。由前节可知，$NH_3$-$(NH_4)_2SO_4$-en 体系中 $Cu^{2+}$ 在钛电极表面的电沉积行为受扩散过程控制。阴极液中 $Cu^{2+}$ 浓度升高时，钛电极表面双电子层内 $Cu(NH_3)_4^{2+}$ 和 $Cu(en)_2^{2+}$ 的浓度增加；由 Fick 第一定律 $J_{扩,i} = -D_i(dc_i/dx)$ 可知电流密度的绝对值与双电子层内放电离子的浓度梯度 $-dc_i/dx$ 成正比，因而还原峰值电流密度逐渐升高。

## 6.2.4　实验结果与讨论

### 6.2.4.1　$NH_3$-$(NH_4)_2SO_4$-en 体系隔膜电积铜

1. 单因素条件试验

(1) 乙二胺浓度对隔膜电积过程的影响

在温度为 40℃，电流密度为 300 $A/m^2$，阴极室搅拌速率为 200 r/min，阴极液组成为 $NH_3 \cdot H_2O$ 2 mol/L、$(NH_4)_2SO_4$ 1 mol/L、络合剂 A 浓度 0.1 mol/L，$Cu^{2+}$ 质量浓度为 30 g/L，阳极液组成为 $NH_3 \cdot H_2O$ 2 mol/L、$(NH_4)_2SO_4$ 1 mol/L、络合剂 A 浓度 0.1 mol/L 的条件下，电解液中乙二胺的摩尔浓度分别为 0.2 mol/L、0.3 mol/L、0.4 mol/L、0.5 mol/L、0.6 mol/L，研究不同乙二胺浓度对阴极电流效率、阳极电溶效率的影响规律，结果见图 6-20。

由图 6-20(a) 可知，$NH_3$-$(NH_4)_2SO_4$-en 体系中乙二胺浓度对铜隔膜电积中阴极电流效率的影响程度很大。随着乙二胺浓度由 0.2 mol/L 增加至 0.5 mol/L，阴极电流效率由 86.35% 迅速升高至 96.18%；但随着乙二胺浓度继续增大，阴极

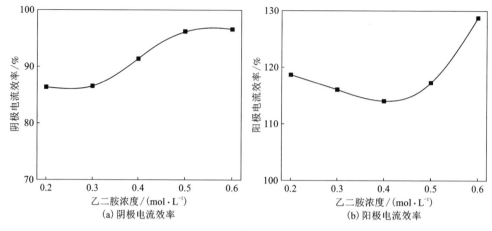

图 6-20　乙二胺浓度对隔膜电积过程的影响规律

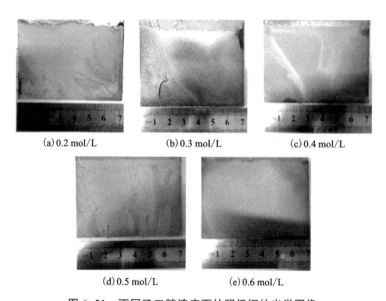

图 6-21　不同乙二胺浓度下的阴极铜的光学图像

电流效率趋于稳定。由图 6-21 可知，当乙二胺浓度为 0.2 mol/L 时，阴极铜板表面光滑平整；随着乙二胺浓度的增加，阴极铜片表面变得粗糙且附着有少量颗粒物。燕波等研究发现晶粒尺寸随乙二胺浓度的升高而增加，并认为是新形成的铜络合物吸附在阴极表面从而促进了铜晶核的长大。考虑到乙二胺具有毒性且成本高昂，后续研究中选取乙二胺摩尔浓度为 0.4 mol/L 作最佳条件进行后续优化实验。

在乙二胺浓度 0.2 至 0.4 mol/L 范围内，阳极电流效率稳定在 115% 左右。阳极电流效率均超过 100%，这是由于阳极溶解产生的 $Cu^{2+}$ 可与铜板发生反应生成 $Cu^+$，其反应式为 $Cu^{2+}+Cu(s)\Longrightarrow 2Cu^+$。阳极液中的 $Cu^+$ 在溶解 [O] 或阳极的氧化作用下被重新氧化为 $Cu^{2+}$，新产生的 $Cu^{2+}$ 促进了上述反应的正向进行，因此阳极电流效率一般大于 100%。由于阳极电溶速率一般远大于传统氨性氧化浸出时的浸出速率，且溶液中铜离子可以 $Cu^+$ 或 $Cu^{2+}$ 络合物稳定形式存在，因而阴极电沉积铜时电耗要低于传统酸性体系电沉积铜的电耗。综合两方面优点，氨性体系隔膜电积回收铜工艺可以作为一种能耗低、效率高的回收二次铜资源工艺。

（2）氨水浓度对隔膜电积过程的影响

在温度为 40℃，电流密度为 300 A/m²，阴极室搅拌速率为 200 r/min，阴极液组成为 $(NH_4)_2SO_4$ 1 mol/L、$Cu^{2+}$ 质量浓度 30 g/L、乙二胺浓度 0.4 mol/L、络合剂 A 浓度 0.1 mol/L，阳极液组成为 $(NH_4)_2SO_4$ 1 mol/L，乙二胺浓度 0.4 mol/L，络合剂 A 浓度 0.1 mol/L 的条件下，电解液中氨水的摩尔浓度分别为 2.5 mol/L、3.0 mol/L、3.5 mol/L、4.0 mol/L、4.5 mol/L 时，研究不同氨水浓度对阴极电流效率、阳极电流效率的影响规律，结果见图 6-22。

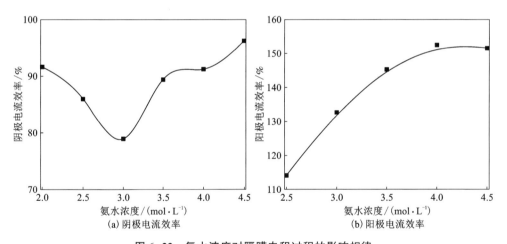

图 6-22　氨水浓度对隔膜电积过程的影响规律

由图 6-22(a) 可知，隔膜电积过程的阴极电流效率随电解液中氨水浓度的变化呈现出不同的变化规律。随着氨水浓度由 2.0 mol/L 增加至 3.0 mol/L，阴极电流效率由 91.57% 快速降低至 78.92%；而氨水浓度继续增加至 4.5 mol/L，阴极电流急剧升高至 96.18%。此变化规律与前节不同氨水浓度下的阴极极化曲线的变化规律相一致。据前节结论，电解液中氨水浓度升高至 3.5 mol/L 时，钛电极表面的主要放电离子由 $Cu(en)_i^{2+}$ 变为扩散系数较大的 $Cu(NH_3)_4^{2+}$。分别以

$Cu(en)_i^2$ 及 $Cu(NH_3)_4^{2+}$ 为主的电解液中电积得到的阴极铜的电镜扫描图像有明显不同，间接证明了两种电积机理的存在。电解液中 $Cu^{2+}$ 存在形式分别为 $Cu(en)_i^{2+}$、$Cu(NH_3)_4^{2+}$ 时得到的阴极铜的 SEM 图像见图 6-23。

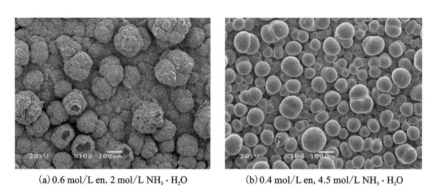

(a) 0.6 mol/L en, 2 mol/L $NH_3 \cdot H_2O$      (b) 0.4 mol/L en, 4.5 mol/L $NH_3 \cdot H_2O$

**图 6-23　两种不同组成的电解液经电解得到的阴极铜扫描电镜图像**

由图 6-23 可知，在以 $Cu(en)_i^{2+}$ 为主的电解液[见图 6-23(a)]中隔膜电积得到的阴极铜表面存在较大粗糙颗粒物，而在以 $Cu(NH_3)_4^{2+}$ 为主的电解液[见图 6-23(b)]中隔膜电积得到的阴极铜表面存在光滑的球状颗粒物。与 $Cu(en)_i^{2+}$ 相比，$Cu(NH_3)_4^{2+}$ 的扩散系数较大，在氨水浓度较高的电解液中隔膜电积时放电离子 $Cu(NH_3)_4^{2+}$ 的扩散性能较好，因而得到较光滑的阴极产物。不同氨水浓度下阴极电沉积铜的形貌变化规律见图 6-24。

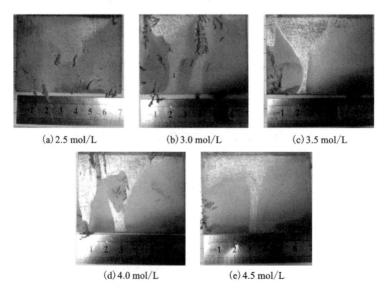

(a) 2.5 mol/L      (b) 3.0 mol/L      (c) 3.5 mol/L

(d) 4.0 mol/L      (e) 4.5 mol/L

**图 6-24　氨水浓度对阴极电积铜形貌的影响**

由图 6-24 可知，随着氨水浓度增加至 4.5 mol/L，阴极铜片表面变得平整、致密，出现金属光泽，且表面的不规则沉积物减少，但仍有颗粒状沉积物附着在阴极板边缘部分。

由图 6-24(b)可知，氨水浓度的升高对阳极电溶过程具有促进作用。随着氨水浓度由 2.5 mol/L 升高至 4.5 mol/L，阳极电流效率由 114.22% 增加至 151.22%。由前节热力学计算可知，$Cu^+$ 的主要配位体为 $NH_3$，铜在 $NH_3$-$(NH_4)_2SO_4$-en 体系的溶解量增加随着配体氨的浓度升高，因而促进了 $Cu^{2+}$ + $Cu(s)$ ===== $2Cu^+$ 的正向进行。

综上所述，本研究中选取氨水的摩尔浓度为 4.5 mol/L 作最佳条件进行后续优化实验。

(3)搅拌速率对隔膜电积过程的影响

在温度为 40℃，电流密度为 300 A/m$^2$，阴极液组成为 $NH_3 \cdot H_2O$ 4.5 mol/L、$(NH_4)_2SO_4$ 1 mol/L、$Cu^{2+}$ 质量浓度 30 g/L、乙二胺浓度 0.4 mol/L、络合剂 A 浓度 0.1 mol/L，阳极液组成为 $NH_3 \cdot H_2O$ 4.5 mol/L、$(NH_4)_2SO_4$ 1 mol/L、乙二胺浓度 0.4 mol/L、络合剂 A 浓度 0.1 mol/L 的条件下，改变阴极室搅拌速率分别为 0、100 r/min、200 r/min、300 r/min、400 r/min，研究不同搅拌速率对阴极电流效率、阳极电流效率的影响规律，结果见图 6-25。不同搅拌速率下阴极电沉积铜的形貌见图 6-26。

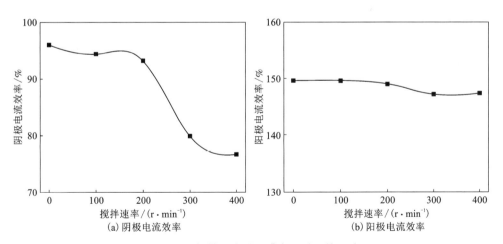

图 6-25　搅拌速率对隔膜电积过程的影响

由图 6-25(a)可知，阴极室搅拌速率在较低范围(0~200 r/min)内时，阴极电流效率由 95.98% 缓慢降低至 93.17%；但搅拌速率增加至 400 r/min 时，阴极电流效率急剧降低至 76.71%。由前节结论可知 $NH_3$-$(NH_4)_2SO_4$-en 体系中 $Cu^{2+}$

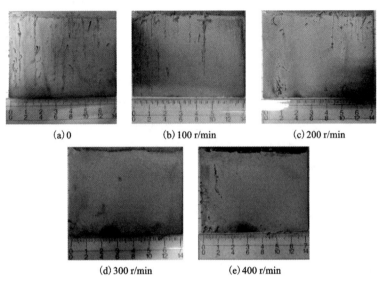

(a) 0　　　　　　　　(b) 100 r/min　　　　　　　(c) 200 r/min

(d) 300 r/min　　　　　　　(e) 400 r/min

**图 6-26　搅拌速率对阴极铜形貌的影响**

在钛电极上的沉积过程的控制步骤为扩散控制。在较高的阴极室搅拌速率下，电解液中的铜络合离子在阴极板表面吸附量较少而使得阴极表面放电离子减少，因而阴极电流效率呈现下降趋势。由图 6-26 可知，阴极室搅拌速率对阴极铜板的形貌影响较大。未加搅拌时，阴极板表面出现条状沉积物；而随着搅拌速率逐渐增加，阴极表面的 $Cu^{2+}$ 浓度分布趋于均匀，因而使阴极铜表面条状沉积物逐渐减少。

本项条件实验中阳极室未加搅拌，因此如图 6-25(b)所示，阳极电流效率随搅拌速率的增加而保持不变。本研究首要考虑的因素为阴极电流效率，因此选择搅拌速率为 0 作为最佳条件进行后续优化实验。

(4)阴极电流密度对隔膜电积过程的影响

在温度为 40℃，阴极室不加搅拌，阴极液组成为 $NH_3 \cdot H_2O$ 4.5 mol/L、$(NH_4)_2SO_4$ 1 mol/L、$Cu^{2+}$ 质量浓度 30 g/L、乙二胺浓度 0.4 mol/L、络合剂 A 浓度 0.1 mol/L，阳极液组成为 $NH_3 \cdot H_2O$ 4.5 mol/L、$(NH_4)_2SO_4$ 1 mol/L、乙二胺浓度 0.4 mol/L、络合剂 A 浓度 0.1 mol/L 的条件下，阴极电流密度分别为 200 A/m²、250 A/m²、300 A/m²、350 A/m²、400 A/m² 时，研究不同阴极电流密度对阴极电流效率、阳极电流效率的影响，结果见图 6-27。不同阴极电流密度下阴极电沉积铜的形貌见图 6-28。

由图 6-27(a)可知，阴极电流效率在低阴极电流密度范围(200~250 A/m²)时出现较大变化，上升约 10%；而在较大阴极电流密度时，电流效率无明显变化，

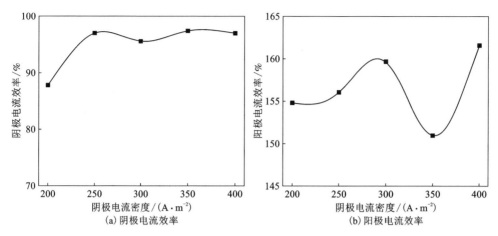

图 6-27　阴极电流密度对隔膜电积过程的影响

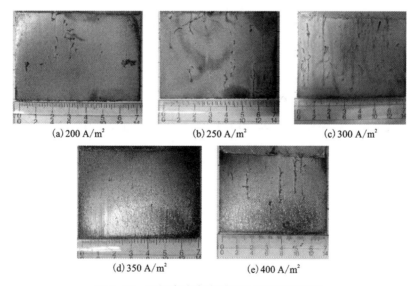

(a) 200 A/m²　　(b) 250 A/m²　　(c) 300 A/m²

(d) 350 A/m²　　(e) 400 A/m²

图 6-28　阴极电流密度对阴极铜形貌的影响

稳定在 96%~97%。由图 6-28 可知，在较低的阴极电流密度下得到的阴极铜片表面有不规则沉积物，而在电流密度较高（350 A/m²）时，阴极铜的形貌较好，表面致密、平整，且有金属光泽。

不同阴极电流密度下的阴极铜扫描电镜图见图 6-29。由图 6-29 可知，随着阴极电流密度逐渐增加至 300 A/m²，阴极铜表面颗粒物的直径逐渐增大；电流密度达到 400 A/m² 时，阴极表面颗粒物消失。这是由于随着阴极电流密度的增加，阴极表面铜晶核的长大速率变快，倾向于形成晶核较大的晶粒。

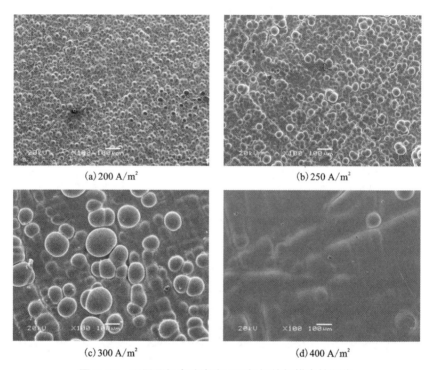

（a）200 A/m²          （b）250 A/m²

（c）300 A/m²          （d）400 A/m²

**图6-29   不同阴极电流密度下阴极铜的扫描电镜图像**

由6-27（b）可知，随着阴极电流密度的增加，阳极电流效率整体上呈上升趋势，但在电流密度为350 A/m²时出现较大下滑。Koyama研究发现，电镀过程中的氨消耗量受温度、pH、搅拌速率及氨水浓度等因素的影响较大，而与电流因素几乎无关。因此阴极电流密度的增加不会引起氨水的过多消耗，本单因素实验中选择阴极电流密度为350 A/m²作为最佳条件进行后续优化实验。

（5）阴极液 $Cu^{2+}$ 浓度改变对隔膜电积过程的影响

在温度为40℃，阴极电流密度为350 A/m²，阴极室未加搅拌，阴极液及阳极液相同部分组成为 $NH_3 \cdot H_2O$ 4.5 mol/L、$(NH_4)_2SO_4$ 1 mol/L、乙二胺浓度0.4 mol/L、络合剂A浓度0.1 mol/L的条件下，阴极液中 $Cu^{2+}$ 的浓度分别为10 g/L、20 g/L、30 g/L、40 g/L时，研究 $Cu^{2+}$ 浓度对阴极电流效率、阳极电流效率的影响，结果见图6-30。不同 $Cu^{2+}$ 浓度下阴极电沉积铜的形貌见图6-31。

由图6-30（a）可知，阴极液中 $Cu^{2+}$ 在较低浓度（20 g/L）时，阴极电流效率较低，且阴极铜表面沉积物不致密。阴极电流密度在 $Cu^{2+}$ 为30 g/L时达到最大值，之后随着铜浓度增加，阴极电流效率呈下降趋势。由图6-31可知，阴极液中

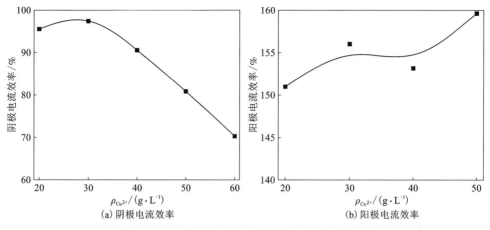

图 6-30　Cu²⁺浓度改变时对隔膜电积过程的影响

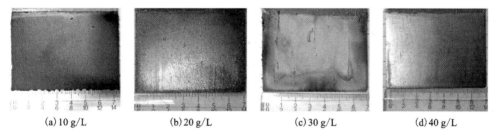

(a) 10 g/L　　(b) 20 g/L　　(c) 30 g/L　　(d) 40 g/L

图 6-31　Cu²⁺浓度改变对阴极铜形貌的影响

Cu²⁺质量浓度为 40 g/L 时，阴极铜板光滑致密，无不规则沉积物附着。由图 6-30(b)可知，随着阴极液中 Cu²⁺质量浓度由 20 g/L 升高至 50 g/L，阳极电流效率由 151.00% 升高至 159.64%。综合考虑，选择阴极液中 Cu²⁺质量浓度 30 g/L 为最佳条件。

(6)络合剂 A 对隔膜电积过程的影响

在温度为 40℃，电流密度为 350 A/m²，阴极室未加搅拌，阴极液组成为 NH₃·H₂O 4.5 mol/L、(NH₄)₂SO₄ 1 mol/L、Cu²⁺质量浓度 30 g/L、乙二胺浓度 0.4 mol/L，阳极液组成为 NH₃·H₂O 4.5 mol/L、(NH₄)₂SO₄ 1 mol/L、乙二胺浓度 0.4 mol/L 的条件下，络合剂 A 的摩尔浓度分别为 0.02 mol/L、0.04 mol/L、0.06 mol/L、0.08 mol/L、0.10 mol/L 时，研究不同络合剂 A 用量对阴极电流效率和阳极电流效率的影响，结果见图 6-32。不同络合剂 A 浓度下阴极电沉积铜的形貌见图 6-33。

由图 6-32(a)可知，络合剂 A 对电沉积铜时阴极电流效率的影响较小。阴极

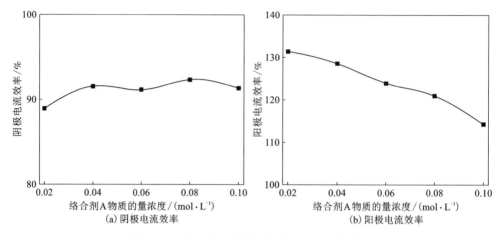

(a) 阴极电流效率

(b) 阳极电流效率

图 6-32 络合剂 A 用量对隔膜电积过程的影响

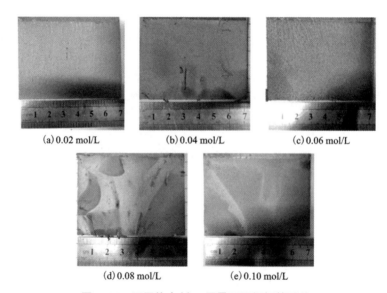

(a) 0.02 mol/L　　(b) 0.04 mol/L　　(c) 0.06 mol/L

(d) 0.08 mol/L　　(e) 0.10 mol/L

图 6-33 不同络合剂 A 用量下阴极铜的形貌

液中络合剂 A 浓度从 0.02 mol/L 增加至 0.04 mol/L 时，阴极电流效率由 88.96% 升高至 91.57%；随着络合剂 A 浓度继续增加，阴极电流效率稳定在 91% ~ 92%。由图 6-33 可知，随着络合剂 A 浓度由 0.02 mol/L 升高至 0.06 mol/L，阴极铜片表面颗粒尺寸减小；继续增加络合剂 A 浓度时，阴极铜片表面呈现金属光泽但附着有不规则沉积物，铜电沉积工作条件恶化。根据文献报道，溶液 pH 在 8 至 10 范围内时，络合剂 A 主要以 $HA^{3-}$ 络合物的形式存在。本实验所用电解液 pH

约为 10，铜离子摩尔浓度约为 0.5 mol/L，$Cu^{2+}/HA^{3-}$ 远大于 1，因此可推测溶液中络合剂 A 与 $Cu^{2+}$ 形成 1∶1 的络合物。且形成的金属络合物可能以—OH 为桥连基团而相互连接为多核络合物，或由于碱性条件下络合剂 A 的络合物能力增强而与 $Cu^{2+}$ 形成螯合物。该络合物或螯合物在阴极表面活性基团附近吸附并放电，从而产生不规则沉积物。

由图 6-32(b)可知，络合剂 A 对阳极铜电溶解过程有抑制作用。随着络合剂 A 浓度由 0.02 mol/L 升高至 0.1 mol/L，阳极电溶效率由 131.33% 逐渐降低至 114.26%。这是由于铜与络合剂 A 形成的带负电的络合物易吸附在阳极表面，并且在溶液中扩散速率较慢，因此抑制了阳极铜的溶解过程。

综上所述，本研究中选取络合剂 A 的摩尔浓度为 0.04 mol/L 作为最佳条件进行后续优化实验。

(7)添加剂 B 对隔膜电积过程的影响

在温度为 40℃，阴极电流密度为 350 A/m²，阴极室未加搅拌，阴极液组成为 $NH_3 \cdot H_2O$ 4.5 mol/L、$(NH_4)_2SO_4$ mol/L、$Cu^{2+}$ 质量浓度 30 g/L、乙二胺浓度 0.4 mol/L、络合剂 A 浓度 0.04 mol/L，阳极液组成为 $NH_3 \cdot H_2O$ 4.5 mol/L、$(NH_4)_2SO_4$ 1 mol/L、乙二胺浓度 0.4 mol/L、络合剂 A 浓度 0.04 mol/L 的条件下，阴极液中添加剂 B 的浓度为 0 mg/L、10 mg/L、20 mg/L、30 mg/L、40 mg/L 时，研究添加剂 B 的浓度对阴极电流效率、阳极电流效率的影响，结果见图 6-34。不同添加剂 B 浓度下阴极电沉积铜的形貌见图 6-35。

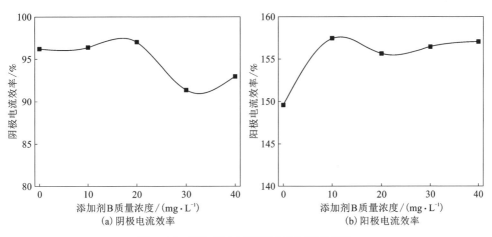

**图 6-34　添加剂 B 对隔膜电积过程的影响**

由图 6-34(a)可知，阴极液中添加剂 B 在 0 至 20 mg/L 范围内变化时，阴极电流效率无明显波动，稳定在 96% 左右；由图 6-35(a)~(c)可知，阴极铜表面平

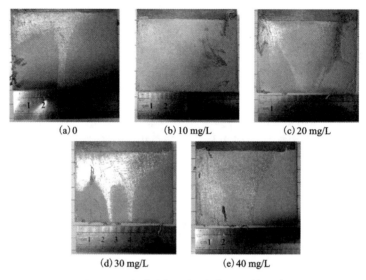

(a) 0          (b) 10 mg/L          (c) 20 mg/L

(d) 30 mg/L          (e) 40 mg/L

图 6-35　添加剂 B 对阴极铜形貌的影响

整但附着有线团状沉积物,阻碍电积过程进一步进行。随着添加剂 B 浓度的继续增加,阴极电流效率开始出现下滑,降低约 6%;而从图 6-35(d)~(e)可知,阴极铜的形貌得到改善,光滑且有金属光泽,表面细团状沉积物减少,仅有少量附着在极板周围。由此可知,在氨/硫酸铵体系电积时添加剂 B 可以改善阴极铜的形貌,但阴极电流效率会降低。

(8)各单因素条件下的槽电压变化

电积过程中的槽电压受电解液组分、添加剂及电流密度等工作条件的影响,且电解过程的电耗与槽电压有关,本章实验各单因素条件下的槽电压见图 6-36。

由图 6-36(a)可知,隔膜电积回收铜过程的槽电压随乙二胺浓度的增加而升高,这是由于随着电解液中乙二胺浓度的增加致使扩散速率较慢的 $Cu(en)_2^{2+}$ 浓度升高。由图 6-36(b)~(e)可知,随着氨水浓度、搅拌速率、阴极室铜离子浓度的增加,槽电压均呈下降趋势;随着阴极电流密度的增加,槽电压呈上升趋势。

2. 综合实验

(1)连续隔膜电积实验

分别配制铜浓度为 20 g/L、30 g/L 的电解液 500 mL 作为阳、阴极液,在上述获得的最佳条件下进行综合实验连续隔膜电积。每隔 3 h 将阴、阳极液互换,连续隔膜电积 12 h 后,得到了表面粗糙的铜阴极片,此时阴极电流效率为 113.36%。电积过程光学图像、XRD 图像和槽电压变化分别见图 6-37~图 6-39。

由图 6-37 可知,经 12 h 长时间隔膜电积,阴极铜表面出现瘤状物;同时由

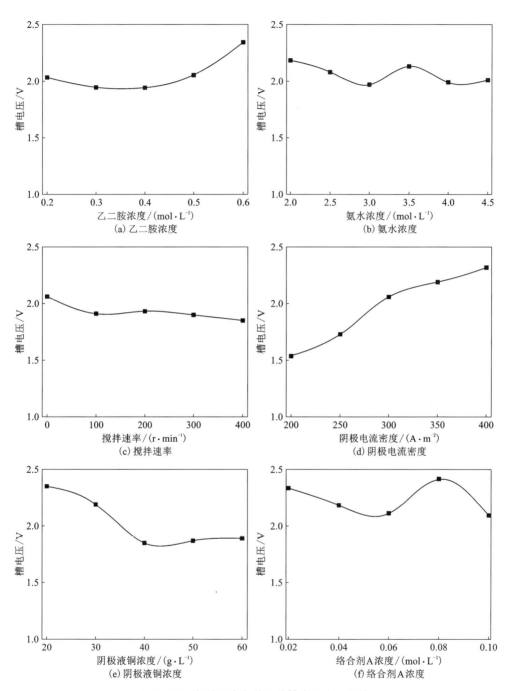

图 6-36　各单因素条件下的槽电压变化规律

图 6-37　最优条件下连续电沉积 12 h 所得阴极铜的光学图像

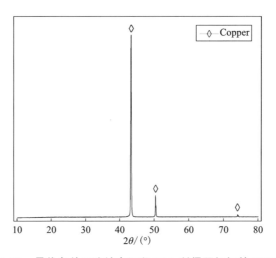

图 6-38　最优条件下连续电沉积 12 h 所得阴极铜的 XRD 谱

于电解液中存在 $Cu^+$ 致使阴极电流效率超过 100%。由图 6-38 可知，阴极铜的择优取向为(111)，而与先前氨/氯化铵体系中脉冲电积铜的择优取向(200)有明显区别。由图 6-39 可知，在隔膜电积过程中槽电压出现较大波动，经隔膜电积 9 h 后，阳极铜片表面出现蓝色不溶物附着，阻碍了阳极铜片的进一步溶解。

(2)实际物料隔膜电积实验

本实验所用阴极电解液分别取图 6-1 中原料(a)与(b)作为物料填充在阳极框中，经阳极电溶 9 h 得到。在上述获得的最佳条件下进行 12 h 连续隔膜电积，每隔 3 h 将阴、阳极液互换，连续隔膜电积 12 h 后，得到了表面粗糙的铜阴极片，

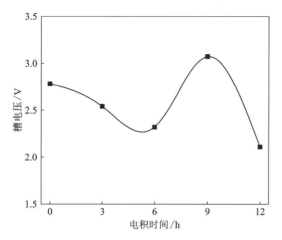

图 6-39　12 h 长时间隔膜电积时槽电压的变化规律

此时阴极电流效率分别为 105.9%、103.4%，平均槽电压分别为 3.12 V、3.48 V。由于所处理物料表面有氧化物或其他杂质附着，使得阳极的导电性变差，因而平均槽电压高于单因素条件实验的槽电压。

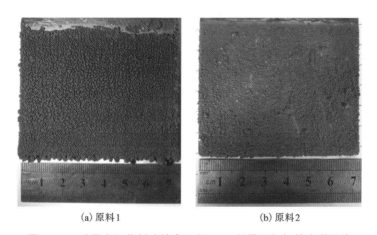

(a) 原料 1　　　　　　　　　(b) 原料 2

图 6-40　采用实际物料连续电沉积 12 h 所得阴极铜的光学图像

## 6.2.5　小结

(1) 通过热力学计算：在温度为 25℃，溶液 pH 为 10，总氨浓度 $[NH_3]_T$ 和乙二胺总浓度 $[en]_T$ 变化范围分别为 2~6 mol/L、0~1 mol/L 时，该溶液中主要存在

的铜络合物为 $Cu(NH_3)_2^+$、$Cu(en)_2^{2+}$、$Cu(en)_3^{2+}$。$Cu(NH_3)_2^+$ 的占比随乙二胺浓度的增加而降低，而 $Cu(en)_2^{2+}$、$Cu(en)_3^{2+}$ 的占比均随乙二胺浓度的增加而升高。在温度为 25℃，溶液 pH 为 10，$[NH_3]_T$、$[en]_T$ 分别为 6 mol/L、0.5 mol/L 时，$Cu(NH_3)_2^+$、$Cu(en)_2^{2+}$、$Cu(en)_3^{2+}$ 三种铜络合物的占比分别约为 53.4%、39.4%、7.0%。

（2）通过电化学测试研究发现，采用氨/硫酸铵体系进行电积时电耗消耗较低，且该体系中氢的析出电位较负，可避免析出氢气等降低阴极电流效率的副反应；$NH_3$-$(NH_4)_2SO_4$-en 体系中 $Cu^{2+}$ 在钛电极上的沉积过程的控制步骤为扩散控制，成核机理接近于瞬时成核。

（3）$NH_3$-$(NH_4)_2SO_4$-en 体系隔膜电积回收铜的最佳工艺条件为：阴极电流密度为 350 A/m²，阴极室不加搅拌，阴极液组成为 $NH_3 \cdot H_2O$ 4.5 mol/L、$(NH_4)_2SO_4$ 1 mol/L、$Cu^{2+}$ 质量浓度 30 g/L、乙二胺浓度 0.4 mol/L、络合剂 A 浓度 0.04 mol/L，阳极液组成为 $NH_3 \cdot H_2O$ 4.5 mol/L、$(NH_4)_2SO_4$ 1 mol/L、乙二胺浓度 0.4 mol/L、络合剂 A 浓度 0.04 mol/L。在最佳工艺条件下阴极电流效率为 97.39%，阳极电流效率为 156.02%，阴极铜板表面光滑致密、形貌较好。

（4）由于阴极液中氨水、乙二胺等配体浓度的不同导致主要铜络合物的占比不同，由两种铜络合物 $Cu(NH_3)_4^{2+}$、$Cu(en)_2^{2+}$ 为主要组成的电解液中得到的阴极铜形貌明显不同，因而可确定阴极铜电沉积时存在两种不同放电机理，分别为 $Cu(NH_3)_4^{2+} \rightarrow Cu(NH_3)_2^+ \rightarrow Cu$、$Cu(en)_2^{2+} \rightarrow Cu(en)_2^+ \rightarrow Cu$。

（5）在最优条件下经 12 h 长时间隔膜电积，得到的阴极铜板表面粗糙，此时阴极电流效率为 113.36%。采用原料铜包铁针及铜包铁废弃物所得电解液，经 12 h 长时间隔膜电积，分别得到阴极铜片，电流效率分别为 105.9%、103.4%，槽电压分别为 3.12、3.48 V。

# 参考文献

［1］ 高亮. 硫化锑精矿湿法清洁冶金新工艺研究［D］. 长沙：中南大学，2011.

［2］ 雷杰. 氯盐体系锡隔膜电积研究［D］. 长沙：中南大学，2016.

［3］ 陈冰. 基于隔膜电积的废线路板元器件退锡分离研究［D］. 长沙：中南大学，2018.

［4］ 李陵晨. 氯盐体系 PCB 镀锡-退锡工艺及机理研究［D］. 长沙：中南大学，2020.

［5］ 彭思尧. 硫化铋精矿隔膜电解清洁冶金新工艺研究［D］. 长沙：中南大学，2016.

［6］ 吕元录. 铁基废金刚石刀头清洁处理新工艺研究［D］. 长沙：中南大学，2017.

［7］ 丁龙. 乙酸盐配合浸出-电积法从硫酸铅渣中回收铅的研究［D］. 长沙：中南大学，2019.

［8］ 李树超. $NH_3$-$(NH_4)_2SO_4$-en 体系隔膜电解回收铜工艺研究［D］. 长沙：中南大学，2018.

［9］ 杨建广，陈冰，雷杰，等. 废弃电路板铜锡多金属粉隔膜电积回收锡实验研究［J］. 东北大学学报(自然科学版)，2017，38(11)：1648-1653.

［10］ 高亮，杨建广，陈胜龙，等. 硫化锑精矿湿法清洁冶金新工艺［J］. 中南大学学报(自然科学版)，2012(1)：28-37.

［11］ 南天翔，杨建广，陈冰，等. 超声耦合隔膜电积锡电化学机理［J］. 中国有色金属学报，2018(6)：1233-1241.

［12］ PENG S Y, YANG J G, YANG J Y, et al. The recovery of bismuth from bismuthinite concentrate through membrane electrolysis［C］. Rare Metal Technology, 4 th Symposium on Rare Metal Extraction and Processing, San Diego, CA. 2017：285-301.

**图书在版编目(CIP)数据**

隔膜电积理论与技术 / 杨建广著. —长沙:中南
大学出版社,2023.4

(有色金属理论与技术前沿丛书)

ISBN 978-7-5487-5294-3

Ⅰ. ①隔… Ⅱ. ①杨… Ⅲ. ①隔膜电积—研究 Ⅳ.
①0646.51

中国国家版本馆 CIP 数据核字(2023)第 039169 号

**隔膜电积理论与技术**

GEMO DIANJI LILUN YU JISHU

杨建广 著

| | | |
|---|---|---|
| □出 版 人 | 吴湘华 | |
| □责任编辑 | 史海燕 | |
| □责任印制 | 李月腾 | |
| □出版发行 | 中南大学出版社 | |
| | 社址:长沙市麓山南路 | 邮编:410083 |
| | 发行科电话:0731-88876770 | 传真:0731-88710482 |
| □印    装 | 湖南省众鑫印务有限公司 | |

| | | | |
|---|---|---|---|
| □开    本 | 710 mm×1000 mm 1/16 | □印张 19.5 | □字数 391 千字 |
| □互联网+图书 | 二维码内容  图片 10 张 | | |
| □版    次 | 2023 年 4 月第 1 版 | □印次 2023 年 4 月第 1 次印刷 | |
| □书    号 | ISBN 978-7-5487-5294-3 | | |
| □定    价 | 100.00 元 | | |